中等职业技术学校农林牧渔类

种植专业教材

GUOJIAJI ZHIYE JIAOYU GUIHUA JIAOCAI

农作物生产技术

人力资源和社会保障部教材办公室　组织编写

张亚龙　主编

中国劳动社会保障出版社

图书在版编目(CIP)数据

农作物生产技术/张亚龙主编. —北京：中国劳动社会保障出版社，2011
中等职业技术学校农林牧渔类——种植专业教材
ISBN 978-7-5045-9204-0

Ⅰ.①农… Ⅱ.①张… Ⅲ.①作物-栽培技术-中等专业学校-教材- Ⅳ.①S31

中国版本图书馆 CIP 数据核字(2011)第 161943 号

中国劳动社会保障出版社出版发行
(北京市惠新东街 1 号 邮政编码：100029)
出 版 人：张梦欣
*
北京昌联印刷有限公司印刷装订 新华书店经销
787 毫米×1092 毫米 16 开本 11.5 印张 247 千字
2011 年 8 月第 1 版 2025 年 8 月第 15 次印刷
定价：20.00 元

营销中心电话：400-606-6496
出版社网址：http://www.class.com.cn
http://jg.class.com.cn

前　言

为深入贯彻落实《国家中长期人才发展和规划纲要（2010—2020 年）》和《国家中长期教育改革和发展规划纲要（2010—2020 年）》精神，适应建设社会主义新农村、加快发展现代农业的需要，加大培养适应农业和农村发展需要的专业人才力度，人力资源和社会保障部教材办公室组织了一批教学经验丰富、实践能力强的教师与行业专家，在充分调研、讨论专业设置和课程教学方案的基础上，编写了农林牧渔类相关专业系列教材，共涉及种植、养殖、农机使用与维修、农村经济管理、农村能源开发与利用等专业，将于 2011—2012 年陆续出版。

本套教材具有以下特点：

第一，以满足农业生产为主导方向，以培养学生实践能力为基本原则，在合理确定学生应具备的能力结构与知识结构基础上，对教材内容的深度、广度进行了科学设计，并突出了实践性教学内容。

第二，根据农村经济和农业技术发展的趋势，尽可能多地在教材中充实新理念、新知识、新方法和新设备等方面的内容，力求使教材具有鲜明的时代特征，满足新农村建设的需要。

第三，在教材的表现形式上，尽可能多地采用图片、实物照片或表格等将知识点、技能点生动地展示出来，力求给学生创造一个更加直观的认知环境。

本套教材的编写得到了黑龙江省人力资源和社会保障厅以及黑龙江技师学院、黑龙江第二技师学院、哈尔滨技师学院、佳木斯职教集团、哈尔滨劳动技师学院、中国一重技师学院、黑龙江机械制造高级技工学校哈尔滨分校、五大连池技工学校、黑龙江农业职业技术学院、黑龙江农业工程职业学院等一批技工院校和职业院校的大力支持，教材编审人员做了大量的工作，在此，我们表示衷心的感谢！同时，恳切希望广大读者对教材提出宝贵的意见和建议。

人力资源和社会保障部教材办公室

2011 年 7 月

前 言

农林牧渔专业教材编委会

主任委员　董绍林

副主任委员　孙同波　唐亚江

委　　员　曾宪娟　闫永胜　王亚辉

于新秋　韩奎英　牛春梅

本书编审人员

主　　编　张亚龙

副 主 编　于永梅　陈效杰

参　　编　姚文秋　杨克军　许秀梅　葛　超

主　　审　曹　铁

简　介

本书是人力资源和社会保障部职业能力建设司推荐的国家级职业教育规划教材。

本书共分八章。第一章介绍了农作物生产技术概述和耕作制度等内容。第二章至第八章分别介绍了小麦、水稻、玉米、大豆、高粱、谷子和马铃薯等作物的栽培技术。每一章内容包括栽培学基础、播前准备、播种育苗（移栽）技术、田间管理技术和收获储藏技术等知识，章后附有小资料、实验实训、复习思考等栏目，以便于学生掌握和拓展所学知识，提高综合运用能力和实践操作能力。

本书由张亚龙担任主编，于永梅、陈效杰担任副主编。编写分工如下：葛超编写第一章，陈效杰编写第二章和第六章，于永梅编写第三章，杨克军编写第四章，张亚龙编写第五章，许秀梅编写第七章，姚文秋编写第八章。本书由曹铁主审。

本书是中等职业技术学校种植专业的教材，也可作为农业科技工作者、农村基层干部和农民学习的参考书。

目　录

第一章　概　　论

学习目标：

◆ 知识目标：了解作物的概念与分类、农作物生产的任务和特点、作物布局的意义和原则、作物的种植方式、土壤耕作的概念和依据。

◆ 技能目标：掌握合理轮作的实施步骤、土壤耕作方法和耕地质量检查技术。

农作物生产在国民经济发展中具有重要的战略地位。农作物生产，是人类社会赖以生存和发展的基础，人们吃、穿、用和文化生活用品的生产都同农作物生产的发展有着非常密切的关系。我国人民衣食需求的95%和纺织工业原料的2/3直接或间接地来自农作物生产，食品工业及酿造业的原料也绝大部分来自农作物生产。因此，农业生产的发展是经济发展、社会安定、国家自立的物质基础，没有农业的现代化，就不可能有整个国民经济的现代化。

第一节　农作物生产技术概述

一、作物的起源、分类

1. 作物的起源

广义的作物，是指对人类有利用价值并为人类栽培的各种植物，包括各种粮食作物、蔬菜、果树、绿肥和牧草等。狭义的作物，主要是指粮食、棉花、薯类、油料、麻类、糖料及烟草等农作物，俗称“庄稼”。

目前栽培的农作物，大都起源于自然界野生植物，是原始野生种在长期被人类栽培和利用的过程中，不断经过自然选择和人工培育逐渐演化而来的，是人类劳动的产物和成果。

为了生存，人类早期主要是通过采集野生植物和渔猎来获取食物。当未食完的植物器官被遗弃或被埋藏在临时住地后，人类发现其能不断繁衍，于是开始注意将其果实、种子、块根、块茎等收集起来集中种植，以便就近获取食物。随着人口的增加，对食物的需求量越来越大，人们开始有意识地选取那些果形大、生产多、成熟后脱落损失少、易保存的植物进行集中地小规模栽培。

人类在长期种植野生植物的过程中，对野生植物的生长习性有了进一步的了解，通过不断改进栽培技术，创造适合植物生长发育的条件，同时进行选择和培育，使野生植物逐步驯化、演化成为有经济价值的栽培作物。

2. 作物的分类

作物的种类有很多，世界各地栽培的大田作物有 90 余种，我国种植的有 60 余种，它们分属于植物学上的不同科、属、种。

(1) 根据作物的生理生态特性分类

1) 按作物对温度条件的要求，可分为喜温作物和耐寒作物。喜温作物生长发育的最低温度为 10℃左右，其全生育期需要较高的积温（积温指某一时段内逐日平均温度累加之和，是研究温度与生物有机体发育速度之间关系的一种指标，从强度和作用时间两个方面表示温度对生物有机体生长发育的影响），如稻、玉米、高粱、谷子、棉花、花生和烟草等就属于此类作物。耐寒作物生长发育的最低温度为 1～3℃，需求积温一般也较低，如小麦、大麦、黑麦、燕麦、马铃薯、豌豆和油菜等便属于耐寒作物。

2) 按作物对光周期的反应，可分为长日照作物、短日照作物和中性作物。只在日照变长时开花的作物称为长日照作物，如麦类作物、油菜等。只在日照变短时开花的作物称为短日照作物，如稻、玉米、大豆、棉花和烟草等。中性作物是指那些对日照长短没有严格要求的作物，如荞麦。

3) 根据作物对 CO_2 同化途径的特点，又可分为三碳（C_3）作物和四碳（C_4）作物。三碳作物光合作用的 CO_2 补偿点高，如水稻、小麦、大豆、棉花和烟草等属于三碳作物。四碳作物光合作用的 CO_2 补偿点低，光呼吸作用也低。四碳作物在强光、高温下光合作用能力比三碳作物高，如玉米、高粱、谷子和甘蔗等属于四碳作物。

此外，在生产上，因播种期的不同，可分为春播作物、夏播作物和秋播作物，在南方还有冬播作物。按种植密度和田间管理方式的不同，还可分为密植作物和中耕作物等。

(2) 按作物用途和植物学系统相结合分类。这是通常采用的最主要的分类方法，按照这一分类方法可将作物分成 4 大部分、9 大类别。

1) 粮食作物（或称食用作物）

①谷类作物（也叫禾谷类作物）。绝大部分属禾本科。主要作物有小麦、大麦（包括皮大麦和裸大麦）、燕麦（包括皮燕麦和裸燕麦）、黑麦、稻、玉米、谷子、高粱、黍、稷、稗[①]、龙爪稷、蜡烛稗和薏苡等。荞麦属蓼科，其谷粒可供食用，习惯上也将其列入此类。

②豆类作物（或称菽谷类作物）。均属豆科，主要提供植物性蛋白质。常见的作物有大豆、豌豆、绿豆、赤豆、蚕豆、豇豆、菜豆、小扁豆、蔓豆和鹰嘴豆等。

③薯类作物（或称根茎类作物）。属于植物学上不同的科、属，主要用于生产淀粉类食

---

① 稻田的害草，但籽实可以酿酒，也可作饲料，因此有时也作粮食作物来栽培。

物。常见的有甘薯（番薯或红薯、山芋等）、马铃薯（土豆）、木薯、豆薯（凉薯）、山药（薯蓣）、芋、菊芋（洋姜）和蕉藕等。

2）经济作物（或称工业原料作物）

①纤维作物。其中有：种子纤维，如棉花；韧皮纤维，如亚麻、洋麻、黄麻、苘麻和苎麻等；叶纤维，如龙舌兰麻、蕉麻和菠萝麻等。

②油料作物。常见的有花生、油菜、芝麻、向日葵、蓖麻、苏子和红花等。大豆有时也归于此类。

③糖料作物。南方有甘蔗，北方有甜菜。此外，还有甜叶菊、芦粟（甜高粱）等。

④其他作物（有些是嗜好作物）。主要有烟草、茶叶、薄荷、咖啡、啤酒花和代代花等。此外，还有挥发性油料作物，如香茅草等。

3）饲料和绿肥作物。豆科中常见的有苜蓿、苕子、紫云英、草木樨、田菁、柽麻、三叶草和沙打旺等；禾本科中常见的有苏丹草、黑麦草和雀麦草等；其他如红萍、水葫芦（凤眼蓝）、水浮莲（大藻）和水花生（空心莲子草）等也属此类。这类作物常常既可作饲料，又可作绿肥。

4）药用作物。主要有人参、党参、黄芪和甘草等。

有些作物可能有多种用途。例如，大豆既可食用，又可榨油；亚麻既是纤维作物，其种子又是油料；红花的花是药材，其种子也是油料；玉米既可供人食用，又可作青饲、青储饲料；马铃薯既可作粮食，又可作蔬菜。因此，上述分类不是绝对的，同一种作物根据不同的需要，有时被划在这一类，有时又把它划到另一类。

二、农作物生产技术

1. 农作物生产技术的概念

农作物生产技术是指根据农作物生长发育规律及农产品食用安全范围，采取各种人工措施，如土壤耕作、合理密植、施肥、灌排水、病虫草害防治等管理技术，以及科学的收获与储藏技术，以获得高产、优质的农产品，满足人民生活的需要。

2. 农作物生产的任务和特点

（1）农作物生产的任务。农作物生产包括作物、环境和措施三个环节。决定农作物产量和品质的首先是品种，作物品种的基因型和遗传性在农作物生产中是第一性的。然而，并不是说有了优良的品种就一定会有高产量和高品质，因为作物品种基因型如何完全表达，遗传性如何充分发挥，还要依靠栽培技术和措施。

农作物生产的任务在于根据作物品种的要求，为其提供适宜的环境条件，采取与之相配套的栽培技术措施，使作物品种的基因型得以表达，使其遗传潜力得以发挥。因此，要完成农作物生产的任务，必须掌握与作物、环境和措施三个环节有密切关系的各种知识，懂得作物要求什么样的环境条件，懂得选择和创造环境条件以满足作物的要求，还要掌握并学会采用相应的措施和手段以调控作物的生长发育和产量形成。

(2) 农作物生产的特点

1) 复杂性。各种作物都是有机体，各自又有其不同的特性和特征。每种作物有不同的品种，每个品种也有不同的特性和特征。环境条件不同、栽培措施不同都会对作物的生长发育带来影响。

2) 季节性。农作物生产具有严格的季节性，天时和农时不可违背，如果违背了天时和农时，就违背了自然规律，就可能影响到全年的生产，有时甚至间接地影响下一年或下一季的生产。因此，在作物生产上，历来遵循“不违农时”的原则。

3) 地区性。农作物生产具有严格的地区性。从大的方面讲，不同的地区适于栽培不同的作物；从小的方面讲，即使在同一地点（县、乡、村）的不同地块（阳坡、阴坡、平缓、低洼地等）所种植的作物也不应强求一律。

4) 变动性。随着人们对作物产量和品质形成规律认识的加深，随着新作物、新品种的引种和创新，以及随着新技术、新措施的引进，栽培作物的方法、措施等也要不断变化，不可墨守成规。

第二节　耕作制度

一、作物布局

1. 作物布局的意义

作物布局是指一个地区或一个生产单位（或农户）作物组成（结构）与配置的总称。作物组成（结构）是指作物种类、品种、面积及占有比例等，配置是指作物在区域或田块上的分布。作物布局要解决的问题是，在一定的区域或农田上种什么作物、种多少、种在什么地方，这是建立合理种植制度的主要内容和基础。

作物布局的意义在于，其是否合理，不仅影响当年作物产量，也影响各种作物均衡增产和持续增产，进一步影响到一个地区或生产单位的生产结构，即农、林、牧、副、渔各业的全面发展。另外，农业生产中的复种、轮作及种植方式都必须以作物布局为基础。所以，作物布局不仅是具体从事农业生产的战术措施，也是建立科学耕作制度的战略措施。

2. 作物布局的原则

(1) 正确执行国家发展农业生产的方针。我国发展农业生产的方针是：“决不放松粮食生产，积极发展多种经营。”也就是要确保粮食稳步增长，并在此基础上积极发展多种经营。要警惕和防止放松粮食生产的倾向，始终把粮食生产放在首位，稳定播种面积，提高产量、品质和商品率，同时发展多种经营和二、三产业，使经济得到迅速发展。

(2) 因地制宜充分利用当地自然条件和生产条件。在大范围内，对作物布局起决定作用的，主要是自然条件、气候因素，尤其是热量和水分，其次是土壤和地貌等。在一个小范围内，气候条件差异很小，影响作物布局变化的主要自然因素是土壤、肥力和地下水等。一种作物只能在一定环境条件下生长发育，这称为作物的生态适应性。作物生态适应性有宽有窄，适应性较宽的作物分布就广。因此，一个地区总有其最适宜和较适宜生长的作物，也就有其最佳作物布局方案。

作物布局还必须考虑与当地劳力、畜力、水肥条件和机械化程度相适应。在全年农事活动中尽量克服用水、用肥的矛盾，减少劳力、畜力、机械作业忙闲不均的情况，以充分发挥生产条件的作用，保证不违农时，提高产量和劳动生产率。

(3) 既要适当集中，又要防止单一化。适当集中，可以充分利用和发挥地区性自然优势，提高经济效益。即指在安排农作物布局时，一个地区在作物构成上要分清主次，作物种类要适宜，以当地常年高产、稳产作物为主。

而在某种作物集中产区，也应当防止作物种类单一化。即在大面积种植本地区优势作物的同时，适当搭配其他作物，以便解决争肥、争水、争畜力、争农时的矛盾，同时也有利于作物轮作换茬。而且如果某一种作物种植面积比例过大，会使生产安排不协调，遇到严重自然灾害，单一化的作物布局造成农业生产大幅度减产的危险性也更大。

(4) 土地用养结合，保证作物均衡增产。土壤是作物的生产基础，不同作物的生物学特性对土壤要求不同。作物布局要针对不同地块、不同茬口因土种植，同时要注意合理轮作，防止土壤养分单一消耗，避免土壤肥力减退，以期达到土地用养结合、供求平衡、作物持续增产和各种作物均衡增产的目的。

二、种植方式

1. 复种与间、套作

(1) 复种

1) 复种的概念。复种是指在一块田地上于同一年内播种一茬以上生育季节不同的作物。复种的方式，可以是前后茬作物单作接茬复种，也可以是前后茬作物套播复种。

复种可以充分利用土地，一般用复种指数来表示土地的利用率，复种指数是指全年作物收获总面积占耕地面积的百分数，即

$$复种指数(\%)=\frac{全年作物收获总面积}{耕地面积}\times100\%$$

当复种指数为100%时，表示没有复种；小于100%，即表示尚有空闲或撂荒地；大于100%，即表示有一定程度的复种。

复种不仅能充分利用光能，还可以充分利用当地水、热资源，在一年内增加对环境资源利用次数。扩大复种面积，增加作物种类，可以适当解决粮食作物、经济作物、蔬菜和饲料

作物争地的矛盾，有利于各种作物的发展，促进农牧结合。此外，复种还可以增加地面全年绿色覆盖时间，对丘陵地区的水土保持具有良好作用。

2）复种和提高复种指数的条件

①热量条件。一个地区能否复种、复种指数大小，首先取决于当地的热量条件能否满足上下两茬作物对热量的要求。一般以积温进行概算，不低于10℃积温在2 500～3 600℃只能复种早熟青饲作物，3 600～4 000℃则可一年两熟。还可以以作物生长期作为热量指标，高于10℃的日数为180～250天的可以一年两熟，250天以上可以一年三熟。

②水分条件。在热量条件能满足复种的地区，能否复种还取决于当地水分条件。如华北地区，一年两熟需有700 mm降水量，高产的小麦—玉米一年两熟需要900 mm以上的降水量。

③肥料条件。增施肥料是保证复种增产的重要条件。只有肥料充足才能保证高产多收，若地力不足、肥料少，则往往出现两季不如一季的现象。

④劳力、畜力、机械化条件。复种主要是从时间上充分利光、热和地力的措施，上茬作物收获后，播种下茬作物需要短时间及时完成。因此，要有劳力、畜力和机械条件的保证。

⑤经济效益大小。复种需要有高投入才能高产出，只有使经济效益增长，复种才有意义。

（2）间、套作

1）间、套作的概念

①单作。单作指在同一块田地上只种植一种作物的种植方式。其特点是便于统一种植、管理和机械化作业。

②混作。混作指在同一块田地上，同期混合种植两种或两种以上作物的种植方式。其特点是能够充分利用空间，但不便于管理和收获，是一种较为原始的种植方式。

③间作。间作指在一个生长季节内，在同一块田地上分行或分带间隔种植两种或两种以上作物的种植方式。其特点是成行或成带种植，可以分别管理，但群体结构复杂，对种、管、收的要求较高。

④套作。套作指在前季作物生长后期，在其行间播种或移栽后季作物的种植方式。

2）间、套作的作用

①充分利用光照、气、热和水肥环境资源，以达到提高作物总产量的目的。

②具有某种程度的养地作用，使用地和养地相结合。例如，利用禾谷类作物与豆科作物间作，利用豆科作物根瘤菌固定空气中氮元素的特性来提高土壤肥力。间、套作可使农田内根系增多，增加土壤有机质，恢复和创造团粒结构，从而提高土壤肥力。

③水土流失严重的丘陵地区，间、套作能增加地面覆盖度或延长覆盖时间，以减少和防止水土流失。

④间、套作可增加作物抗逆能力，减轻灾害带来的影响，使总产量保持稳定。

3）间、套作的技术要点

①选择适宜的作物组合及品种搭配。作物种类搭配要依据作物对通风透光和对肥、水要求的不同特性合理安排。例如，按株型搭配，应是“一高一矮、一疏一密”；按叶片形状搭配，应是“一圆一尖”；按根系搭配，应是“一深一浅”；按生育期搭配，应是“一长一短、一早一晚”。

作物品种搭配也要相互适应。例如，玉米、大豆间作，要选择适当早熟的品种，玉米株型不宜太大，可选比较收敛的抗倒伏品种。又如玉米、谷子间作，玉米要选择植株较高的品种，使其与谷子的株高有明显的差异。此外，间、套作还要考虑到田间作业方便。

②合理安排田间结构，确定配置比例。田间结构包括行比、间距、密度及作物组合彼此相适应的株行距等。配置比例与产量关系非常密切。

③加强管理。为了使间、套作达到高产高效，在栽培技术上应做到：适时播种，保证全苗，促苗早发；适当增施肥料，合理施肥，在共生期间要早间苗、早补苗、早追肥、早除草和早治虫；施用生长调节剂，控制高层作物生长，促进低层作物生长，协调各作物正常生长发育；及时综合防治病虫害；适时收获。

2．轮作、换茬

（1）轮作、换茬的概念。一种作物收获后换种另一种作物，称为换茬，在一块农田上年度间有顺序轮换种植不同作物的方式，称为轮作。轮作中的前作物称为前茬，后作物称为后茬。

同轮作相反，在同一块农田上年年连续种植同一种作物，称为连作或重茬。在同一块农田上隔年种植同一种作物，称为迎茬。迎茬不同于连作，但也会加重病虫危害，造成作物减产。

（2）轮作的作用。如农谚所说，“倒茬如上粪”“三年两头倒，地肥人吃饱”“油见油，三年愁”“豆后谷，享大福，谷后谷坐着哭”等，都是各地农民对轮作意义的形象概括，说明轮作是一项促进用地、养地，协调、持续、均衡增产的经济而有效的农业技术措施。

1）轮作能均衡利用土壤养分。不同作物对土壤营养元素的要求和吸收能力有所不同，不同作物的根系深浅分布也有差异。因此，不同作物实行轮作，可以全面均衡地利用土壤中的各种养分，充分发挥土壤的生产潜力。

2）轮作可改善土壤的理化性状。作物的残茬落叶和根系是土壤有机质的重要来源。不同作物有机质的数量、种类和质量不同，分解和利用的程度不同，对土壤有机质和养分的补充作用也各不相同。有些作物根系分泌物（如大豆、西瓜）对其本身的生长发育有毒害作用，轮作即可避免有毒物质的侵害。水田在常年淹水条件下，土壤结构恶化，有毒物质增多，水旱轮作能明显改善土壤的理化性状。

3）轮作可减轻作物的病害、虫害和草害。有些病虫害是通过土壤传播感染的，如水稻纹枯病、大豆胞囊线虫病、甘薯黑斑病和玉米食根虫等。每种病虫对寄主都有一定的选择性，因此选择抗病虫作物与易感病虫作物进行定期轮作，便可消灭或减少病虫害的发生。特别是水旱轮作，使生态条件改变剧烈，轮作的效果更为显著。有些农田杂草的生长发育习性和要求的生态条件，往往与伴生作物或寄生作物相似，实行合理轮作，可有效抑制或消灭杂草。

4）轮作有利于合理利用农业资源。根据作物的生理、生态特性，在轮作中前后作物搭配，茬口衔接紧密，既有利于充分利用土地和光、热、水等自然资源，又有利于合理、均衡地使用农机具、肥料、农药、水资源及资金等社会资源，还能错开农时季节。

（3）作物茬口特性。作物茬口特性是轮作换茬的基本依据，合理轮作是根据茬口特性安排适宜的前茬和轮作顺序，以利年年增产，提高轮作周期总产量。

茬口，是作物在轮作中给予后茬以种种影响的前茬作物及其茬地的泛称。茬口特性是指耕作栽培后的土壤生产性能，它是作物生物学特性及耕作栽培措施对土壤共同作用的结果。评价茬口特性，可从土壤养分、有机质、土壤耕性、土壤温度、水分等方面进行分析。

1）按土壤养分（特别是有效肥力）来划分，可分为油茬和白茬。豆类、瓜类和芝麻等作物茬地有效肥力高，其后茬在施肥少的情况下也能有较好的收成，为好茬口，称为油茬（黑茬）。甜菜、向日葵等茬地有效肥力低，是不好的茬口，称为白茬。麦类、玉米等茬口称为中间茬、平茬或调剂茬。

2）按积累有机质多少来划分，可分为耗地作物和养地作物。中耕作物一般属于耗地作物。玉米、绿肥、牧草和大豆属养地作物，有补充土壤有机质、培肥地力的作用。

3）按土壤耕性好坏来划分，可分为硬茬和软茬。高粱、谷子、糜子和向日葵等茬口，土壤紧实，耕作时易起坷垃，称硬茬。由于这类茬口有坚韧的根系，土壤易板结，所以必须消除根茬、细致整地才能种好下茬作物。豆类、麦类茬口则可使土壤松软，易于整地，称为软茬。

4）根据茬地土壤温度状况和影响下茬作物发苗程度来划分，可分为冷茬和热茬。甜菜、荞麦等茬口因植物荫蔽性强，或收获较晚，没有晒田的机会，土壤养分转化慢，土壤物理性状不良，影响后茬发小苗，称为冷茬。小麦、玉米和谷子等茬口，其覆盖度小，中耕次数多或收获早，有晒田的时间，土壤温度高，土壤养分转化快，称为热茬。

5）按土壤积累水分多少来划分，可分为干茬和润茬。甜菜、荞麦等茬口为干茬。玉米等作物茬口为润茬。

评价茬口的好坏，最终体现在后茬作物生育状况和产量上。茬口特性与茬口好坏是相对的，具体要看在什么地方及什么条件下。豆类作物含氮多，对禾谷类作物而言是个好茬口，而种植茄科的烟草，则不是好茬口。因此，分析茬口特性一定要全面考虑，前后茬衔接要扬长避短、趋利避害。

（4）合理轮作的实施

1）确定轮作中作物组成。安排轮作首先要选择种植作物种类。作物种类应根据生产任务、生产条件、经济价值及作物生态适应性而定。轮作区土地应该尽量集中连片，便于耕作管理。至于零星或条件特殊的土地可不列入轮作区中。

作物种类确定之后，就要考虑各种作物主次地位及所占的面积比例，在此基础上确定轮作区面积。

2）确定适宜的轮作年限。轮作中作物种类多，主要作物比例大，则要求年限长一点，否则应短一些。不耐连作的作物参加轮作的年限应长一些，间隔年限多一些，如亚麻、甜菜、烟草最好在 4 年以上。比较耐连作的作物轮作年限收缩性较大，可长可短，如小麦、玉米等。

3）确定轮作顺序

①轮作中前茬和后茬合理搭配。前茬尽可能为后茬创造良好条件，后茬利用前茬的优越条件弥补自身不足。即便是前茬不能给后茬创造优良条件，也要考虑是否会有不良影响。

②把主要作物、经济价值较高的作物安排在最好的茬口上，但在生产上最好茬口总有一定限度，必须分清主次，做到全面、合理安排。

③充分利用养地茬口及其后效，但不宜重茬、迎茬。例如，以大豆为主体轮作，大豆面积不能过大，一般以不超过本单位耕地面积的 1/3 为宜，同时要从作物布局上全面考虑。

随着现代化农业深入发展和科学技术的进步，农村土地连片集中及家庭农场的出现，建立合理轮作制度已经是大势所趋，各地区应积极探索，不断实践，为制定科学轮作制度提供理论和实践经验。

（5）连作的应用

1）连作存在的原因。长期连作会使土壤中某种营养元素缺乏，加剧土壤养分供给与作物需要之间的矛盾，容易引起土壤病虫危害和田间杂草蔓延，如大豆重茬和迎茬会使一些毁灭性病害得以蔓延。长期连作会导致作物生长不良，产品质量下降。但在农业生产中，不可能完全避免连作，其原因有以下几点：

①某些地区气候、土壤条件比较适宜种植某种作物，或因生产需要，某些作物种植面积较大，不可避免地有一定年限的连作，如大型农场的小麦、水田区的水稻等。

②不同作物对连作反应不同，有些作物耐长期连作，如水稻和棉花；有些作物能耐一定年限连作，如麦类、玉米和甘薯等，但年限过长仍要减产，如小麦等。

③不同作物耐连作程度大小受品种、土壤性状、栽培技术的影响，可以采取适当的措施使其缓解。发生病害可用药剂进行防治，土壤物理性状变坏可以通过施肥加以改善。

因此，在农业生产中，某种作物短期连作并不绝对排除，有时甚至是必要的。

2）连作的应用。精耕细作，保持良好的耕层结构和田间清洁度，并定期加深耕作层，充分发挥土壤的潜在肥力；合理施肥，防止某种营养元素的片面消耗而造成的养分不平衡现象。需要基肥、种肥和追肥相结合，以有机肥料为主，与化学肥料结合；更换品种，采用耐病高产品种；控制病虫草害，采用药剂进行防治。

三、土壤耕作技术

1. 土壤耕作的概念和依据

（1）土壤耕作的概念。土壤耕作，是通过农机具的机械力量作用于土壤，调节耕层和地面状况，以调节土壤水分、空气、温度、养分的关系，为作物播种、出苗和生长发育提供适宜的土壤环境和措施。

在农业生态系统中，土壤是能量转移和物质循环的一个仓库，土壤耕作措施就是对土壤库进行有益的管理和控制，以获得高效率的生态平衡和土壤生产率，从而使作物—环境—土壤之间的矛盾关系在高产、稳产、持续增产的基础上统一起来。

(2) 土壤耕作的依据

1）作物对土壤耕层的要求。作物对土壤耕层的要求是利于扎根、便于出苗，要求根系扩展面大，能不断地供应所需要的水、肥、气和热条件，从土壤耕作方面考虑，即要求土壤耕层深厚并有适宜的松紧度。

耕层深厚可以储存较多的水分和养分，使作物根系发育良好。良好的土壤，其土层一般在 1 m 以上，其耕层 20～30 cm，绵软而致密。

土壤过松，大孔隙多不利于扎根，虽透水性能好，但持水性差，土壤温度也不稳定。土壤过紧，通透性不良，耕层中水分和空气比例失调，影响水、肥、气和热的供应，更影响根系的发育。

2）气候条件。气候条件变化既直接影响作物的生长发育，又通过土壤给予间接影响。土壤耕作措施要考虑气候条件及季节的变化。

3）土壤特性。土壤耕作措施要以不同土壤特性为依据。例如，黑土类孔隙性好；白浆土的土壤耕作要保护表层和改善白浆层构造，增强通气性；盐碱土的土壤耕作要求切断毛细管，不使盐分集中于表土；沙性土的土壤耕作以保墒为主。

不同地形、地势其土壤水分状况也不同。例如，水岗地和二洼地耕层中，水分的自然分布充足，也比较稳定，土壤耕作蓄水保墒任务不十分迫切；旱岗地及坡地，水分不稳定，常常缺水，土壤耕作应创造蓄水保墒耕层构造和防止水土流失；低平地和洼地地下水位高，常有外来水流入，土壤耕作需要排水和保墒。

4）土壤宜耕性。土壤宜耕性是决定土壤耕作措施时间与质量的重要依据。影响土壤耕作难易和土壤耕作质量的属性称为土壤耕性。土壤具有最适宜耕作的含水量范围的时期称为宜耕期。

宜耕期的长短，是由土壤结持力、黏着力和可塑性决定的。结持力是指土壤颗粒间相互凝结抵抗农具破碎土壤的阻力。黏着力是指黏附农具的一种阻力。可塑性是指土壤在外力作用下引起土体变形，当外力排除后继续保持变形的性能。黏土在土壤水分少时结持力大，水分逐渐增多时结持力逐渐减少，但黏着力和可塑性又逐渐增加。在黏着力大而结构差的土壤上进行耕作时，农具所受阻力增大，耕地质量也变差。因此，土壤耕性在水分少时主要受结持力的影响，水分多到一定程度又受黏着力影响，可塑性不影响耕作的难易，却关系到耕作质量。

在农业生产上掌握宜耕期，就是选择土壤水分适宜时进行土壤耕作。结持力已减小，黏着力尚未产生的时期为土壤宜耕期。从理论上讲，即土壤耕作后能达到作业标准，在具体操作上是于土壤保持持水量的60%时进行作业。其表现为土壤地表干湿相间，脚踢地面土块散碎，抓一把耕层5～10 cm处的土壤，手握成团但不出水，手无湿印，落地散碎。这样状态下的土壤结持力、黏着力和可塑性都小。

2. 土壤耕作方法

土壤耕作分为基本耕作和表土耕作。基本耕作的耕作深度是整个土壤耕层，能改变整个耕层的性质。表土耕作是在基本耕作的基础上，对土壤表面进行较浅作业的措施。

（1）基本耕作。凡是农具的作业部件入土较深，动土量较大，作用于整个耕层的土壤耕作，称为基本耕作。基本耕作包括耕翻和深松耕等，是影响整个耕作层的一项作业，对土层的影响最大，耗费动力也大。

1）翻耕。翻耕又称耕翻、犁地和翻地，是用有犁壁的犁铲切入土壤形成土垡，并借犁壁使土垡上升，翻转而后抛入犁沟中的作业。翻耕的目的是改善耕作层的土壤结构，翻埋和拌混肥料，促使土壤融合，加速土壤熟化，并有保蓄水分、灭除杂草、杀灭虫卵等作用。

①翻耕方法。采用不同形状的犁壁，会给土壤带来不同的影响，垡片的翻转有全翻垡、半翻垡和分层翻垡3种。耕翻绿肥、牧草地、荒地，采用螺旋形犁壁，将垡片翻转180°，称为全翻垡。熟地采用熟地形犁壁，垡片翻转135°，翻后垡片彼此相连，与地面呈45°，有较好的碎土作用，称为半翻垡。复式犁是在主犁铧前方安装一个小铧，耕深为主犁铧的一半，耕幅为主犁铧的2/3，作业时小犁铧将上层残根和有板结的厚约10 cm的土层翻到犁沟中去，翻转180°，再由主犁铧把下层土翻到上面，称为分层翻垡。

②翻耕时期。翻耕有春翻、伏翻、秋翻3个时期。不同时期翻地效果主要受气候条件和翻后距下茬作物播种时间长短的影响。这是由于土壤重新形成的毛管孔隙的连续程度，及重新在表层形成好气性微生物区系的程度不同。距离播种时间越长，连通性毛细管孔隙越多，提墒能力越强，有效养分就越多，也越利于发苗。

伏秋翻地能接纳和蓄积伏秋季雨水，减少地面径流，保存土壤水分；土壤熟化时间长，经冬春冻融交替，耕层下沉，松紧度适宜，土壤有效肥力高；能有效清除杂草，打乱病菌、害虫生活条件，并加以清除。因此，要在夏收作物收获后及时伏翻，秋收作物收获后及时秋翻。

春翻地会使土壤水分大量流失，耕得越深，损失便越多，只有不得已时才进行春翻。春翻应在返浆期进行，要翻、耙、压连续作业，翻地要浅，以16～18 cm为宜。

③翻耕深度。适宜的耕翻深度，应由土壤特性和作物生物学特性决定。黑土土层深厚，黏土质地黏重，盐碱土耕层紧实且易返碱，都可以适当加深；沙质土质地粗不宜深翻。一般原则是黑土层厚的应深些，浅的则应浅些，通常以18～22 cm为宜，也可以加深到25 cm。生产实践中将翻耕深度14～18 cm的称为浅翻，20～22 cm的为普通深翻，超过22 cm的为深翻。

2）深松耕。深松耕是利用无壁犁、深松铲或凿形铲对耕层进行全面或间隔的深位松土但不翻土的耕作。耕深可达25～30 cm，最深为50 cm。这种耕作可使土层疏松，能破除犁底层，改善耕层构造。

（2）表土耕作。表土耕作作为翻地辅助作业，其目的是配合翻地为作物创造良好的播种出苗条件和生长条件。表土耕作的作用范围一般是0～10 cm的表土层。

1）耙地。耙地的作用是疏松表土、耙碎土块、破除板结、透气保墒、平整地面、混合肥料、耙碎根茬、清除杂草及覆盖种子等。耙地工具有圆盘耙、钉齿耙、弹簧耙3种。圆盘耙碎土能力强，具有翻土作用，适用于黏重、潮湿的土壤及翻地前耙地，也有用重型耙直接耕地进行耙茬作业的。钉齿耙适用于土壤疏松和水分适宜的土壤。弹簧耙多用于草多和石砾多的土壤。

2）耢地。耢地又叫盖地、擦地、耱地。耢地可平整田面、碎土，在干旱地区能减少地面水分蒸发，起到保墒作用。耢地主要适用于表土深度为3 cm左右的地区，其工具为铁制和木制的拖板或用枝条编制的树枝耢子。

3）镇压。镇压使用的工具有V形镇压器、网形镇压器和圆筒形镇压器三种。镇压的主要作用是破碎土块，压紧耕层，平整地面和提墒。镇压一般作用于土壤表层3～4 cm，重型镇压器可达9～10 cm。播前镇压，因土壤过松可以压紧土层，以减少土壤水分扩散的损失，并增加土壤毛细管孔隙，使底层水分上升到表层，供给种子发芽利用。播种后镇压，可使种子与土壤紧密接触，以便吸水发芽和扎根，特别是小粒种子更为重要。但如果镇压运用不当，易引起一些不良后果。例如，在黏土地或土壤过湿情况下镇压，会使土壤板结；在盐碱地镇压会加重土壤返盐。

4）起垄。起垄的优点是防风、保蓄水分、提高地温、改善土壤通气。我国东北地区及各地山区盛行垄作。起垄的工具一般用犁，垄宽50～80 cm，具体宽度由耕作习惯、种植作物及起垄农机具而定。垄作有先起垄后播种、边起垄边播种、先播种后起垄等做法。

5）中耕。中耕又称铲蹚，是垄作耕法出苗后田间管理中主要的土壤耕作措施，为垄沟部位的深耕及除草、培土作业。一般进行2～3次铲蹚，以此加强垄体透气性，促使作物根系快速伸展至底土层，增强作物幼苗的抗旱能力，同时也为迎接雨季增加储水。一般是先用锄头人工铲地，然后用犁蹚地，对喜温作物铲后1～2天再蹚地，对怕旱的作物随铲随蹚，并在垄沟中留有松土覆盖（坐犁土），防止水分蒸发和犁底层干裂。

3. 免耕法与少耕法

（1）免耕法与少耕法的概念

1）免耕法。免耕法是播种前不用犁、耙进行整地，直接在茬地上播种，作物生长发育期间不使用农具进行土壤管理的方法。免耕法常由三个环节组成：一是利用前作残茬或控制生长的牧草及其他物质作覆盖物，覆盖全田或行间，借以减轻风蚀、水蚀和土壤水分的蒸发；二是采用联合作业的免耕播种机播种、覆土、镇压一次完成作业；三是应用广谱性除草剂在播种前或播种后进行土壤处理，除去杂草。

在作物生长过程中把机车进地作业减至最少，一般为3次，即播种、喷药、收获各一次，从而避免机具过分压实土壤，破坏耕层构造，并能降低耗油与成本。

2）少耕法。少耕法是指在常规作业基础上尽量减少土壤耕作次数的方法，是针对平翻耕法的多耕而言的。

（2）少耕法体系。少耕法体系目前主要有以下几种：

1）保留翻地而去掉翻后耙耢或镇压措施，立即播种的方法。这种方法必须在土壤宜耕状态翻地，要求在翻地质量高、底土储水较多的条件下应用。

2）保留翻、耙、耢作业环节，去掉中耕作业的少耕法。据试验，在翻地基础上可连续3～4年减少中耕次数，但以不少于两次为宜。

3）去掉翻地连年耙茬的少耕法。连年耙茬耕法，是指作物收获后不翻地，直接用圆盘耙耙地的耕作方法。具体技术是平地先交叉耙后斜顺耙，对有垄地先顺耙后交叉耙，一般需耙3～4次。其主要作用，一是创造了适宜的种床和根床，呈现表层松、下层紧的上松下实的耕层构造；二是有较强的抗御干旱能力；三是土壤孔隙少，水分较多，热容量加大，吸收太阳能较多并很快传到深层，有利于提高整个耕层温度；四是保肥力强，可利用土壤耕层肥沃、下层瘠薄，上层根系多、下层分布少的规律，使根系处在营养丰富的耕层，土壤微生物群落完整，春季能较快恢复机能，释放活化养分供给幼苗使用，因而对恢复、保持土壤结构和提高地力有良好作用；五是能减轻风蚀、水蚀，减少田间作业工序，作业效率高，对争取农时极为有利。

4）旋耕。旋耕是指用旋耕机全面旋松10 cm深的土层代替翻地的表土耕作。其优点是碎土能力强，能打碎残茬，耕层松碎平整，较翻地省工省力、降低成本。但不能连年旋耕，否则易失掉底土的深耕后效，造成底土过硬。

查阅资料，了解当地5种主栽作物的种植面积、种植方式、耕整地技术、总产量和单产量情况。

我国是农作物种类及品种资源十分丰富的国家。世界上栽培植物（不包括花卉）近1 200种，其中有约200种起源于我国，如粮食作物中的稻、粟、稷、荞麦、大豆、小豆和豇豆等。我国农作物类型多，据不完全统计，目前全国共保存各种农作物品种约25万份，是我国十分宝贵的财富。

【实验实训】

实训1—1　耕地质量检查

一、实训目的

掌握耕地质量要求及检查方法。

二、材料用具

米尺、皮尺及测绳等。

三、内容、方法和步骤

1. 检查以小组为单位，在翻耕时随犁进行逐项检查，最后将检查结果填入《耕地质量检查表》，并写出检查报告。

2. 耕地质量要求及检查测定项目和方法

(1) 耕地及时性检查。伏翻、秋翻应在作物收获后抓紧时间进行，秋翻要在封冻前结束，作业时掌握土壤宜耕时期。要检查是否遵守规定时间，是否在宜耕期翻耕，同时要对田间状态，如留茬多少、高低、杂草情况、施肥情况等进行调查记录。

(2) 耕地深度检查。要根据土质和后茬作物确定耕深，一般为18～22 cm。伏翻、秋翻宜深，春翻宜浅（16～18 cm），要求各犁铧耕深一致，误差不超过±1 cm。检查时用米尺测定，用两把米尺，将一把米尺的一端直立犁沟底（立尺），用另一把米尺水平放在未耕地上（横尺），读出横尺处的立尺刻度，即为耕地深度。检查时随机取样 5～7 点，测量沟壁高度的平均值，为使测定结果准确，应将犁沟旁及犁底的散土除净。如系作业后检查，沿对角线取 5～7 点整平测量点，横着垡条扒掉松土，用直尺插入犁底测其深度；也可以不扒掉松土，用直尺插入犁底，测其深度。耕后检查时如土壤尚未下沉，应将深度减去土壤膨松度的20%，若雨后土壤已经下沉，则减去 10%～15%，可得出耕深近似值。

(3) 耕幅检查。要求翻垡整齐严密，不重耕，不漏耕，耕幅一致，耕堑直，百米内直线度误差不超过±15 cm。耕幅检查，实际上也是检查是否重耕和漏耕。检查方法是：在机车到来之前，用皮尺为量具，以沟壁为 0 插上标记，距沟壁 4～5 m 外（约两个耕幅）再插上标记。当机车耕过两个耕幅，将此耕幅与犁的耕幅相比较，如实际耕幅大于犁的耕幅就有漏耕，小于犁的耕幅就有重耕。一般检查 3 点，计算重耕、漏耕面积占该地块面积的百分比。

(4) 开闭垄检查。要求在同一地块内逐年变换开闭垄，开垄宽度不应大于 30 cm，深度不应超过 15 cm，闭垄高度不应超过 10 cm。

(5) 平整度检查。要求翻后地面平整，犁后带合墒器，地表 10 m 宽度内高低差不应超过 15 cm，无大土块。检查方法是：以地面为基础，用测绳或皮尺在 10 m 宽度范围内进行测量，即以土面最高点拉平皮尺，求其高低差。

(6) 杂草覆盖度检查。要求不坐垡，不立垡，残株杂草覆盖率在 95%以上；作物根茬、杂草和肥料应翻入耕层，使地表洁净。检查时沿对角线行走，检查没有掩埋的杂草和残株的数量，如有坐垡和立垡则覆盖率低。

(7) 地头整齐度检查。要求地头横耕整齐，误差不大于 50 cm，不出现三角抹斜。检查时在地头用皮尺量出 50 m 宽，检查误差为不大于 50 cm。

(8) 耕堑直线度检查。用测绳沿沟壁量出 100 m 长，要求 100 m 内直线度误差不超过 10 cm。

四、作业

将耕地检查结果填入表 1—1。

表 1—1　　　　耕地质量检查表

地块面积________　检查日期________　机车型号________

驾 驶 员________　犁 型 号________　带小铧否________

翻耕日期________　翻耕方法________　田间状况________

项目 点次	耕深（cm）	耕幅			开闭垄			平整程度（高低差）（cm）	杂草覆盖度（估计百分数）	地头整齐度（误差）（cm）	耕堑直线度（误差）（cm）
		犁耕幅（m）	实际耕幅（m）	重漏耕率（%）	两开（闭垄）间距（m）	开垄宽度（cm）	闭垄高度（cm）				
1											
2											
3											
4											
5											
…											
平均											

复习思考

1. 什么是作物？作物有哪些分类方法？
2. 什么是农作物生产技术？简要说明农作物生产的任务和特点。
3. 作物的种植方式有哪些？间作、套作的技术要点是什么？
4. 什么是作物布局？作物布局的原则是什么？
5. 轮作的作用是什么？合理轮作的实施要点有哪些？
6. 什么是土壤耕作？其主要包括哪些内容？

第二章　小　　麦

学习目标：

◆ 知识目标：了解小麦植物学特征、生育期、生育时期、生长发育所需要的环境条件。

◆ 技能目标：掌握小麦栽培的选茬、整地与施肥、种子处理、适宜播期、播种方法、播种量、压青苗技术、施肥技术和收获等技术。

小麦是世界各国的重要粮食作物之一，其种植面积和总产量均占世界粮食作物的 1/3，世界约有 1/3 以上的人口以小麦为主粮。小麦是我国仅次于水稻的主要粮食作物，其种植面积占全国粮食作物总面积的 1/5，产量约占全国粮食总产量的 1/6。

小麦品质好，营养价值高，是我国的主要细粮作物。麦粒中富含淀粉、蛋白质、脂肪、矿物质和纤维素等。麦粉能制成人们喜食的、易于消化的主副食，也是食品加工中的主要原料；麦麸是家禽家畜的优质精饲料；麦秆是造纸和编织的原材料。

第一节　小麦栽培学基础

一、小麦的一生

1. 生育期

小麦的生育期是指它从出苗至成熟所经历的天数。我国幅员辽阔，自然气候条件差异很大，小麦的生育期也不尽相同。春播小麦生育期较短，一般在 100 天左右，东北春播春性麦区只有 70～90 天。例如，黑龙江地区，早熟品种一般为 79～83 天，中熟品种为 83～87 天，晚熟品种为 88～93 天。

2. 生育时期

小麦的生育时期是指小麦从出苗到成熟的过程中，其外部形态与内部发生的阶段性变化，可分为若干个时期，包括出苗期、三叶期、分蘖期、拔节期、孕穗期、抽穗期、开花期、灌浆期和成熟期。

(1) 出苗期。小麦种子萌发后主茎第一片叶露出胚芽鞘 2 cm 时为出苗，当麦田出苗率达到 50%以上就进入出苗期。

(2) 三叶期。小麦幼苗主茎第三片叶伸出 2 cm 时进入三叶期。

(3) 分蘖期。小麦三叶期之后幼苗第一个分蘖露出叶鞘 1.5 cm 时进入分蘖期。

(4) 拔节期。小麦分蘖期之后植株主茎第一伸长节间达到 2 cm 时进入拔节期。

(5) 孕穗期。小麦拔节期之后旗叶展开，叶耳露出叶鞘时进入孕穗期。

(6) 抽穗期。小麦孕穗期之后有效茎麦穗的 1/2 露出旗叶鞘时进入抽穗期。

(7) 开花期。小麦麦穗中、上部花开放，花药露出时进入开花期。

(8) 灌浆期（乳熟期）。小麦籽粒沉积淀粉（即灌浆）时进入灌浆期。

(9) 成熟期。包括蜡熟期和完熟期。蜡熟期，即小麦籽粒大小、颜色接近正常，内部呈蜡状，籽粒含水 22%，茎生叶基本变干的时期。蜡熟末期籽粒干重达最大值，是适宜的收获期。完熟期，即小麦籽粒已具备品种正常的大小和颜色，内部变硬，含水率降至 20%以下，干物质积累停止的时期。

二、小麦生长发育所需要的环境条件

1. 种子萌发及出苗

小麦籽粒，实际上是由受精后的整个子房发育而成的果实，由于果皮很薄，成熟后与种皮紧紧连在一起，不易分开，植物学称为颖果，生产上通称为种子或子实。小麦的籽粒由皮层、胚和胚乳 3 大部分构成。

小麦种子在度过休眠期完成后熟作用之后，在适宜的水分、氧气和温度条件下便可发芽。一般要经历吸水膨胀的物理过程、营养物质转化的化学过程及种子萌发的生物学过程 3 个阶段，才能开始萌发。在一般情况下，胚根的生长比胚芽快，当胚芽达到种子长的一半，胚根长约与种子等长时，谓之发芽。种子萌发后，胚芽鞘向上伸长顶出地表为出土。胚芽鞘见光后停止生长，接着从胚芽鞘中长出一片绿叶，当第一片绿叶伸出胚芽鞘 2 cm 时称为出苗，麦田间有半数以上出苗就进入出苗期。小麦种子萌发和出苗如图 2—1 所示。

小麦的萌发和出苗的条件离不开适宜的温度、土壤水分和氧气。

(1) 温度。在一定温度范围内，温度越高，吸水越快，酶的活性越强，物质和能量的转化也就越快，故种子发芽也快。小麦种子发芽的最低温度为 1～2℃，最适宜温度为 15～20℃，最高温度为 35～40℃。温度过低，发芽缓慢且不整齐，也易染病害。温度过高时，则因呼吸强度大，发芽受到抑制。春小麦播种到出苗的日数随播种期的延迟而缩短，在正常条件下，从播种至出苗为 15～25 天。

(2) 土壤水分。土壤含水量过低或过高都会影响出苗状况。小麦种子吸收本身干重45%～50%的水分才能萌发出苗，要求最适宜的土壤含水量为 16%～18%，相当于田间持水量的

60%～70%。若土壤含水量在15%以下，则出苗就不齐全，在12%以下，几乎不能出苗。而当土壤含水量过高时，则因土温降低和氧气不足而影响发芽出苗，甚至造成种子腐烂。

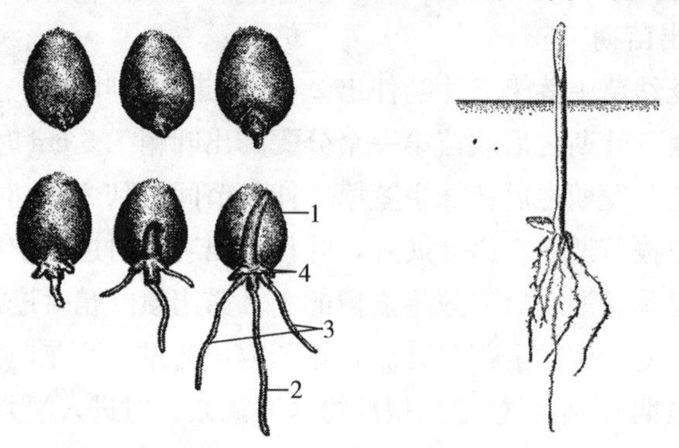

图2—1 小麦种子萌发和出苗
1—胚芽鞘 2—主胚根 3—胚根 4—根鞘

（3）氧气。在通常情况下，土壤中的氧气可以满足小麦种子萌发和出苗的需要。但如果土壤黏重、土壤含水量过多或播种过深，往往会因缺氧而影响种子的发芽、出苗。

2. 根系的生长

小麦为须根系，由初生根和次生根组成。种子萌发后，首先伸出的是主胚根，经2～3天，从胚轴基部长出1～2对侧生胚根，有时还可以从子叶内侧长出第6条种子根及1～2条初生不定根，这几条根统称为初生根。次生根是分蘖节上发生的不定根，主茎和分蘖的分蘖节上均能产生次生根。

初生根发生早，出苗至拔节期是初生根最主要的功能时期。次生根长出后，初期由于未充分发育，初生根仍起主要作用，直至次生根进入旺盛功能期，初生根的功能才逐渐减弱，但直至成熟，仍保持其活力。次生根发育时间较晚，多集中于20～30 cm的土壤耕层中，吸收耕层中的养分和水分。拔节及幼穗进一步分化发育，茎叶的旺盛生长，以及后期籽粒的形成和增重，都与次生根发育好坏有密切关系。而次生根发育的好坏，在一定程度上有赖于前期初生根对植株的作用，特别是干旱年份，初生根对深层水分和养分的利用，在小麦一生中都是特别重要的。

（1）耕层。小麦根系入土虽然较深，但根系的80%左右主要分布于0～50 cm的土层内，尤以耕层最多，占整个根系的40%～60%。当耕层深厚、肥水充足、透气良好时，耕层根系比例可大大增加。

（2）土壤水分。若土壤水分不足，则发根量少且易老化早衰；但若水分过多，则造成通气不良，使根系入土浅，支根和根毛数量也少，会降低吸收能力。当土壤水分达田间持水量的70%～75%时，最适合小麦根系的生长。

（3）土壤温度。小麦根系生长最适宜的温度为16～20℃，低于2℃或超过30℃均会使生长受到抑制，这是因为温度高加速了地上部生长的缘故，而温度稍低时，根的生长比地上部快。这一表现是在不同温度条件下，地上部和地下部争夺同化产物的结果。

(4) 土壤肥力。土壤肥力高，理化性质好，根系发达，入土深，反之则浅。例如，黑龙江省东部的白浆土分布区内种植小麦，若不能做到用养结合，不进行科学的土壤改良，加上耕作措施不得当，则小麦根系大多只分布在 0～20 cm 的土层内，就易导致白浆土产区小麦单产量很低。磷元素与根系发育有着密切关系，当磷充足时，根数、根重、根长都有所增加，并使地上部生长协调。若能使氮、磷配合，则效果更为显著。当磷不足时，根细胞分裂速度缓慢，糖分积累相对增多，阻碍淀粉和纤维素的形成，根量少而短。氮对根系的主要作用是增加根重，对根系的促进作用不及地上部，当氮肥过多时，地上、下部生长不协调，不利壮根。因此，在增加氮肥用量时，也要相应的增加磷肥的用量，针对不同的土壤类型确定合理的氮、磷比例。

(5) 光照。根系与地上部的比例随光强提高而增加，光强较弱时，光合作用的产物少，地上部徒长，光合强度变低，根系形成和干物质积累就会受到严重的不良影响。

3. 分蘖及其成穗

小麦所生出的特殊分支叫做分蘖。分蘖是小麦的重要生物学特性之一，它是小麦形成分支和不定根的生育过程。分蘖的成穗取决于有无足够的发育时间和营养供应，与品种特性、播期早晚、单株营养面积大小、光照状况和肥水条件有密切关系。例如，黑龙江省春小麦的生育期较短，分蘖的成穗率较低，而且分蘖穗子实成熟度不好，千粒重较低，通常在生产上通过扩大种植密度并有意识抑制分蘖的发生，增加主穗数量来提高单位面积产量。

4. 茎叶的生长

小麦的茎由节和节间组成，具有支持、光合、输导和储存作用。节分为地上和地下两部分，地下节间隙不伸长而构成分蘖节，地上节间伸长构成茎秆。

光对茎细胞的分化伸长具有抑制作用，充足的阳光有利于茎节机械组织的发育，增强抗倒伏性。若氮、磷供应适当，则有利于秆壁机构组织发育及茎秆健壮生长。若氮素过多，碳、氮比例失调，则易使茎秆发育不良。在大田栽培条件下，一般应选择株高为 70～80 cm、基部节间伸长对水肥相对不敏感的品种，这样有利于抵抗倒伏。

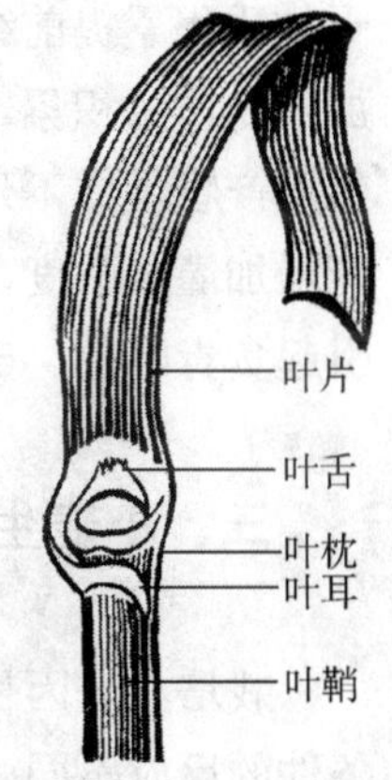

图 2—2 小麦叶的外部构造

小麦叶由叶鞘、叶片、叶舌、叶枕和叶耳构成，叶片与叶鞘连接处叫叶枕。叶鞘既可加强茎秆的坚固性，保护节间居间分生组织，也能进行光合作用。叶片是光合作用的主要器官，最上叶称旗叶，以旗下第一叶为最长。叶舌和叶耳在叶片和叶鞘之间，紧抱着茎秆。小麦叶的外部构造如图 2—2 所示。

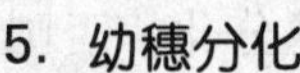

5. 幼穗分化

麦穗是由穗轴（节片）和着生在节片上的小穗构成。每节片着生 1 个小穗，全穗有 15～20 个小穗，每个小穗有 2 片护颖，中间有一个小穗轴，每个小穗上着生 3～5 朵花，每朵花有外颖、内颖各 1 枚，雄蕊 3 枚，雌蕊 1 枚，浆片 2 个，有芒品种还包括芒。

小麦穗是由茎顶端生长锥分化形成的。其分化过程大致可分为生长锥伸长期、单棱期

（穗轴分化期）、二棱期（小穗原基分化期）、护颖原基分化期、小花原基分化期、雌雄蕊原基分化期、药隔形成期和四分体形成期8个时期。

（1）温度。小麦穗分化期间要有较低的温度，低温能延缓光照及幼穗分化时间，有利于大穗的形成。

（2）光照。小麦是长日照作物，光照阶段要求有长日照，如果在短日照下，会延缓光照阶段进行，延缓幼穗分化时间，增加小穗数。通过光照阶段以后，长光照和强光照仍对小麦生长有利，所以过度密植，光照条件恶化，通风透光不良，小穗发育就不好。

（3）水肥。三叶期到抽穗前是小麦需水最多时期，所以生产上常灌坐胎水、拔节起身水。氮肥能延缓光照阶段进行，磷肥能加速单位时间内分化强度。所以生产上常以种肥为主，氮、磷配合，三叶期内追施氮肥。

6. 开花和籽粒形成

（1）开花。小麦抽穗后3～5天开花。一株小麦的开花顺序为，主茎穗先开，分蘖穗后开。就一个麦穗来说，中部小穗花先开，上部、基部的后开。一个小穗则是下位花先开，上位花后开。

开花期间要求适宜温度为17～22℃，不能低于10～12℃，最适相对湿度为60%～70%。一般来说，天气晴朗有利于开花，阴雨连绵、温度偏低、湿度太大则影响开花。高温干旱则会提前开花，花粉粒失水，影响萌发，不利于授粉结实。

（2）籽粒形成与成熟。小麦从开花受精到籽粒成熟，一般经历30～38天。根据籽粒内、外部的变化可分为籽粒形成过程、籽粒灌浆过程和成熟过程3个阶段。

小麦成熟期间适宜温度为20～22℃，高于22℃或低于12℃均不利于灌浆，会使高温下干物质积累提前结束，灌浆期缩短，千粒重降低。如果温度偏低，虽然能延长灌浆时间，增加干物质的积累，但成熟期会相应延迟。灌浆成熟过程如遇多雨寡照或群体过大时，因光合作用产物供应不足也会严重影响粒重的提高。因此，此阶段要求光照充足。抽穗后水分充足能增加灌浆强度，延长灌浆时间，提高粒重。氮肥可防止早衰，增加粒重，但若氮肥过多易引起贪青晚熟、千粒重降低；磷、钾肥能促进灌浆成熟。

三、小麦生长发育的基本规律

栽培小麦因长期在不同条件下生长发育而形成了不同的类型。根据小麦生长发育对温度条件的反应不同，将小麦分成冬性和春性两种类型。冬性小麦春化阶段要求温度较低，一般为-1～10℃，多数在0～5℃，并且持续时间长，要持续35～50天才能穗分化，否则要一直处于分蘖长叶状态而不能抽穗；春性小麦在一般温度条件下都能正常抽穗。

根据小麦的播种时期不同，又可分为春小麦和冬小麦。凡是秋季或冬季播种的小麦均为冬小麦；凡是在春季播种不经过冬季低温而当年收获的小麦均为春小麦。

春小麦和春性小麦、冬小麦和冬性小麦是两个不同的概念，前者是指播种期而言，后者则是指小麦生长发育对温度条件的反应而言，必须加以正确区别和掌握。冬性小麦如果春播，则不能抽穗；春性小麦进行秋播或冬播必须把握好时机，否则，有时会出现拔节以致不能安全越冬的现象。

第二节　小麦栽培技术

一、播前准备

1. 选地与选茬

(1) 选地。小麦对土壤适应性较强，大多数土壤都能种小麦，但最适宜土壤是有机质丰富、结构良好、营养充分、通气良好的中性土壤。从质地看，种植小麦以壤土最为适宜，特别是上松下实的中壤土为最好。这类土壤有较强的保水保肥能力，宜耕期长，湿时不黏，干时不结块，能为小麦生长发育创造良好的环境。黏质土通气性差、排水不良，砂质土壤结构松散、保水保肥能力差，均不易获高产。小麦在 pH 值 6.0～8.5 范围的土壤内都能生长良好，但以中性土壤为最好，耕层含盐量高于 0.25%时生长会受到抑制，0.4%以上就会逐渐死亡。从土壤容重来看，一般以 1.14～1.27 g/cm^3 较为适宜。土壤过紧，水、气易失调，速效养分少，不利于小麦根系发育；土壤过松，保水保肥能力差，也不利于根系生长活动。

对于干旱地区，选用二洼地、平川地和水岗地种植小麦是一项巧用墒情的增产措施。低洼地可选用耐湿类型品种，增施磷肥，以充分发挥洼地增产潜力。

(2) 选茬。小麦是适应性较强的作物，一般茬口种植小麦都能正常生长，但为了获得高产，在合理轮作的前提下，正确选茬是非常必要的，以便能充分利用当地自然资源，发挥土壤对小麦的增产作用。小麦最适宜的前茬是大豆、玉米、马铃薯。大豆茬耕层深厚，有根瘤菌固氮，残留土壤氮肥较多，茎叶繁茂，遮阴能力强，杂草少，墒情也好。玉米、马铃薯茬有深耕基础，施肥多，耗水少，杂草少，能满足小麦生长发育期间对肥水的要求。

小麦比较耐连作，但不能超过 3 年，多年连作会使杂草泛滥、病虫害加重而减产。麦田中野燕麦、毒麦是伴生杂草，连作会大量发生。连作还会增加根腐病、赤霉病的发生。

小麦的主要轮作方式有：

小麦→大豆→杂粮，麦豆杂轮作方式的主要优点是大豆种在小麦茬上，杂粮种在大豆茬上，大豆和杂粮增产显著。

小麦→杂粮→大豆，该种轮作方式的主要优点是小麦种在肥沃的豆茬上，可耙茬平播，成本低，保苗率高，增产作用显著。

小麦→大豆→小麦→杂粮，这种方式适宜小麦种植面积较大的地区，是解决小麦重茬的一种较好方式。

小麦→小麦→大豆，该种轮作方式主要在小麦面积较大、杂粮种植较少的地区，其中有一年小麦是重茬，但比多年重茬强。

大豆→小麦→玉米，这种轮作方式是小麦种在豆茬上，有利于小麦提高产量，对玉米来讲也是好茬口。

玉米→小麦→大豆，这种轮作方式对各种作物来讲均是好茬口，是一种较好的轮作方式。

2. 整地与施肥

（1）耕作整地。耕作整地能够协调耕层土壤中土粒、水分、空气三者之间的关系，为小麦种子顺利萌发、出苗和正常生长创造良好的土壤环境。此外，还有利于接纳和保存前一年的伏、秋降水，做到伏、秋雨春用。

1）耕翻整地。选用没有深翻基础的小麦、玉米、高粱、谷子和糜子等茬口，必须伏、秋翻地。翻地时间越早越好，夏收作物应在收获后立即耕翻，消灭种子尚未成熟的杂草，有利于接纳雨水和根茬腐烂。秋收作物也应抢早收获，抓紧耕翻，力争在封冻前结束。耕翻深度为18～22 cm，要求标准化作业，翻垡整齐严密、不重不漏、不坐不立、耕幅一致、耕堑直，百米直线度误差不超过15 cm，减少开闭垄，开垄宽度不大于15 cm，深度不超过15 cm，闭垄高度不超过10 cm，地头横耕整齐，不出现抹斜。耕翻要做到随耕随耙，深翻细耙，翻耙结合，整平耙细，达到插种状态。

2）耙茬整地。前茬有深耕基础的地块，如大豆、玉米和马铃薯茬，可实行秋耙茬整地。用圆盘耙带耢子对角线耙耢复式作业，耙碎耢平原垄台和根茬。耙茬深度为：轻耙8～10 cm，重耙12～15 cm。要求不漏耙、不拖耙，消除垄沟垄台，4 m宽垄面上高低差不超过3 cm。

3）春整地。如秋整地质量差，或者秋耕未耙地块，应于早春化冻3～4 cm时及时耙地耢平，春旱年份少耙多耢，尽量少翻动土层。土壤过喧地块或晚播地块，因地制宜采取播前镇压措施。播前镇压以昼化夜冻、冻融交替时最好，晚镇压化冻较深，大土块易压入耕层形成暗坷垃，影响播种质量和保苗。另外，对于早春积雪过多的地块，应采取耢地活雪措施，以促进积雪融化和积存雪水，对保墒和及早播种非常有利。

（2）合理施肥。小麦一生所累积的干物质中，大量养分元素是C、O、H，占95%左右，N、K各占1%以上。Ca、Mg、P、S等各占0.1%以上。微量养分元素中Cl、B、Fe、Mn、Zn、Cu等均在600 mg/kg以上。其中，C、H、O元素主要来自空气和水，并通过光合作用而获得。而N、P、K等元素主要是靠根系从土壤中吸收，在小麦体内需求量大，而土壤中往往是供不应求，要靠外部来补充。小麦的需肥量随自然条件、产量水平、品种、栽培技术的变化而变化。一般规律是，每生产100 kg籽粒，需要吸收纯氮3 kg左右，磷（P_2O_5）1.0～1.5 kg，钾（K_2O）2.0～4.0 kg。三者（N∶P∶K）之比约为3∶1∶3。

小麦在不同生育时期对肥料的吸收量是不同的。前期苗株小，吸肥量少；拔节后，生长加快，吸肥量增加；开花后吸收量又逐渐减少。

由于春小麦播种早、生育期短，幼穗分化开始早、进程快、过程短，再加上早春温度低，微生物活动力弱，有机质分解慢，土壤中速效养分少，因而形成了春小麦需肥早、集中且需肥量大的特点。因此，施肥应数量足、时间早，并要求速效性肥料，以满足生长发育的需要。

1）有机肥的施用。有机肥的施用方法以小麦前茬为好，小麦本身生育期短，可以补充利用有机肥的后效。小麦施用有机肥一般是在耕翻、耙地之前均匀撒在农田地表面，通过耕翻、耙地或旋耕混入耕层，应施优质高效有机肥 15～30 t/hm^2。

2）化肥的施用。北方小麦产区由于地温上升慢，速效养分含量低，与小麦的需肥特点相矛盾，因此，必须做到施足化肥、巧施化肥。一般施用 N、P 量为 90～120 kg/hm^2，可以实现产量 3 000 kg/hm^2 的指标。为了实现高产，还应适当加大施肥量。氮磷的比例宜为：二洼地 1.0∶1.2～2.0，平川地、岗地 1.2～1.5∶1，瘠薄地 1.5～2∶1。

①秋深施肥。尿素秋深施肥可以避免或减免氨态氮的损失和硝态氮的流失，其损失比春施少得多。尿素秋施的深度为 10～12 cm 时效果最佳，有利于有效氮在土壤中下层的分布，秋施优于春施，温度降到 5℃以下为好。秋深施肥的数量应将氮肥的全部和磷肥的 2/3 施入，余下的 1/3 磷肥作种肥。

②种肥单施和分层施肥。在小麦生产上，采用种肥单施或分层施肥的办法，使肥料与种子间有一定的隔离土层，这样能避免因肥料浓度过大对种子和幼苗产生不良影响。

③ 叶面喷肥。为了延长后期功能叶片寿命和促进籽粒灌浆，增加千粒重，对后期脱肥地块应喷施叶面肥。每公顷用尿素 15 kg、磷酸二氢钾 2.25 kg，钼酸铵 150 g，兑水850 kg，于小麦抽穗 20%时，叶面喷洒肥料溶液。喷施叶面肥要选择晴天，气温以不超过 30℃为宜，切忌喷后降雨。

3. 优良品种的选用

由于各地自然条件和生产条件有很大差异，因此，因地制宜地选择优良品种，是充分发挥良种的增产优势、提高单位面积产量的必要手段。在选用品种时，要选适合本地栽培条件并经过推广的优良品种。不同地区生态条件各异，应选与之相适应的生态类型品种，在同一生态地区，又因生产条件和水平不同而要求不同的品种类型。所以在品种选用上，一定要从当地的自然条件和生产条件出发。目前已育成并在生产上推广的品种，分属抗旱、耐湿和喜肥丰产优质等不同生态类型，各地可根据实际情况选用适宜的品种。北方省份常见优良小麦品种见表 2—1。

表 2—1　北方省份常见优良小麦品种

序号	品种名	特　点
1	龙辐麦 17	全生育期 85 天左右。秆强抗倒伏，抗旱性强。适宜在黑龙江省东部和北部地区及内蒙古东部地区种植
2	龙麦 33	全生育期 96 天左右。高感赤霉病，中感根腐病，中抗秆锈病，高抗叶锈病。适宜在东北春麦区的黑龙江省北部及内蒙古呼伦贝尔地区种植
3	克旱 21	全生育期 94 天左右。高抗叶锈病，慢秆锈病，中感根腐病，高感赤霉病。适宜在东北春麦区的黑龙江省北部、内蒙古呼伦贝尔地区种植
4	吉春 14	自出苗至成熟 85～87 天。秆锈病免疫，高抗叶锈病，中抗白粉病，赤霉病感染较轻，轻度感染散黑穗病。适宜在吉林省中西部洼地、二洼地及沿江河低洼易涝地区种植

续表

序号	品种名	特　点
5	辽春23	全生育期83天左右。高感白粉病，中感秆锈病、叶锈病。适宜在辽宁沈阳、铁岭和锦州，吉林省公主岭，内蒙古赤峰和通辽及天津的春麦区种植
6	巴丰5	全生育期86～90天。叶锈病免疫，中抗至中感条锈病，高感黄矮病、白粉病。适宜在宁夏、甘肃、内蒙古中西部、青海东部和柴达木盆地、新疆北疆的水浇地作春麦种植
7	晋春15	全生育期90天左右。叶锈病免疫，中感条锈病，高感白粉病、黄矮病。适宜在宁夏、甘肃、内蒙古中西部、青海东部和柴达木盆地的水浇地作春麦种植
8	定西40	全生育期110天左右。条锈病免疫，高感叶锈病、白粉病、黄矮病。适宜在甘肃定西、会宁、永靖、通渭，宁夏海原、西吉，青海大通的春麦区旱地种植
9	青春41	全生育期108天左右。适宜在青海大通、互助、湟中、平安，甘肃定西、通渭、临夏的春麦区旱地种植
10	赤麦7	全生育期83天左右。高感白粉病，中感秆锈病、叶锈病。适宜在辽宁沈阳、铁岭和锦州，内蒙古赤峰的春麦区种植

4. 种子处理

（1）种子精选。精选种子是提高种子清洁率和整齐度，争取播种以后达到苗全、苗齐、苗匀的必要措施。精选的种子，一方面，可以清除有生命的和无生命的杂质；另一方面，可选出粒大而饱满、大小一致的种子，这是培育壮苗的基础。大而饱满的种子，胚乳营养物质多，发芽率高，出土后幼苗健壮，长势强，出苗齐。因此，小麦在播种前要进行分级选种，并用二级以上种子作播种材料。分级选种最好在种子入库前进行，用谷物精选机精选分级，在农村也可以用筛子筛。精选质量应达到分级标准二级以上，即纯度99%、净度98%、发芽率90%以上，种子含水量不超过13.5%。

（2）药剂拌种。播种前用40%双可湿性粉剂按种子重量的0.2%拌种，或用50%多菌灵按种子重量的0.3%拌种，也可用两种药剂各0.15%混合拌种，可防治腥黑穗病和散黑穗病及根腐病；用50%福美霜与50%多菌灵，各按种子重量的0.2%混合拌种也可防治腥黑穗病、散黑穗病及根腐病。拌种时要用拌种器，做到混拌均匀，拌种后堆放24 h再进行播种。

（3）种衣剂包衣。种衣剂是由农药原药（杀虫剂、杀菌剂等，有的还加入微肥、激素）、成膜剂、分散剂、防冻剂和其他助剂加工制成的，可直接或经过稀释后包于种子表面，形成具有一定强度和通透性的保护层膜的农药制剂。种衣剂包于种子表面，药、肥等缓慢释放，在一定生长期内为种子和幼苗提供充足的养分和药物保护，可杀灭地下害虫，防治种子带菌和苗期病害，促进种苗健康生长发育，提高种子发芽率，改进种苗质量，增强种苗抗逆性，节省用种，最终起到保产、增产作用。当前，麦种消毒技术已进入包衣处理时代，包膜牢固，不脱落，可组装预防病虫、壮苗、保水等多项因子，从而发挥更大的增产作用。

北方地区使用较多的是17%克多酮种衣剂、14%福多种衣剂和11%福粉种衣剂等，防治对象主要是小麦根腐病、腥黑穗病和散黑穗病等。包衣可用14%福多或11%福粉种衣剂按药种比1∶ 60进行包衣，或用17%克多酮种衣剂1∶60包衣。

(4) 小麦根际联合固氮菌剂拌种。小麦根际联合固氮菌剂是一种新的生物制剂，具有固定空气中氮、产生多种活性物质、不断地为小麦提供氮素营养和促进小麦生长的作用。该项目已正式列为农业部和国家科技委员会重点推广项目。小麦根际联合固氮菌的增产作用是多方面的：

1) 联合固氮菌可补充小麦的氮素来源。小麦根际联合固氮菌含有活力很高的固氮酶，可把空气中的游离态氮分子转化为氨态氮，被小麦吸收利用，一般每年每公顷可固氮 28～90 kg。

2) 改善小麦磷素营养状况。小麦根际联合固氮菌可转化土壤中无效磷，增加土壤供磷能力。据多点田间测定，接种田比对照田的有效磷含量增加 22%。

3) 产生植物调节物质，促进植物生长发育。据有关部门对菌株培养液及其代谢产物进行分离，发现有萘乙酸、吲哚乙酸、赤霉素、细胞分裂素等植物调节物质。这些物质具有刺激植物生根、芽分化、细胞伸长、打破休眠等功能，因而可促进小麦生长发育，提高产量。

经过多点试验，其增产幅度为 2.6%～16.7%，平均为 7.7%。因此拌种以后，植株表现出提早出苗和提高出苗率。一般早出苗 1～2 天，提高出苗率 5%左右；根系发达，根量增加，增强肥料吸收能力和抗旱能力，植株繁茂，叶色深绿；功能期长，成熟期延后，有利于延长灌浆期，促进干物质向籽粒中输送积累，穗大、粒多、粒重，有利于提高产量；增氮培肥，提高土壤肥力。

小麦根际联合固氮菌剂拌种方法是：固氮菌剂每公顷用量为 7.5～11.25 kg，用水量为 7.5 kg，在避光条件下均匀拌种，阴干后播种。也可与杀真菌农药同时拌种。

二、播种技术

1. 适时早播

在保证播种质量的前提下，适时早播比晚播产量高。其优点为：一是适期早播，从播种到出苗的时间虽然较长，但种子在较低的温度条件下缓慢吸收萌动，胚根比胚芽伸长速度快，初生根发育好，入土深，抗旱和吸收能力强；二是早播可以延长出苗到拔节的时间，分蘖较多，并且有效分蘖率也高；三是穗分化开始早，分化时间相对延长，有利于形成大穗；四是早播能早成熟，避免高温多雨等不良环境的影响，减轻根腐病的危害；五是在干旱地区或年份，早播可以利用早春较好的墒情，提高出苗率。相反，春小麦播种过晚，温度高，土壤蒸发量大，不仅易造成土壤干旱，影响出苗，也因气温的升高使幼苗生长加快，根系发育不良，缩短出苗到拔节及小穗原基分化过程，导致每穗小穗数显著减少，进而影响粒数和产量。

北方春小麦的适宜播种期，一般为春季昼夜平均温度稳定在 0～2℃，表土化冻到适宜播种的深度时。例如，黑龙江省中部和南部地区为 3 月中旬至 4 月上旬，北部地区为 4 月上旬至 4 月中旬；吉林省春小麦播种的适宜温度为日平均气温稳定在 0℃以上，阶段平均气温在 2℃左右，土壤解冻 10 cm 左右，土壤绝对湿度 17%左右；辽宁省春小麦的适宜播种期一般在 3 月 10～25 日，土壤化冻 5 cm 即可顶凌播种。

2. 合理密植

在生产上，小麦都是以群体形成进行栽培的。其产量构成因素包括单位面积上收获的有效穗数、每穗平均粒数和粒重 3 个方面。在一定的栽培条件下，单位面积上的收获穗数是随单位面积上基本苗数由稀到密增大而增多的，产量也随之提高。但密度增大到一定限度以后，由于群体过密，个体发育不良，有效穗数、每穗粒数及粒重都会相应降低，产量下降。密度过大或过小都不利于提高产量。这是因为当群体过大时，使小麦叶面积过大，相互遮阴，光照条件恶化，基层叶甚至中层叶过早衰亡，叶面积锐减，植株徒长倒伏，光合作用效率变低，使小麦幼穗分化受到严重影响而导致产量不高。相反，田间基本苗数过少，虽然植株个体生长发育良好，穗较大，但由于群体穗数较少，也不利于产量的提高。因此，要确定适宜的密度，协调麦田个体与群体的关系，充分利用阳光和地力，在保证个体发育良好的前提下适当提高小麦田间保苗率和穗层整齐度，并通过栽培管理措施，促进穗大粒多。其中，穗层整齐度高是小麦丰产的标志之一，是提高小麦单产的关键环节。

合理密植主要应遵循以下原则：

（1）以主穗为主，争取适当少量的分蘖。

（2）瘦地宜密，肥地宜稀。瘠薄地个体发育差，可密些，而土地肥沃，个体发育好，植株繁茂，密度大了容易倒伏。

（3）早熟品种宜密，晚熟品种宜稀。早熟品种生育期短，多数植株矮小，可密些，而晚熟品种生育期长，植株高大，宜稀些。

（4）低产变高产宜密，高产再高产宜稀。在栽培水平比较粗放，密度小，产量较低阶段，适当增加密度，产量能随着密度的增加而提高，但随着水肥等生产条件的改善，再增加密度，就会导致倒伏而减产，这时就应主攻个体，不能再增大密度。

3. 播种及质量检查

（1）播种方式。小麦机械化栽培水平较高，目前生产上机械播种采用的种植方式主要为 7.5 cm 单条播、15 cm 单条播和 30 cm 双条播（22.5 cm＋7.5 cm）。窄行播种适于合理增加密度，植株分布均匀，苗期地面覆盖时间早、程度高，抑草能力强，但通风透气条件不如宽行好。一般在平岗地、平川地、洼地多采用 15 cm 条播。在杂草多的生荒地地块，特别是在缺少化学除草剂的条件下，则采用 7.5 cm 条播。若采用宽行播种，就会由于行间抑草能力差，使杂草大长，争肥、争水和争光，严重影响植株的生长发育。宽行栽培，抗旱耐涝能力强，便于田间管理、灌溉及生育期间的行间松土，有利于减少水分蒸发和消灭杂草，通风透光条件也优于窄行，特别适于良种繁育田。一般宽行距都有明显增产趋势，在同一施肥情况下 30 cm 双条播比 15 cm 单条播增产 10.4%，但在人力不足又没有化学除草条件下，容易发生草荒。在地力好、杂草少、劳力或机械力充足的地区可以采用 30 cm 双条播等宽行播法；反之，以窄行播种为宜。

（2）播种量计算。播种前，首先要将精选过的种子进行发芽试验。根据种子发芽率、清洁率、千粒重、田间损失率（一般按 15%计算，保苗不好的地块按 20%计算）和计划保苗

株数用下面的公式计算播种量，即

$$播种量（kg/hm^2）=\frac{每公顷计划保苗株数\times千粒重（g）}{发芽率（\%）\times清洁率（\%）\times10^6\times[1-田间损失率（\%）]}$$

（3）播种。播种前对秋整地的地块，要做到春耢，耢平再播。播种时要求中途不停车，播行笔直，行距相等。50 m 内播行直线度偏差不超过±5 cm，行距误差不超过±1 cm。多台播种机联合作业时，台间衔接行距误差不超过±2 cm，往复衔接行距不超过±5 cm。单机播种也要做到不重播，不漏播，每次衔接行距误差不超过±5 cm。覆土严密，地头整齐。

确定小麦播深时，需从土壤质地墒情、种子大小等方面考虑。土质轻松，干土层深厚时，可适当播得深些；反之，应适当播得浅些。大粒种子可以比小粒种子略深播。小麦播种深度以 3～5 cm 为宜，镇压后深度为 3～4 cm，误差不超过 1 cm，矮秆和半矮秆品种，芽鞘较短、较弱，播种深度一般不应超过 3～4 cm。

播种以后镇压，是在干旱多风情况下的一项抗旱保苗措施，可使种子与土壤密接，防止表层土壤水分被吹干，以利于种子吸水发芽。除播种时土壤水分较多、压后易出现板结的地块可以延缓至表土稍干时镇压或不镇压外，都应随时播种随时镇压，过晚则效果不大。干土层厚时，必须增加镇压工具的重量。

（4）播种质量检查。播种量检查可采用米间粒数法。在正常播种过程中，将输种管从开沟器中抽出，抬起该行覆土部件，使种子直接落于地面，检查每米长度内种子粒数，每次检查 3～5 点，求其平均值。可按下面公式计算检查结果，即

计划米间粒数=计划播种量（ kg/hm^2）×行距（cm）÷千粒重（g）/净度（%）

播深检查时，在已播过的地上，扒开覆土，量出种子所在部位至地面的距离，检查 3～5 点，每点 3～5 行，求出平均播深。每行播深之差即为播深偏差。镇压后土壤容重可用常规法测得，检查 5 点求其平均值。播行直线度检查，用测绳沿播种机行走轮印中心线拉直，测量左右偏差程度。行距检查，结合检查播深时，量出相邻两行距离。

三、田间管理

小麦田间管理的主要任务是：综合运用抗旱、防除杂草和病虫危害等措施，克服各种不利因素对小麦的影响，为小麦创造适宜的生长发育环境和条件。

1. 压青苗

（1）压青苗的好处

1）提墒保墒。压青苗可以使土壤紧实，增强土壤的毛细管作用，为传导底层水分、提墒抗旱创造条件；压青苗还可压碎表土，切断土壤毛细管孔隙，使地表有一层干土层，减少土壤水分的蒸发，因而具有保墒作用；另外，还可以使根系与土壤密接，为小麦根系生长创造良好的墒情条件，增强小麦的吸收和抗旱能力。

2）蹲苗壮秆。麦苗经过镇压后，由于受到机械损伤，暂时抑制了地上部分的生长，相

反却促进了小麦根系发育，并可使基部茎节缩短变粗，增强抗倒伏能力。特别是对于高产麦田，压青苗是必不可少的促壮防倒伏措施。

（2）压青苗的原则。压青苗应根据幼苗的长相、土壤松紧程度、土壤水分等情况进行。幼苗长势过旺、干土层较厚、土壤过喧时要及时压苗，最好压两次，并进行重压；苗较弱、地硬、土壤水分含量大（比较黏重）时不能压苗。地硬、土壤含水量大时压苗容易板结或使土壤过紧而影响幼苗生长，弱苗压后受损伤不易恢复，如需压时，也要轻压。

（3）压青苗的时期和方法。小麦压青苗的最适宜时期是三叶期。但也要根据栽培条件和压青苗的目的不同而有所区别。一般旱地小麦可在二叶半到四叶期之间进行，以三叶期压青苗的效果为最好。否则，压早了起不到应有的作用；压晚了由于小麦已经开始拔节，对麦苗会造成更大的损伤。另外，以抗旱为目的可早些压，以防倒伏为目的可适当晚些压，但最晚不应晚于生产上的拔节期。

压青苗的次数应视具体情况而定，一般为1～2次。压青苗的程度以将苗压倒，地上部稍受损伤为度。平播小麦压青苗时可采用V形镇压器或石头磙子。整地质量好的平播地，可以顺播向镇压；整地质量差或在垄沟垄台比较明显的耙茬地要横压。土干时镇压速度宜慢不宜快，严禁高速作业，并应加大重量或适当增加次数。目前国有农场压青苗多与机械追肥组成复式作业，可以减少作业次数，降低成本。

2. 灌水与防涝

（1）小麦的需水规律。春小麦全生育期需水量一般为3 000～5 400 t/hm^2，单株一生需水0.5～1.0 kg，每生产1 kg籽粒需水970～2 000 kg。一生中不同生育时期需水量差别很大。拔节期前占总需水量的25.8%，以三叶期最为敏感，缺水时易引起掐脖旱。从拔节到抽穗开花，约占全生育期需水总量的43.4%（其中尤以抽穗后最多），为一生需水最多时期。其次是抽穗开花至成熟约占总需水量的30.8%，乳熟前需水多，以后减少，此期干旱易影响千粒重。

（2）灌水与防涝。北方春季气候干旱的地区，水分成为限制小麦生产的重要因素。因此，除采用抗旱保墒措施外，在有水源的地方发展灌溉栽培，可以显著提高小麦的产量。春小麦前期发育快，穗分化早，又是培育壮苗的关键时期，若水分供应不足，会对小麦以后的生长发育产生不良影响。一般来说，灌水宜早不宜晚，结合气候特点，灌好三叶水是很关键的一项增产措施。此期灌水量要大，以一次灌透为原则，结合追肥效果更好，灌水量一般为600～750 t/hm^2。小麦以后各生育时期除特殊地区和年份外，基本进入雨季，自然降雨足以满足小麦对水分的需要，一般不再灌水。

小麦的生育后期，特别是成熟期前后，正值北方多雨季节，田间积水过多，对小麦的灌浆成熟及收获有严重的不良影响，特别是对低洼地区或地块影响更大。因此，要尽力做好排涝准备，及时排出田间积水，以使损失降到最低限度。

3. 追肥

生产上由于追肥肥效的发挥受水分条件的制约，旱地栽培且无灌溉条件时，追肥后无雨往往造成肥料损失和肥效后延，导致后期贪青和杂草严重发生而减产。因此，旱作麦在施足基肥和种肥的情况下，除进行叶面追肥外，不再追施肥料。一般只有在基肥和种肥施量不足时，才进行追肥。根据春小麦生育期短、需肥早、需肥集中的特点，在没有施用基肥和种肥或者用量较少的情况下，早期追肥有明显的增产作用。

（1）机械追肥。目前大面积机械化追肥时，多在小麦三叶期用播种机将肥料播在行间3～5 cm 的土层下，效果比撒肥好。缺点是易伤苗，一般伤苗率为2%～3%，但仍能恢复生长，对群体影响不大，是一种较好的旱作追肥方法。追肥主要是氮肥，一般不用磷肥（作种肥时一次施入）。追肥时，最好根据气象预报，在雨前追施，有利于充分发挥肥效。为了防止烧苗，应在露水干后进行。如果有灌溉条件，追肥后进行灌水，更能充分发挥肥效。一般可追尿素 112～150 kg/hm^2。若地力差，基肥和种肥用量少，追肥量可取上限；相反，则应适当降低追肥用量，甚至不追肥。

（2）叶面喷肥。叶面喷肥又称根外追肥。由于小麦叶片具有吸收能力，喷肥以后，叶子可及时吸收，并很快由叶子将营养物质运输到各器官，参与体内生物化学过程，能显著提高产量，改善品质。

四、病虫草害防治

1. 小麦主要虫害的防治

（1）小麦蚜虫。蚜虫也称腻虫、蜜虫，属同翅目蚜虫科。一年有一个蚜量高峰，一般在小麦抽穗期蚜量剧增，灌浆乳熟时达到高峰。

消除麦田内、外杂草等越冬寄主、生物防治和药剂防治是控制蚜虫发生的有效措施。当10个麦穗有蚜虫 80 头以上时进行药剂防治，用 40%乐果（氧化乐果）乳油 975～1 500 mL/hm^2，或50%杀螟松乳油 450 mL/hm^2，或 1.5%乐果粉剂 22.5～30 kg/hm^2，或50%灭蚜松 1 000 倍喷雾，或 40%甲基异硫磷，或 75%“3911”乳油 0.1 kg，加水 4～5 kg，拌麦种 50 kg，堆闷 8～12 h 后播种。

（2）小麦粘虫。粘虫又称夜盗虫、五色虫、剃枝虫、行军虫。以幼虫期为害，具有暴食性和迁飞性。食性杂，最喜食禾本科植物。低龄幼虫先吃叶肉，留下麦皮，以后咬成小圆孔，3 龄以后咬成缺刻，龄期较大时可吃叶子，还能为害茎及穗，形成光秆，使千粒重下降，一般减产 10%～20%。

小麦粘虫的防治主要是做好预测预报，掌握防治适期，一般在 2～3 龄时集中防治一次。

1）喷粉。50%敌百虫乳粉，0.75～0.90 kg/hm^2；2.5%敌百虫粉，2%杀螟松粉或0.06 除虫精粉 30 kg/hm^2。

2）喷雾。50%～75%辛硫磷 3 000～5 000 倍；50%杀螟松乳油 1 000～2 000 倍；40%乐果乳油 300 倍可兼治蚜虫。防治高龄幼虫用 90%敌百虫晶体 0.975～1.5 kg/hm^2，20%杀灭菊酯 375～600 mL/hm^2，2.5%溴氰菊酯 300～375 mL/hm^2。

3）毒土法。用2.5％敌百虫粉7.5 kg/hm²，兑过筛细土或细砂300～375 kg扬撒。

2. 小麦主要病害的防治

（1）小麦根腐病。小麦根腐病危害幼苗、根、茎、叶片和小穗，以成株期发病最严重，可造成叶片早枯，植株茎部和根部染病后变褐而腐烂至死，有时穗部变为黄白色而成白穗。千粒重下降，一般减产10％～30％。防治措施主要有以下几种：

1）种子处理，加强栽培管理。清选后的种子进行药剂处理，50％代森锌、50％福美双、70％扑海因、17％百坦、70％多福合剂，25％粉锈宁可湿性粉剂等按种子重量的0.2％～0.3％拌种。麦地播前整平耙碎，施足基肥、种肥，抓紧墒情播种，播种浓度适宜可使幼苗健壮。

2）药剂防治。小麦抽穗、扬花期喷药，用50％福美双、25％粉锈宁可湿性粉剂1.5 kg/hm²，25％敌力脱乳油600 mL/hm²。齐穗后用25％氧环三唑乳剂喷雾，0.30～0.39 kg/hm²加水349.5 kg。

（2）小麦赤霉病。该病主要危害穗部，严重影响产量和品质，易造成人、畜中毒现象。赤霉病从幼苗到抽穗均可发生，引起苗枯、穗腐、基腐或秆腐，以穗腐发生最为普遍，且危害性最大。苗枯是由于种子或土壤残体带菌引起，幼苗受害后芽鞘与根变褐枯死。秆腐时，叶鞘和茎秆受感染而使病部呈黄褐色，其上生有红霉，病株易被风吹断。穗腐发生于小麦开花后，初期在小穗和颖上出现水浸状褐色斑，逐渐蔓延使全部小穗枯死，之后在颖壳处和小穗基部出现粉红色霉层，后期霉层处产生蓝黑色颗粒（子囊壳）。严重时病穗籽粒干秕、皱缩。

小麦赤霉病的防治以农业防治为主，以搞好测报、药剂保护穗部为重点，结合控制菌源等综合防治。

1）农业防治。选育和利用较耐病品种；麦收后及时翻地，减少越冬菌源；开沟排水，降低地下水位；增施磷、钾肥，使植株抗倒伏，适时早播。

2）药剂防治。在小麦扬花期用50％多菌灵（或70％甲基托布津）可湿性粉剂1.5 kg/hm²，或80％多菌灵微粉剂0.9～1.05 kg/hm²喷雾。如果小麦灌浆乳熟期仍有阴雨或高温天气，可在灌浆期喷第二次药。

（3）小麦散黑穗病。俗称黑疸。该病使种胚带菌，抽穗后症状最明显。受害病株比健株略矮，主要危害穗部，初期病穗外面包有一层灰白色薄膜，成熟后破裂，散失黑粉，黑粉被风吹散，只剩下裸露的穗轴。其防治措施为：

防治小麦散黑穗病的关键是选择内吸性杀菌剂消灭种子内的病菌。最有效的防治措施是药剂拌种。用25％萎锈灵粉剂按种子量0.3％；50％多菌灵用种子量0.3％；或25％粉锈宁、5％禾穗胺，40％拌种双可湿性粉剂和70％多福合剂，用量均为种子量的0.2％；或0.2％（有效成分）萎锈灵乳状液30℃下浸泡6 h。可湿性粉剂湿拌闷种防病效果明显优于干拌种，多菌灵湿拌闷种5～8天比干拌种防治效率提高10％以上。

3. 小麦的化学除草

小麦田中杂草种类比较多，一年生禾本科杂草主要有野燕麦、稗草、狗尾草和毒麦等；

一年生阔叶杂草有藜、蓼、荞麦蔓、萎陵菜、草木栖、苋菜、篇竹牙、苍耳、鸭跖草和野薄荷等；多年生杂草有刺菜、苣荬菜和问荆等。

杂草与小麦争光、争肥、争水，抑制小麦的生长，影响产量，降低品质；有的杂草会对人、家畜直接产生毒害，如毒麦、醉马草等。另外，杂草作为病虫的中间寄主，可加快其发生、危害。禾本科杂草中野燕麦危害最大，幼苗与小麦相似，分蘖多、繁殖快、适应性强，是检疫性杂草，野燕麦在 250 株/m^2 以下时，千粒重下降 3.7%。

（1）防除禾本科杂草的除草剂有燕麦畏、野燕枯、禾草灵和绿麦隆等。

1）燕麦畏是防除野燕麦的选择性除草剂，可用做土壤处理。40%燕麦畏乳油 0.2 kg，加水 10～15 kg 喷洒在土壤表面，随施药随混土。干旱、少雨地区可采用此方法。

2）野燕枯是一种具有高度选择性的苗后施用的防除野燕麦的除草剂，从野燕麦 3 叶期到分蘖期均可施药。春季干旱，野燕麦出苗较少，可在野燕麦 4 叶期到分蘖前用 64%野燕枯粉 1.575 kg/hm^2；春季湿润多雨，可在野燕麦 3～4 叶期，用药 0.114 kg/hm^2；叶面喷雾药液 8～10 kg/hm^2。野燕枯也可与 2，4—D 混合使用，用 64%野燕枯粉 1.575 kg/hm^2，72% 2，4—D 丁酯乳油 1.005 kg/hm^2，使用方法与单独使用野燕枯粉相同。

3）禾草灵是高效选择性除草剂，不仅能防除野燕麦，还可防除稗草、毒麦、狗尾草、看麦娘、马唐等禾本科杂草。在杂草 2～4 叶时用 28%或 36%乳剂 2.25～3.00 kg/hm^2；机引喷雾加水 112.5～150 kg/hm^2；手动喷雾加水 300～375 kg/hm^2。不能与 2，4—D、2 甲 4 氯等混用。

（2）防除阔叶杂草常用药剂为 2，4—D、2 甲 4 氯、麦草畏、扑草净等。

1）2，4—D 是内吸传导型的选择性除草剂，做茎叶喷洒，加工型有丁酯、钠盐、胺盐等。在小麦分蘖盛期至拔节期用 72% 2，4—D 丁酯 0.75～1.5 kg/hm^2，人工喷雾加水 225～300 kg/hm^2，机引喷雾加水 112.5～150 kg/hm^2。杂草 2～5 叶期，72% 2，4—D 丁酯乳剂 0.75 kg/hm^2，同扑草净 50%可湿性粉剂 0.525 kg/hm^2 混用，可防治麦田恶性杂草荞麦蔓、灰菜及苋菜等阔叶杂草。

2）2 甲 4 氯加工剂型有 70% 2 甲 4 氯和 20%胺盐水剂。70%钠盐 11.25 kg/hm^2，20%胺盐 3.75 kg/hm^2。使用方法同 2，4—D 丁酯。

3）麦草畏是内吸传导剂，主要用于茎、叶喷洒，也可用于土壤处理。在小麦分蘖至拔节期，用 40%麦草畏二甲胺水溶液 375 mL/hm^2，也可用上述药 195 mL/hm^2 加 72% 2，4—D 丁酯 555 mL/hm^2 混合使用，兑水喷洒。兑水量：人工喷雾兑水 225～300 kg/hm^2，机械喷雾兑水 112.5～150 kg/hm^2。

五、收获技术

1. 收获时期

小麦收获时期，根据小麦生理成熟状况、收获目的、收获面积大小及收获方法而定。最佳收获期应该是收获的产品产量和质量最高，收获损失小而又便于作业的时期。小麦籽粒干物质积累最多、重量最大的时期为蜡熟中末期，是带秆收割（分段收割或人工收割）的最佳时期。但对机械联合收割来说，为时尚早，此时种子含水量仍较多，未达到一定坚硬度，加上茎秆含水量较高，在脱粒过程中易造成机械损伤，使破碎粒或被打扁的粒增多，脱粒也不净。因此，人工收获或分段收获可在蜡熟中、末期进行，机械联合收获适期在完熟期。

2. 收获方法

（1）机械分段收割。先用割晒机把小麦割倒，散铺在麦茬上，在田间晒干后，再用带拾禾器的联合收割机拾禾脱粒，称为两段收获法。联合收割机未收干净的，可在铺晒后用人工拣拾装车将小麦运回晒场，再用脱谷机脱粒，称为3段收获法。机械分段收割能提前割期，加速麦收进行，保证粮食品质和减轻晒场压力，减少损失。

分段收割的作用能否发挥，首先取决于正确的收割时期和方法，以及能否及时拾禾脱粒。蜡熟期是分段收割的最佳时期，过早割晒会降低千粒重和容重，特别是在高温干燥地区，要避免过早收割，否则易造成籽粒干秕而减产，气候湿润地区虽可偏早一些，但也不宜早于蜡熟初期；割晒过晚，则易失去分段收割的作用。其次，要掌握适宜的留茬高度，一般以15～20 cm，多雨地区20 cm，高温干燥地区15 cm左右为宜。防止留茬过低，麦穗触地，遇雨引起穗发芽；也要防止留茬过高，塌铺造成拾禾时漏穗增加损失。三是麦铺厚度一般约为15 cm，多雨地区要薄一些，干燥、干旱地区可厚一些。四是麦铺要放成鱼鳞状，与收割的方向成45°～60°的夹角为宜，拣拾阻力小，掉穗少。

（2）联合收割。联合收割是用谷物联合收割机在麦田中一次完成收割、脱粒、清选等工序的作业方法。机械联合收割效率高、质量好，收割和脱粒作业可一次联合完成，优点显著。但要求种子和茎秆含水量较低，否则脱粒不净会增加损失，籽粒也易破裂而被压扁。适于联合收获作业的时期是完熟期，时间很短，晚于此期则因掉穗而增加损失。作业方法是：用联合收割机在划好收割区的麦田中按顺时针方向绕圈收割。应注意的是，小麦收割初期，麦秆含水较多，容易发生堵塞滚筒和脱粒不净的现象，必须先行试割。每次割幅不宜太宽，速度也不宜太快，以免因喂量过多而损坏机器。经过试割后，收割机各个部件的工作达到正常状态时，才可以增加速度和割幅。

在收割中要做到定时检查和按规定保养，以减少故障发生。还要按照规定的收割质量随时检查割茬高度和田间损失情况，查明损失的时间和部位，以便及时调整和改善机件的技术状态，尽可能减少收获中的损失。一般联合收割要求综合损失率不得超过3%，破碎率和压扁率不超过1%，清洁率不低于95%。

（3）人工收割。人工收割的特点是机动灵活，适应各种复杂情况，特别是在雨季土地泥泞陷车、倒伏或地块过小等不利于机械收割的情况下，采用人工收割比较有利。人工收割应争取在蜡熟末期抢收，并做到成熟一片收一片。如果麦田面积过大，收获紧张时，可提早到蜡熟中期进行。虽然收割时间偏早，收割当时千粒重偏低，但在割后干燥过程中，仍有部分有机物质由茎秆向籽粒中输送，最后与正常成熟过程的粒重相近或略低。人工收割时，要随割随捆，可在田间临时码成小垛，晾干以后运回脱粒，或先运至晒场晾干再脱粒。要求每平方米内丢失麦穗不得超过两个穗。

为了提高收获质量，减少不良气候条件所造成的损失，必须集中人力、物力、畜力和机械力量，争取在较短的时间内，完成麦收任务。同时，在麦收过程中也要特别注意提高收获质量，做到不跑粮、不漏粮，杜绝一切浪费粮食的现象，夺取丰产丰收，把综合损失降到最低限度。

3. 安全储藏

由于小麦吸湿性强，故其储藏应注意降水、防潮。应充分利用小麦收获后的夏季高温条件进行暴晒，将小麦水分控制在12.5%以下，再行入库。小麦入库后应做好防潮措施，并注意后熟期间可能引起的水分分层和上层“结顶”现象。

(1) 热入仓密闭储藏。通过日晒，可降低小麦含水量，同时在暴晒和入仓密闭过程中可以收到高温杀虫抑菌的效果，对于新收获的小麦，还能促进后熟作用的完成。方法是：在三伏盛夏，选择晴朗、气温高的天气，将麦温晒到50℃左右，保持2 h高温，水分降到12.5%以下，于下午3点前后趁热入仓，整仓密闭，使粮温在46℃左右持续约10天，可杀死全部害虫。此后，粮温逐渐下降与仓温平衡，转入正常密闭储藏。

(2) 低温密闭储藏。小麦虽能耐高温，但在高温下长时间持续储藏也会降低小麦品质。因此，可将小麦在秋凉以后进行自然通风或机械通风充分散热，并在春暖前进行压盖密闭以保持低温状态。小麦处于冷冻的条件下，还可以保持良好的品质，如干燥的小麦在−5℃的低温条件下储藏，有利于生命力的增强。因此，利用冬季严寒低温，进行翻仓、除杂、冷冻，将麦温降到0℃左右，而后趁冷密闭，对于消灭麦堆中的越冬害虫有较好的效果。低温密闭可以长期储藏，但要严防与湿热气流接触，以免造成麦堆表层结露。

调查你所在地区主栽的小麦优良品种，主推的小麦栽培新技术和小麦的市场价格。

小资料

面筋

面粉蛋白质包括面筋蛋白和非面筋蛋白。面筋蛋白是麦谷蛋白和麦醇溶蛋白。非面筋蛋白是盐溶性的球蛋白和水溶性的白蛋白、糖蛋白。根据面筋含量，一般将面粉分为4等：高筋粉，湿面筋大于30%；中筋粉，湿面筋为26%～30%；中下筋粉，湿面筋为20%～25%；低筋粉，湿面筋在20%以下。面制食品的烘烤品质主要取决于面筋蛋白的含量和质量，以及这两种储藏蛋白之间的比例。例如，麦谷蛋白溶于酸和碱，具有高弹性、抗拉伸性和低延伸性，主要控制面团的揉面要求。麦醇溶蛋白分子量较小，溶于70%的酒精，具有高延伸性、高黏性和低弹性，能够影响面点（如面包）体积。但这两种储藏蛋白的质量是相互影响的，最终都对面点（如面包）体积产生影响。

【实验实训】

实训 2—1 小麦成熟期鉴定

一、实训目的

掌握小麦成熟期的划分方法及每个时期的特征，能够根据小麦的成熟期特征确定适宜的收获时期。

二、材料用具

成熟期小麦不同品种田。

三、训练内容

根据不同品种田中的麦粒特征，判断麦粒的成熟度。

麦粒的成熟一般分为三个时期。

1. 乳熟期

此期植株下部叶片、叶鞘枯黄，中部叶片也开始变黄，上部叶、茎、穗还保持绿色，麦粒也为绿色，籽粒充满了白色的乳浆状物质。到乳熟末期，麦粒的体积和鲜重达最大值，含水量为 50%以上，一般品种乳熟期为 10～12 天。

2. 蜡熟期

此期植株各部分均呈黄色，仅旗叶和穗下部茎还有部分绿色。籽粒进一步充实，麦粒中可溶性物质大量转化为不溶性储藏物质。胚乳呈蜡质状态，前期指压可将麦粒压扁，后期籽粒干重停止增加并迅速脱水，且变硬，体积变小，蜡熟中、末期干物质积累达最大值，含水量下降到 20%左右，一般品种蜡熟期为 7～10 天。

3. 完熟期

此期植株迅速枯黄，茎秆缺乏韧性而变脆。麦粒含水量进一步下降到 14%～16%，质地坚硬。某些品种容易造成落粒损失。

四、作业

对所观察的不同品种小麦成熟期做出正确判断，并描述其特征。

实训 2—2 小麦测产

一、实训目的

掌握小麦的产量构成因素及产量测定方法。

二、材料用具

小麦田、皮尺、天平、烘箱等。

三、内容、方法及步骤

小麦产量构成因素：公顷穗数、每穗粒数、千粒重。

1. 选点取样

各种作物测产时都要进行选点取样，样点选择准确、具有代表性是测产准确的前提。选点时首先要掌握整个田块的大概面积及生育状况。

要目测全田各地段麦株稀与密、麦穗大与小和成熟度等各项生长发育指标的整齐程度。如果各地段麦株生育差异很大，特别是在测产地块面积较大的（几公顷到数十公顷）情况下，必须根据地段目测结果进行分类，并按类别估算面积比例，分别测出各类别的产量，然后综合计算出全田产量。

样点的选择应具有代表性，这是决定测产准确度的关键。原则上样点数越多则误差越小，样点选取的具体数目要根据田块面积的大小、田块的地形及麦田生长的整齐度来确定。通常为五点取样法。如果面积较大，则可采用八点取样法和多点随机取样法进行取点。取点时，四周样点要距地边 6 行以上，以避免边行效应。

2. 测公顷穗数

对于窄行密植作物，一般采取平方米内穗数法。即在每个样点取 1 m^2，测出平均每平方米内穗数，进而计算出公顷穗数。对于小麦来说，行距 15 cm 的，取 6 行，行长 111 cm；行距 7.5 cm 的，取 12 行，行长 111 cm；行距 30 cm 双条播的，取 6 行，行长 111 cm。

3. 测每穗粒数

在每个样点内随机数 20 穗小麦的结实粒数，求出平均每穗的粒数。

4. 测千粒重

可随机数 1 000 粒小麦，烘干或风干后用天平测出其重量。如果小麦尚未灌完浆，也可根据当年小麦的生育状况并参照该品种常年粒重估计。各产量构成因素的 5 个样点数据求平均值后，计算公顷产量。

5. 计算小麦产量

$$\text{公顷产量（kg/hm}^2\text{）}=\frac{\text{公顷穗数}\times\text{千粒重（g）}}{1\,000\times1\,000}$$

四、作业

设计数据表格（见表2—2），计算小麦产量，并结合当年栽培管理情况、气候特点等，对测产结果进行分析，写出实训报告。

表2—2　　小麦产量数据表

样点	1 m² 内穗数	每公顷穗数	每穗粒数	千粒重（g）
1				
2				
3				
4				
5				
平均				

公顷产量（kg/hm²）＝________。

复习思考

1. 小麦一生分哪几个生育时期？
2. 外界条件对小麦穗分化有何影响？
3. 外界条件对小麦籽粒发育有何影响？
4. 小麦适时播种有什么意义？确定适宜播种期的依据有哪些？
5. 如何依据当地自然条件、生产条件和品质需求选用小麦品种？
6. 小麦合理密度的确定原则是什么？
7. 说说小麦压青苗的好处、压青苗的原则、压青苗的时期与方法。
8. 小麦前期、中期、后期管理的主攻目标是什么？各有哪些管理措施？

第三章　水　稻

学习目标：

◆ 知识目标：了解水稻各生育阶段的特点、水稻的生育类型、水稻“三性”及在生产上的应用、水稻壮秧标准。

◆ 技能目标：掌握水稻种子处理、播种育苗技术、秧田管理技术、本田管理技术和收获储藏技术。

水稻是我国的主要粮食作物，全国以稻米为主食的人口约占总人口的50%。我国水稻平均种植面积占谷物播种面积的26.6%，稻谷总产量占粮食总产量的43.6%。稻米的营养价值较高，一般含有碳水化合物75%～79%，蛋白质6.5%～9%（少数品种最高含量可达12%～15%），脂肪0.2%～2%，粗纤维0.2%～1%，灰分0.4%～1.5%。稻谷加工后的副产品用途很广。米糠是家畜的精饲料，在酿酒及医学、化工上用途也很广。稻草不仅可造纸、编织草袋和绳索等，还是一种很好的硅酸肥和有机肥。

第一节　水稻栽培生物学基础

一、水稻的一生

水稻的一生是指从种子萌发到新种子形成所经历的天数。根据器官发生的特点，水稻的一生可划分为以生根、长叶、增蘖为主的营养生长期和以长穗、开花、结实为主的生殖生长期两个生长阶段。营养生长阶段是决定穗数的时期，生殖生长阶段是决定粒数和粒重的时期。

1. 水稻的生育期

水稻的生育期指从出苗到成熟所经历的日数。生产中按生育期的长短常把水稻分为早、中、晚熟品种。生育期的长短是品种的遗传特性，但也会随环境条件的改变而变化。一般而言，同一品种，播种越早，生育期就越长；播种越迟，则生育期越短。海拔相同纬度不同时，同一品种的生育期随纬度的降低而缩短，随纬度的升高而延长。纬度相同、海拔不同时，同一水稻品种的生育期则随海拔的升高而延长，随海拔的降低而缩短。另外，栽培措施也会使生育期发生改变。一般密植的生育期缩短，稀植的生育期延长；多施氮肥比多施磷、钾肥生育期延长；沙质壤土种水稻比黏质壤土的生育期短。所以，在种稻购种时，既要考虑品种特性与当地的自然条件是否吻合，又要考虑种子产地与当地地理位置的差异。

2. 水稻的生育时期

在水稻的一生中，根据植株外部形态变化和内部生理变化的特性，可将其划分为种子萌发期、幼苗期、分蘖期、拔节孕穗期、抽穗开花期和成熟期 6 个生育时期。每个生育时期的生长发育特点不同，对环境条件的要求也各不相同。只有了解各生育时期的生长发育特点，针对其特点采取适当的促控措施，才能获得理想的产量。

3. 水稻的 “三性”

水稻的生育期因品种不同而有明显差异，这是不同品种对温、光不同反应的结果。水稻的生育期包括营养生长期和生殖生长期两个时期。不同品种的生殖生长期即从幼穗开始分化到成熟的日数差异是不大的，品种间生育期的长短主要是由营养生长期的差异所致。

水稻的营养生长期，又可分为基本营养生长期和可变营养生长期两部分。基本营养生长期是水稻在任何环境下，为了植株正常发育所必需的营养生长日数；可变营养生长期则是可因环境而变动的营养生长日数。影响水稻可变营养生长期的环境因素，主要是温度和日照时数。水稻是喜温作物，一定的高温可以缩短营养生长期，使幼穗提早分化；低温则可以延长营养生长期，延迟幼穗分化。这种特性称为水稻的“感温性”。一般说来，水稻又是短日照植物，短日照可以缩短营养生长期，使幼穗提早分化；长日照则能延长营养生长期，延迟幼穗分化。这种特性称为水稻的“感光性”。而在高温和短日照处理下都不能再缩短的营养生长期，便是基本营养生长期，这种特性称为水稻的“基本营养生长性”。基本营养生长性、感温性和感光性合称为水稻的“三性”。不同品种“三性”的强弱是不一样的，品种生育期的长短便是由“三性”的强弱所决定的。水稻原产热带，具有要求高温、短日照的发育特性，当它们扩展到不同地区、不同季节栽培后，由于温度、日照条件发生了变化，在长期自然选择和人工选择的作用下，形成了适于当地光、温条件的不同类型和品种，这就是水稻“三性”的形成原因。

掌握水稻的“三性”，熟悉不同品种各个生育时期所需的积温范围，根据当地常年气温、日照变化情况，便可预计分蘖、穗分化、出穗等生育进程和出现时期，便于实行水稻计划栽培和采取相应的栽培管理措施。在生产上引入新品种时，也必须掌握品种的光、温反应特性。由于在水稻生长季节内，从南到北温度由高变低，日照由短变长，所以南种北引会延迟成熟，要考虑安全齐穗的问题；北种南移将使营养生长期缩短，提早成熟，要考虑能否高产的问题。一般来说，同纬度、同海拔条件下引种成功的可能性较大。

4. 水稻的生育类型

水稻的生育类型是根据开始幼穗分化和开始拔节的先后关系划分的，据此可分为重叠型、衔接型和分离型 3 种生育类型。

（1）重叠型。拔节前开始幼穗分化，分蘖期与长穗期有一段重叠时期。这类品种地上部仅有 3～4 个伸长节间，幼穗分化早，营养生长期偏短，黑龙江省栽培的水稻属此类型。在种植时，应促进前期早生快发，增加光合作用能力，延长光合作用时间，提高产量。

（2）衔接型。幼穗分化和拔节同时开始，即在停止分蘖时便开始幼穗分化，分蘖期与长穗期相衔接。

（3）分离型。开始拔节之后，间隔 10～15 天才开始幼穗分化，即分蘖期和长穗期相隔一段时间。这类品种具有 6 个或 6 个以上的伸长节间。

二、水稻的生长发育及对环境条件的要求

1. 种子的萌发

（1）种子的构造。种子由颖壳和糙米组成，糙米由胚乳和胚两部分构成。胚乳内存在着大量的营养物质，这些营养物质一方面用于维持种子自身生命活动的需要，另一方面提供种子萌发和幼苗初期（三叶期前）生长所需的养分。因此，大而饱满的种子是培养壮秧的基础。

（2）种子的萌发过程。种子通过休眠后，在适宜的温度、水分和氧气条件下，开始生长的过程称为萌发。当胚芽长达到种子长度的一半，胚根长达到种子长度时，称为发芽。

（3）影响种子萌发的因素

1）内部因素。一是种子成熟度。种子越成熟，发芽率越高；未成熟的种子，不但发芽率低，而且幼苗发育也差。二是种子的寿命，也就是水稻种子生活力持续的年限或者说种子保持发芽率的年限。水稻种子的寿命与种子成熟度及种子储藏条件等有密切的关系。未成熟的种子，其生活力低，发芽速度缓慢，在萌发过程中容易霉烂。

2）影响种子萌发的外界条件

①水分。水分是水稻发芽的先决条件，当种子吸收自身重量 25％的水分时可以开始萌发，但非常缓慢，当种子吸收自身重量 35％～40％的水分时才能正常萌发。最适萌发的吸水量为种子饱和吸水量的 70％。种子吸水的速度与温度有关，在 10～40℃范围内，吸水速度随水温升高而加快。当水温为 10℃时，达到饱和需 90 h 以上；当水温为 25℃时，则需 48～72 h；当水温达 30℃时，只需 40 h 左右。所以，在低温条件下浸种应适当延长时间，以确保种子吸收足够的水分。

②温度。种子萌发的最适温度为 25～30℃，在这样的温度条件下，发芽整齐健壮。当温度达到 30～35℃时，虽然萌发速度较快，但芽的长势弱。种子发芽的最高温度为 40℃，超过 40℃就会抑制幼根、幼芽的伸长。若时间过长，还会灼伤幼根和幼芽而减弱种子的发

芽力。因此，春季播种前水稻催芽时，要防止种堆温度过高。

③氧气。随着水稻种子萌发的进展，呼吸作用逐渐增强，种子萌发对氧气需求量逐渐增加。如果缺氧，种子内将产生酒精和二氧化碳等有毒物质，使芽、根无法正常生长。所以，在催芽过程中，要求种堆不能过厚，水分不能过多，温度不能过高，且要勤翻动，使种子均匀受热通气，以防酒精中毒，导致烂籽、烂芽。

2．幼苗期

（1）幼苗期的生长。水稻从出苗到第三片完全叶展开的时间叫做幼苗期，育苗生产中把秧田期也称为幼苗期。出苗后 2～3 天，从不完全叶顶端伸出第一片完全叶，这时，幼苗体内通气组织尚未完善，因此，苗床或田面上不宜建立水层，以促进初生根系的形成和立苗，防止倒秧、烂秧。当第三片完全叶展开时，胚乳中的养分几乎消耗殆尽，幼苗由胚乳供养转变为独立营养，所以，三叶期又称离乳期。这时，幼苗根中已基本形成通气组织，此后，苗床或田面可以经常保持浅水层。

（2）影响幼苗生长的因素

1）温度。在恒温条件下，粳稻出苗的最低温度为 12℃，超过 15℃时，出苗比较正常，幼苗生长顺利。一般以日平均气温在 20℃左右，对培育壮秧最为有利。

2）水分和氧气。幼苗在湿润而又不淹水的情况下，氧气充足，根的呼吸作用良好，生长较快，且根毛多，吸收面积大，进而使幼苗生长健壮；而在淹水条件下生长，因氧气缺乏而进行缺氧呼吸，将消耗大量体内物质，明显抑制新生幼根的形成和幼苗的生长，导致幼苗生长停滞或发育畸形。因此，在幼苗根部通气组织形成前，不能长期淹水。秧苗三叶期以前需水较少，一般除防冻外，不需建立水层。

3）养分。幼苗期所需养分主要来源于种子的胚乳，当水稻生长到三叶期时，胚乳中养分几乎消耗殆尽。此时，苗小叶少，根系吸收能力弱，幼苗抵抗能力差，极易遭受大风、低温、营养供应不足及各种病虫的危害，造成烂秧死苗。因此，在生产中应于三叶期前提早施用离乳肥，这是培育壮秧的有力措施。在低温弱光情况下，磷、钾能增强稻苗的抗寒能力。适量施用氮肥，并配合磷、钾肥，效果较好。但是，若过多施用氮肥，幼苗叶片浓绿，软弱下披，长势反而不壮，容易染病。

4）光照。三叶期以前，幼苗主要靠胚乳供养生长，如光照不足易使幼苗白化细弱。三叶期以后，光照的强弱对秧苗素质影响很大。光照不足时，叶色较淡，叶鞘和叶片生长细长，幼苗纤弱；在完全遮光的条件下，叶绿素不能形成或遭到破坏而枯死。

3．分蘖期的生长

水稻茎的分枝叫做分蘖。分蘖与否是水稻个体发育好坏的重要标志。在合理密植条件下，争取低位蘖的早生快发是获得大量有效分蘖、提高产量的重要技术措施。

水稻第四片完全叶生长的同时，开始发生分蘖。从开始分蘖到开始拔节这段时间称为分蘖期。水稻产量靠群体创造，如果没有分蘖，很难达到取得高产。因此，分蘖对水稻产量有很大影响。

(1) 分蘖发生的过程。基部密集的能够发生分蘖的节群称为分蘖节。每个分蘖节都有1个腋芽，叫做分蘖芽，如果条件适宜，均可以发育成分蘖。在插秧栽培中，由于秧田密度过大，基部1～4节的分蘖芽往往处于休眠状态，不发生分蘖，只长叶和根，称为节根。因此，分蘖多发生在5～7节上。直播栽培或者旱育稀植育苗，由于播种浅或者幼苗生长条件良好，分蘖位较低，第一节即可产生分蘖。由主茎发生的分蘖是一级分蘖，由一级分蘖上发生的分蘖为二级分蘖，二级分蘖上还可产生三级分蘖。除旱育稀植和超稀植外，直播栽培和插秧密度过大，很少发生二级分蘖。

(2) 影响水稻分蘖期生长的因素

1) 温度。温度不但影响发根及根系的吸收能力，还严重影响分蘖的发生。发生分蘖的最适气温为30～32℃，最适水温为32～34℃。气温低于20℃，水温低于22℃，分蘖就十分缓慢；气温低于15～16℃、水温低于16～17℃，分蘖就停止发生；无论什么品种，当气温超过38～40℃、水温超过40～42℃，分蘖都将停止发生。所以，分蘖期气温、水温适宜，有利于分蘖的早生快发，有利于营养体的生长。

2) 营养。分蘖期的营养状况影响分蘖的速度和数量。各种营养中，氮、磷、钾三要素对分蘖的影响最为显著，其中以氮的影响为最大。叶中氮素浓度在3.5%以上时分蘖旺盛，在2.5%以下便停止分蘖，含氮量降低到1.6%时已经发生的分蘖将死亡。

3) 光照。水稻返青期后，需要充足的光照，以提高光合作用强度，增加光合产物，促使发根分蘖。如分蘖期阴雨天多、光照少，则光合作用不旺盛，同化产物减少，致使分蘖延迟发生，数量减少。光照强度越低，对分蘖的抑制越严重。据测定，自然光强条件下，返青后3天开始分蘖；50%自然光强条件下，返青后13天开始分蘖；在5%自然光强时，不发生分蘖。

4) 水分。分蘖期是水稻对水敏感的时期之一。为了争取足够的穗数，分蘖期不宜脱水，并以浅水为宜，以满足分蘖对水分、温度和空气的要求。分蘖期水分过多或过少，都会抑制分蘖。所以，分蘖期后期的无效分蘖期排水晒田能抑制无效分蘖。

5) 插秧深度。插秧深度在2～3 cm时比较适宜，超过此界限插秧越深，对分蘖的影响越大。深插由于分蘖节处在通气不良、温度较低的土层中，不利于分蘖。插秧过深时，分蘖节下部节间伸长，形成“地中茎”把分蘖节送到上层适宜浅处，才能开始分蘖，使得分蘖发生迟缓，降低成穗率。

4. 拔节孕穗期的生长发育

拔节孕穗期是水稻的营养生长与生殖生长的并进阶段，在叶数不断增长，节间伸长的同时，幼穗开始分化，发根力开始下降，根量不再增加，是产量形成的关键时期。

(1) 穗的分化与发育

1) 穗的结构，如图3—1所示。穗的中央有一主轴称穗轴，穗轴上有8～10个节，节上着生一次枝梗，穗轴基部着生枝梗的节叫做穗颈节，穗颈节上的枝梗轮生。穗颈节到剑叶叶耳间为穗颈。一次枝梗上分生出二次枝梗，一次枝梗上着生5～6枚小穗，二次枝梗上着生2～4枚小穗。每个小穗是1朵可孕花。

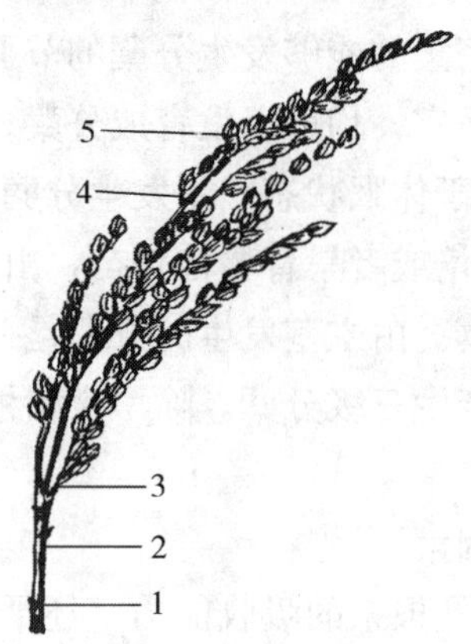

图 3—1 水稻的穗结构

1—穗节 2—穗轴 3—一次枝梗 4—二次枝梗 5—颖花

2）穗的分化与发育。水稻幼穗分化与发育是一个连续的自然变化过程，它将经过第一苞分化期、一次枝梗原基分化期、二次枝梗原基分化期、颖花分化期、花粉母细胞形成期、花粉母细胞减数分裂期、花粉内容物充实期、花粉完成期 8 个时期才能完成发育，形成籽粒。

（2）影响穗分化的因素

1）温度。幼穗分化期是水稻一生中对温度反应最敏感的时期。幼穗发育最适温度为 25～30℃，在一定温度范围内，温度越高穗分化速度越快，分化过程便缩短；温度较低，穗分化延长，颖花较多。粳稻低于 19℃不利于穗分化。

2）水分。穗分化期若水分不足，会导致颖花大量退化并产生不孕花而减产，因而生产中以建立水层为宜。

3）光照。在枝梗分化期和颖花分化期，如果光照不足，则已形成的枝梗和颖花易退化，推迟性细胞成熟，导致不孕花增多。

4）养分。穗分化期是水稻一生中需肥最多的时期，吸收氮、磷、钾占一生吸收量的一半以上，特别是氮素对穗分化影响最大。叶片含氮量高，分化形成的颖花多；叶片含氮量低，则颖花少，谷壳容积小，最后形成的籽粒也小，产量低。

5. 开花结实期的生长

开花结实期，即抽穗结实期，是水稻从抽穗到结实成熟的整个过程，这个过程是水稻生殖生长阶段，是决定水稻粒数、粒重和最终产量的时期。其长短与温度高低有密切关系。

（1）抽穗开花。水稻幼穗发育完成以后，稻穗顶端伸出剑叶叶鞘外时，称抽穗。生产上要求“抽穗一刀齐”。抽穗若不整齐，成熟也不一致，会影响水稻的产量和品质。因此，要选择抽穗整齐的品种，加强田间管理，使植株生长健壮、整齐。一般从始穗到齐穗需 1～2 周。栽培上要合理安排密度及肥水管理，以确保抽穗快而整齐，达到适期成熟的生产目标。

（2）灌浆结实。花粉落在柱头上 2～3 min 即发芽，受精在开花后 18～24 h 内完成。开花后需 4～5 天，幼胚即已经分化，并开始灌浆结实。

(3) 影响抽穗开花及灌浆结实的因素

1) 影响抽穗的因素。正常天气下，稻穗从剑叶叶鞘露出到全穗抽出需 4～5 天。其中，以第三天伸长最快。气温低或肥水不足使抽穗慢，且易出现“包颈穗”而影响产量和质量；气温高则抽穗快。抽穗的最适温度是 25～35℃，过高或过低均不利于抽穗。据研究，水稻安全齐穗的平均气温必须在 20℃以上，最低气温在 15℃以上。

2) 影响开花的因素。开花期适宜温度为 30℃，高于 37℃时花药易干枯，不利于授粉。低于 20℃开花缓慢。低于 17℃则不开花，而形成秕粒。

3) 影响灌浆结实的因素

①温度。灌浆期的适宜温度为 25～32℃，在 15℃以下灌浆极为缓慢，秕粒或青米增加。水稻在 13℃以下灌浆将完全停止，空粒增加。在开花后 25 天里，日平均气温为 20℃，白天最高气温在 26℃以上，夜间不低于 16℃。这样的气温条件，有利于灌浆，成熟后的籽粒饱满，腹白小，产量高。

②水分。开花期和乳熟期生理活动旺盛，对水分要求很迫切。水分不足会使叶片落黄早衰，光合作用能力减弱，减少养料的制造和输送，结实率降低，籽粒不饱满。

③养分。水稻开花受精后，植株由穗的发育转向种子的发育，但为了维持茎叶生机不衰，特别是为了供给灌浆结实的需要，还需吸收部分养分。据研究测定，谷粒物质的 2/3 以上都来自抽穗后的光合作用产物。因此，这一时期要防止功能叶片早衰，提高光合作用效率，同时田间仍应有一定数量的速效养分，但不能过多，尤其速效氮不宜过多，以免稻株贪青徒长而影响结实。

(4) 空粒与秕粒。水稻的空粒主要是由于不受精造成的。不受精有两个原因：一个是生殖器官发育不全，更普遍的是花粉发育不正常而导致的空粒；另一个是因外界条件不良，使开花受精受到影响，或者使受精后的子房停止伸长而导致空粒。此外，高温、多湿、大风、氮肥偏多等也能增加空粒的产生。防止措施主要是，在选用抗低温、生命力强、结实率高的品种的基础上，结合适期播种、插秧、适量施用氮肥等栽培措施，使其在适宜的条件下正常开花，促使其适期成熟。

水稻秕粒是开花受精后，在籽粒形成过程中停止发育的半实籽粒。形成原因：一是养分供应不足，使得器官发育延迟，影响营养物质向籽粒的运输；二是灌浆期遇到高温（35℃）或者低温（15℃）都会形成或增加秕粒。另外，气象条件和栽培条件的不适宜也可导致秕粒的形成。如开花结实期阴雨连绵、刮大风、密度过大、过早封行、氮肥偏多及病虫危害等，都会使秕粒增加。预防措施是：首先应培育壮根苗，通过改土和肥水管理，促使水稻生育后期形成大量的强壮根系，为地上部进行光合作用奠定良好的基础；其次在生育后期，要保持足够的绿色面积和理想的受光态势，以不断制造干物质，减少秕粒的形成，提高产量。

6. 水稻的成熟期

(1) 水稻的成熟过程。根据谷粒内容物的形态和颖壳颜色，水稻的成熟过程可分为乳熟、黄熟（蜡熟）和完熟 3 个时期。

(2) 影响水稻成熟的因素

1) 温度。谷粒成熟的最适宜温度是 21～25℃，过高或过低都会造成不同程度的减产。谷粒成熟时昼夜温差大对成熟有利。灌浆期温度每降低 1℃，成熟期推迟 0.5～1 天。

2) 光照。谷粒成熟时期的光照强弱对产量影响很大。一般来说，抽穗以后光照好的年头，收成就好；如长期阴雨，产量就低。

3) 水分。空气湿度及雨量与谷粒成熟关系密切。谷粒在灌浆时期含有大量水分，当天气晴朗时，空气相对湿度低，蒸腾作用强烈，谷粒含水量就会减少，有利于有机物合成。如果阴雨连绵，一方面是光照不足，另一方面是空气湿度大，蒸腾作用进行缓慢，谷粒水分不易向外界散失，影响有机物的合成。土壤水分对稻米蛋白质含量也有较大影响。

4) 氮肥。抽穗期以后施用氮肥对产量作用很大。如施用合理，可以加强光合作用，获得高产；如施用不当，就会减产。水稻抽穗后，不同器官的同化物都集中向穗子运输。但当氮肥施用过多时，器官中的氮含量便提高，稻体内较多的碳水化合物就用在与含氮化合物形成氨基酸方面，运到谷粒的糖减少，影响谷粒充实度；同时，茎叶徒长，叶、茎中保留较多的同化物，秕粒增多。因此，会使结实率降低，千粒重下降，成熟延迟，产量下降，如果导致倒伏，将造成更大损失。

第二节　水稻育苗技术

一、培育壮秧

1. 培育壮秧的意义

育秧可以集中在小面积的秧田中进行，做到精细管理，培育壮秧；调节茬口，解决前后茬矛盾，有利于扩大复种面积；集中育秧可以经济用水、节约用种，以降低生产成本。

培育壮秧是水稻生产的第一个环节，也是十分重要的生产环节。早、中稻秧田期约占水稻全生育期的 1/4～1/3，占营养生长期的 1/2～2/3，稻苗在秧田期生长的好坏，不仅影响正在分化发育中的根、叶、蘖等器官的质量，而且对移栽后的发根、返青、分蘖，乃至穗数、粒数、结实率都有重要的影响。因此，壮秧是水稻高产的基础，有农谚“秧好一半谷”“谷从秧上起”“好秧出好谷”等说法。

2. 秧苗的类型

为了适应不同生态条件和不同稻田复种方式的需要，可将秧苗分为多种类型，其主要类型有：

(1) 小苗秧。一般指三叶期内带土移栽的秧苗。多在密播、保温育秧床上培育，广泛用于抢早移栽、两段育秧的第一段与抛秧。

（2）中苗秧。一般指3.0～4.5叶内移栽的秧苗。也多用于抢早移栽和抛秧。

（3）大苗秧。一般指4.5～6.5叶内移栽的秧苗。广泛用于双季稻和一季中稻。

3. 壮秧的标准

（1）形态特征

1）秧苗挺健，苗叶不披垂，富有弹性，有较多的绿叶，叶片宽大，叶色浓绿正常，长势旺盛，脚叶枯黄少，分蘖秧带有3个以上分蘖。

2）秧苗矮壮，基部粗扁，无病虫害。基部粗扁的秧苗，腋芽较粗壮，长出的分蘖也较粗壮；且叶鞘较厚，积累的养分多，栽后发根快，分蘖早，有利于形成大穗。

3）根系发达，根粗、短、白，无黑根。这种秧苗栽后能迅速返青生长。

4）秧苗生长均匀、整齐一致，群体间生长旺盛，个体间少差异。移栽时应做到：一板秧苗无高低，一把秧苗无粗细，以保证本田生长整齐，避免大小苗的出现。

5）秧龄、叶龄适当。

（2）生理特点

1）光合作用能力强，体内储藏的营养物质多，组织充实，单位长度干物重高。

2）C、N比协调，碳水化合物和氮化合物绝对含量高。碳氮比：小苗为3左右，一般秧苗为14左右，带蘖壮秧还可稍高。

3）束缚水含量较高，自由水含量相对较低，有利于移栽后的水分平衡，提高抗逆能力，返青成活快。

二、选用良种

良种是作物高产的基础，选用良种是水稻高产栽培中最经济有效的措施，每一个优良品种都适宜于一定的气候生态条件和相应的栽培技术。各地必须根据当地实际情况，因时、因地制宜，选用最适宜的良种。对于新品种应先试验示范，然后再逐步推广。每一地区选择1～2个最适宜的主推当家品种，再搭配其他品种，并搞好品种布局。北方省份常见优良水稻品种见表3—1。

表3—1　北方省份常见优良水稻品种

序号	品种名称	特　点
1	通禾836	属中晚熟品种，全生育期140天左右，需不少于10℃积温2 800℃左右。适宜在吉林省松原、通化、延边、四平、长春、吉林等中晚熟稻作区种植
2	沈稻10号	属中早熟品种。全生育期152天左右。适宜在辽宁省东部及北部中早熟稻区种植
3	辽星15	属中熟品种。全生育期156天左右。适宜在沈阳以北中熟稻区种植
4	晋稻9号	属粳型常规水稻，全生育期159.9天。适宜在吉林省晚熟稻区、辽宁北部、宁夏引黄灌区、北疆沿天山稻区、南疆及山西太原小店、晋源稻区种植

续表

序号	品种名称	特　点
5	郑稻 18 号	属中晚熟常规粳稻类型，全生育期 166 天左右。适宜在河南省北部的沿黄稻区，中部颍沙河、伊洛河及南阳籼改粳稻区种植
6	龙粳 13 号	全生育期 133 天左右，需活动积温 2 350℃左右。适宜在黑龙江省第三积温带插秧栽培种植
7	垦稻 10 号	全生育期 136 天左右，需活动积温 2 550℃左右。适宜在黑龙江省第一积温带下限和第二积温带上限插秧栽培
8	绥粳 7 号	全生育期 135 天左右，需活动积温 2 532℃左右。适宜在黑龙江省第二积温带插秧栽培
9	空育 131	全生育期 127 天左右，需活动积温 2 320℃左右。适宜在黑龙江省第三积温带插秧栽培

三、水稻种子处理

1. 筛选及晒种

种子出库后，进行风筛选，清除草籽、秕粒和夹杂物。随后选择晴天再晒种 2～3 天。晒种可增强种皮的透性，增强呼吸强度和内部酶的活性，使淀粉降解为可溶性糖，以供给种胚中的幼根、幼芽生长，同时还可使种子干燥程度一致，有利于吸水和发芽整齐，以提高稻种的发芽势和发芽率。种子放在铺好的塑料薄膜上，铺种厚度为 5～6 cm，经常用手翻动，使之受热均匀。防止低温受潮，晚间收好。

2. 盐水选种

成熟饱满的种子，发芽力强，幼苗生长整齐，苗壮。因此，必须认真进行盐水选种。选种用的盐水相对密度为 1.10～1.13，方法是用 25 kg 水加食盐 5～6 kg，充分溶解后，用新鲜鸡蛋测试。当鸡蛋露出水面 1 元钱硬币大小时，盐水相对密度为 1.10～1.13，鲜鸡蛋测定盐水相对密度，如图 3—2 所示。将种子放在盐水内，边放边搅拌，使不饱满的种子漂浮在上面，捞出下沉的种子，用清水洗涤 2～3 次，洗净种皮表面的盐水。

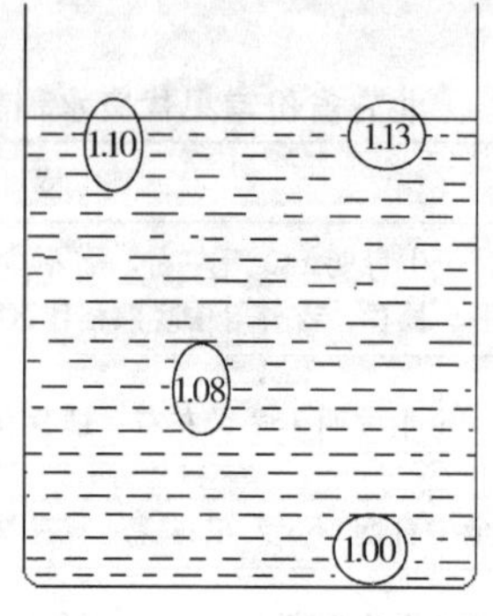

图 3—2　鲜鸡蛋测定盐水相对密度

3. 种子消毒及浸种

种子消毒是防除侵染种子的水稻恶苗病、苗稻瘟病的主要措施。浸种是使水稻种子吸足水分，促进生理活动，使种子膨胀软化，增强呼吸作用，使蛋白质由凝胶状态变为溶胶状态，在酶的作用下，将胚乳储藏物质转化为可溶性物质，并降低种子中抑制发芽物质的浓度，把可溶性物质供给幼芽、幼根生长。种子吸水快慢与温度呈正相关，大体浸好需积温 80～100℃。为了提高种子消毒的效果，一般消毒和浸种同时进行。方法是把选好的种子用 901 农药一袋（100 g），兑水 50 kg，浸种 40 kg。水温保持 15～18℃，浸种消毒 4～5 天。前两天每天搅拌一次，后 2～3 天每天搅拌 2～3 次，放出气泡保持水质。浸好种子的标志是：稻壳颜色变深，呈半透明状，透过颖壳可以看清种胚。消毒浸种后，捞出可直接催芽。

4. 催芽

稻谷催芽就是根据种子发芽过程中对温度、水分和氧气的要求，采用人为措施，创造良好的发芽条件，使发芽达到“快”“齐”“匀”“壮”。“快”指 3 天内能催好芽；“齐”要求发芽率达 90%以上；“匀”指根芽整齐一致；“壮”要求幼芽粗壮，根芽比例适当（芽相当于半粒谷长，根相当于干粒谷长），颜色鲜白。在催芽过程中要求严格控制温度，使温度不宜过高，防止“烧包”。一般催芽过程分为 3 个阶段：

（1）高温破胸。高温破胸指种谷上包到胚突破种壳时期，破胸时间宜短，以免消耗过多的养分，一般要求在 24 h 内达到破胸整齐。为了升温快，常将种谷在 50℃以下温水中淘种（预热）1～2 min，再上包密封，保持 30～32℃，以增加胚的呼吸强度，缩小种胚活动强度之间的差距，使破胸露白整齐，若温度偏低则破胸不齐。

（2）适温催芽。适温催芽指破胸至幼根、幼芽达到播种要求的时期，破胸后的种谷呼吸强度剧烈，温度迅速增加。据测定，破胸时的呼吸强度比开始催芽时高 31.09 倍。由于呼吸热的积累，温度很容易上升超过 40℃而灼伤根芽，产生“毙芽”现象，这是催芽的危险期。因此要注意通气和降温，使温度保持在 25℃左右，长出的根芽才粗壮。根据“干长根、湿长芽”的经验，可用浇水或翻动的方法调节温度、湿度，使根、芽生长整齐，比例适当。

（3）摊晾炼芽。当谷芽、根达到播种要求长度时，催芽基本结束。为了使芽谷能适应播种后的自然环境，催好的芽谷一般要摊晾炼芽，置于室内摊放一段时间（至少半天）再行播种。若天气不好，可将芽谷摊薄，待天气转晴后再播种。

四、苗床准备

1. 选择秧田

应固定旱育秧田，常年培肥地力，培养床土，不宜随意变动。可选择地势平坦、干燥、背风向阳、排水良好、有水源条件、土壤偏酸、土质比较肥沃且无农药残毒的旱田、园田地、菜地。按秧田与水田面积 1∶（70～80）的比例确定秧田面积。防止在稻田中育苗，如稻田土壤结构不良，土壤通透性差，并且育苗期间灌水，则不能育出理想的壮苗。

2. 整地做床

整地做床应在秋季进行，好处是可以提高秧田的干土效果，增加土壤养分释放，缓和春季农时紧张，提高旱育秧田质量，是旱育壮苗所必需的步骤。秧田在秋季收完作物清理田间后，浅翻 15 cm 左右，及时耕耙整平。再按不同的棚型（小棚、中棚或大棚），确定好秧床的长、宽，拉线修成高出地面 8～10 cm 的高床，粗平床面，利于土壤风化，挖好床间排水沟。保温棚型，已由过去的拱式小棚向中棚、大棚方向发展。拱式小棚，由塑料薄膜覆盖而成，棚型矮，棚高 0.5～0.6 m，床宽 2.0～2.2 m，床长 10～15 m，覆盖容积小，昼夜温差大，防冻能力低，管理不方便，难以培育壮秧。中棚高 1.5 m 左右，宽 5～6 m，长 30～40 m，覆盖容积大，昼夜温差小，阴雨天不影响作业，管理方便。大棚高 2.2 m，宽 6～7 m，长 40～60 m，其性能较中棚更好。

3. 床土处理

在秋整地、秋做床的基础上，春季化冻后，进一步耙碎整平，按规格做好苗床。没有秋做床时，春季抓紧时间做床，进一步耙碎整平。

（1）旱育苗。每袋壮秧剂 2.5 kg 加 15 kg 备好的过筛旱田土，经充分混拌均匀后，均匀撒施在 20 m^2 的苗床上（稻田育苗灌水时用壮秧剂 3.75 kg），用耙子挠匀，混拌于 2～3 cm深的床土中，然后浇透水播种。

（2）塑料钵体育苗（抛秧盘）。每袋壮秧剂 2.5 kg 加备好的过筛旱田土 180 kg，充分混拌成营养土后，以 1～1.5 cm 厚度均匀装入 150 个钵体盘（每个钵体盘为 30 m^2），然后浇透水播种。

（3）软盘（机插盘或隔离层）育苗。每袋壮秧剂 2.5 kg 加备好的过筛旱田土 270 kg，充分混拌成营养土，装入 90 个软盘（每个软盘为 15 m^2），然后浇透水播种。

五、播种

1. 播期

掌握好播种时期很重要，首先应考虑所采用品种的生育期，其次要考虑采取的育苗棚是大、中棚还是小棚。目前采用的品种属于当地气候下种植早熟品种或中早熟品种，因为生育期短，不宜早播。早播种由于春季气候变化大，再加上小棚育苗保温性差，难以育出壮苗。一般情况下，当气温稳定于 6℃以上时开始播种，播种时期应由插秧期向前推移 30～35 天。如在北方做到四月育苗，插五月秧，不插六月秧，以确保稳产、高产。

2. 播种量

目前普遍存在着播种量过大的问题，其结果是苗弱、无分蘖，插秧后缓苗时间较长，延误农时。因此，一定要掌握好播种量。

（1）旱育苗播种。大苗插秧（5 个叶秧苗），播芽籽 200 g/m^2（0.2 kg/m^2），中苗插秧（4 个叶秧苗），播芽籽 275 g/m^2（0.25～0.3 kg/m^2）。播量不能大于上述播量，因大苗多一个叶片，播芽籽 200 g/m^2 条件下，稻种 5 000～5 200 粒，1 m^2 秧田可插 80 m^2 大田。中苗比大苗少一片叶，所以播量相对大一些，落粒数 6 800～7 000 粒/m^2，中苗插秧时每穴比大苗多一株，所以中苗的秧田与大田比例仍然是 1∶80。

(2) 钵体育苗播种。每一个钵体上只能播 3～4 粒，一个钵体盘（抛秧盘）561眼，播芽籽 70～85 g，一个盘可插大田 25～28 m^2，一公顷可准备 350～400 个抛秧盘。

3. 播种前、后要求

(1) 播前一定要浇透水，床土 10 cm 内处于饱和状态。

(2) 播种要均匀，不要漏播，不要重播。

(3) 播后压籽，使种子 3 面入土，防止种子干，出苗不齐.

(4) 用木板将抛秧盘钵体压入床土中，防止种子干，出苗不齐。

(5) 覆土厚度为 0.5～1 cm，厚度一致，使出苗整齐。

(6) 覆土后打封闭药，为了保湿，防止水分蒸发，有利于出苗，可盖一层地膜。

(7) 播种后勤检查，看是否漏风、床干，发现问题要及时解决。

六、苗床管理

1. 播种至出苗期

以保温、保湿为主，若膜内温度超过 35℃，要及时打开两头通气降温，并及时盖膜。如发现表土干燥发白，可补少量水。若播后 5～6 天内长期低温阴雨，膜内空气污浊，应在中午打开地膜两头换气几分钟。

2. 出苗至 1 叶 1 心期

膜内温度应控制在 25℃左右，超过时必须打开两头通风降温，并用 20%甲基立枯灵或 25%甲霜铜粉剂兑水喷雾，以防立枯病。同时苗床用 15%多效唑粉剂 27～30 mg/m^2 兑清水 130～150 g，搅拌喷雾防徒长。若发现床土发白，可适量喷水。

3. 1 叶 1 心至 2 叶 1 心期

膜内温度应控制在 20℃左右。晴天的白天地膜全揭开或半揭开，阴天中午打开 1～2 h，雨天中午打开两头换气一次，但不要让雨水淋到苗床上。膜内气温低于 12℃时，应注意盖膜，以防冷害。寒潮期间苗床应保持干燥，即使床土有龟裂现象，只要叶片不卷筒，就不必浇水。

4. 2 叶 1 心至 3 叶 1 心期

2 叶 1 心时应施促苗肥，同时施用敌克松防立枯病。3 叶 1 心时为了适应外界环境，晴天的白天可全部打开地膜通风炼苗，除阴雨天外，逐步实行日揭夜盖。

5. 3 叶 1 心以后

要保持苗床湿润，每长 1 叶追施一次肥，以清粪水为主，配搭少量化肥。长龄多蘖秧在 3 叶 1 心期再喷一次多效唑防止秧苗徒长。

七、防止烂秧

西南等地区水稻育秧期间，天气多变，温度偏低，寒潮频繁，加上种子质量不好、育秧技术差等原因，每年都有烂秧发生，轻者5%，重者20%～30%，个别地区、个别年份甚至高达60%～80%。发生烂秧，不仅损失种子，且会因一再补种而延误季节，不能实现满栽满插，影响水稻产量。因此，防止烂秧是水稻育秧中的另一个基本要求。

烂秧是烂种、烂芽和死苗的总称。从发生时间看，烂种、烂芽发生在"现青"以前，死苗发生在"现青"以后，尤其在2～3叶期，青枯、黄枯死苗现象比较严重。

1. 烂种

烂种是指播种以后，种谷不发芽就腐烂。

(1) 原因

1) 种子含水量高，储藏期间丧失了发芽力。

2) 浸种时没有浸透，影响了发芽率和发芽势。

3) 催芽时"烧包"或"发黏"变质，谷壳播种后"落泥"。

(2) 防止办法。选用纯净度高，发芽率、发芽势高，饱满健壮的种子作种；认真进行晒种、选种、消毒，浸种时间要够，让种子吸足水分，催芽时要严格按要求办，勤检查、勤处理，使芽齐、芽壮。

2. 烂芽

烂芽包括芽干、烂根、烂芽3种。芽干指幼芽、幼根干枯现象。

(1) 原因。芽干主要是因为水稻播种后，常遇低温阴雨天气，而习惯上实行深水保温护芽，一旦骤晴，便采取一次急排水抢晴晒秧，由于气温急增，秧板、种芽水分蒸发极快，而幼根吸水力很弱，根、芽失水所造成。

烂根、烂芽主要是由于长期淹水，种芽因长时间缺氧，处于无氧呼吸状态，加上低温侵袭，生理机能减弱，抵抗力降低，病菌（如锦腐病菌等）侵入引起传染性烂秧；也有因施用未腐熟的有机肥后长期淹水，使土壤氧化还原电位大大降低，产生大量的有机酸、硫化氢等有毒物质，抑制种芽的呼吸作用而引起的。

(2) 防止办法。预防芽干，应在寒潮过后气温回升时缓缓排水，直到最后保持淹没种芽的水层。芽干在表面上看种芽干枯，实际上生长点仍具有生命力，针对此种情况，应采取缓慢灌水湿芽挽救的措施。

防止烂根、烂芽的关键是播种后不要长时间淹水，可采用湿润灌溉，促进土壤中气体交换，增加土壤中氧气，缓和土壤中的还原作用。在施肥上要施用腐熟有机肥料，减少还原物质的产生。如遇连续低温阴雨时，秧田灌水要合理。

3. 死苗

死苗可分为急性青枯死苗和慢性黄枯死苗两种，多发生在2～3叶期。

（1）原因。许多研究表明，死苗的原因主要是早春寒潮频繁，长时间零上低温严重地抑制了秧苗的活力，使代谢低弱，生长停滞，抗病力降低；同时，低温引起幼苗细胞原生质透性增加，氨基酸、糖类等养分外渗，为病原菌提供了营养条件，病原菌侵入使根、假茎受害或腐烂。当时未表现出症状，遇大晴温度上升，因根系吸收功能丧失，表现出急性青枯死苗。如长期持续低温，则表现为慢性黄枯死苗。主要是腐霉菌属、地霉菌属、丝核菌属的病菌侵害秧苗，引起烂根造成。

（2）防止办法。防止死苗除选用耐寒品种，掌握好播期，促进秧苗早扎根外，改善秧苗生活环境，提高秧苗生活力的综合管理措施是防止烂根、死苗的重要途径。如 1 叶 1 心时，浅灌既可增温又可抑制病菌。同时适量施以氮素为主的“断奶肥”，可使秧苗“得氮增糖”，特别是施用硫酸铵等酸性肥料，增加土壤酸度，能增强秧苗抗逆力，施用敌克松等土壤杀菌剂可以制止死苗和加速秧苗复活生根。另据一些试验资料，秧苗在 pH 值为 4～5 的条件下，表现叶色深绿，生长健壮，抗逆力增强。因此，选用酸性土壤作秧田是值得考虑的。

八、水稻苗床病害防治技术

1. 水稻立枯病

（1）症状。水稻立枯病较为复杂，常见的有以下几种：

1）芽幼苗腐：发生在幼苗出土前后，幼苗的幼芽或幼根变为褐色，病芽扭曲至腐烂而死，在种子或芽基部生有白色或粉红色霉层。

2）针腐：幼苗立针期到 2 叶期，病苗心叶枯黄，叶片不展开，茎基部变褐，种子与茎基交界处有霉层，潮湿时茎基部软弱，易折断。

3）黄枯：发生于 3 叶期，病菌叶尖不吐水，并逐渐萎蔫、枯黄，仅心叶残留少许青色而卷曲。

（2）防治措施。防治水稻立枯病应以提高育秧技术、改善栽培条件和增强水稻抗病力为重点，并结合适时药剂防治。

1）农业防治：精选种子，避免用有伤口的种子播种，要适期播种；做好种子处理，培育壮苗，提高播种和育苗技术；秧田水层过深，播种后发生“浮秧”“翻根”“倒苗”等造成烂秧的，要立即排水，促进扎根；搞好肥水管理，避免用冷水直接灌溉，在 3 叶期前早施“断奶肥”，切实掌握“前控后促”和“低氮高磷钾”的施肥原则。

2）土壤消毒：选用 3.5%多抗霉素 2～3 mL/ m^2；或 30%瑞苗青用 1～1.5 mL/ m^2 加水 3 L 喷雾；或 3%（恶・甲）水剂 15～20 mL/ m^2 加水 3 L 喷雾；或 3%土菌消（恶霉灵）水剂 3～4 mL/ m^2 加水 3 L 喷雾；或 20%移栽灵 4 mL/ m^2；或 15%恶霉灵 6～8 mL/ m^2；或 20%壮苗安 2.5～3 mL/ m^2。

3）苗后消毒：可在水稻叶龄 1.5～2.5 叶期，用 pH 值 4.0～4.5 的酸水，配合土壤杀菌剂，各喷施一次。

2．水稻青枯病

（1）症状。水稻青枯病是寒地水稻苗床主要病害之一，发生于3叶期突遇低温后，引起秧苗生理性失水而产生青枯病。在气候失常时，病株最初不吐水，成簇、成片发生。心叶或上部叶卷成柳叶状。幼苗迅速失水，表现青枯。晚上7℃以下后要保温处理。

诊断要点：水稻立枯病为病株萎蔫、枯黄，茎基部变褐、软腐易拔断。青枯病为心叶或上部叶卷成柳叶状，幼苗迅速失水，表现青枯。

（2）防治措施。提高棚室温度，保持在7℃以上，因为7℃以下易引起冷害发生水稻青枯病。

1）防低温冷害：提高棚室温度。可在小棚室内点蜡烛或点煤油灯；在大棚内可用烟雾熏蒸或点煤油灯以防低温冷害导致苗期青枯病。

2）保水处理：可选用30％ASA高效植物保水剂，通过调节秧苗叶片气孔的启闭，以抑制叶片水分蒸腾，提高水稻秧苗保水能力，促进根系发达，达到控制青枯病发生的目的。发病前预防：于水稻1叶1心期喷雾，每20 m^2 苗床30％ASA用量为10 g，兑适量水浇灌，也可与苗床除草剂、杀菌剂混用；青枯病发病后，可加大用量到15～20 g/20 m^2，兑水适量浇灌。

3．稻恶苗病

（1）症状。从苗期至抽穗期均可发生。病苗通常表现徒长，比健苗高1/3左右，植株细弱，叶片、叶鞘狭长，呈淡黄绿色，根部发育不良。本田期一般在移栽后15～30天出现症状，症状除与病苗相似外，还表现分蘖少或不分蘖，节间显著伸长，病株地表上的几个茎节长出倒生的不定根，以后茎秆逐渐腐烂，叶片自上而下干枯，多在孕穗期枯死。在枯死植株的叶鞘和茎秆上生有淡红色或白色粉霉。抽穗期谷粒也可受害，严重的变为褐色。

（2）发病规律。带菌种子是主要的初期侵染源，其次是带菌稻草。播种带菌种子或用带菌稻草作覆盖物，当稻种萌发后，病菌即可从芽鞘侵入幼苗引起发病。病死植株上产生的分生孢子可传播到健苗，从茎部伤口侵入，引起再侵染。带菌秧苗移栽到大田后，在适宜条件下陆续表现出症状。水稻扬花时，枯死或垂死病株上产生的分生孢子借风雨、昆虫等传播到花器上进行再侵染，感染早的谷粒受害，感染迟的虽外表无症状，但谷粒已带菌。

一般土温为30～35℃时，最易发病。移栽时，若遇高温烈日天气，则发病较重。伤口有利于病菌侵入，旱育秧比水育秧发病严重，长期深灌、多施氮肥等均会加重发病。一般粳稻发病较籼稻重。

（3）防治措施。建立无病留种田和进行种子处理是防治此病的关键。

1）种子处理可用16％恶线清（16％咪鲜杀螟）可湿性粉剂200～400倍液浸种60 h；或25％咪鲜胺乳油3 000倍液或10％浸种灵乳油5 000倍液浸种48～60 h；或25％咪鲜胺乳油25 mL和芸苔素内酯20 mL加入120 L水混配，可浸100 kg水稻种子，浸种5～7天，水温10～15℃。

2）种子包衣，选2 kg种衣剂，兑水1.2～1.6 kg，包衣100 kg水稻种子，阴干2～3天，常规浸种催芽，防治恶苗病，同时防治水稻立枯病，严禁使用循环水催芽泵催芽。

3）加强农业防治措施等也可减轻病害的发生，如及时处理病稻草、催芽不可太长（以免下种时受伤）、拔秧时尽量避免秧根损伤过重、肥床旱育秧要尽量缩短苗床覆膜时间及发现病株应立即拔除等。

九、水稻苗床除草技术

1. 防除稗草

在稻苗 1.1 叶期，每 100 m^2 选用 16％敌稗乳油 150～175 mL 或在稻苗 1.5～2.5 叶期，每 100 m^2 用 10％氰氟草酯乳油 7.5～9 mL。

2. 除多种阔叶杂草

每 100 m^2 选用 48％灭草松水剂 25～30 mL；或每 100 m^2 选用 48％灭草松 25～30 mL ＋10％氰氟草酯 7.5～9 mL，茎叶喷雾兑水量均需 1～3 kg。不能用二氯喹啉酸，否则会造成潜在药害，5 叶期心叶抽不出，影响分蘖。48％灭草松 ＋10％氰氟草酯是比较理想的方案，其优点是安全、控草期适宜、杀草谱宽。

第三节　水稻移栽技术

一、整地

水稻对土壤的适应性比较强，但以土层深厚、结构良好、肥力水平高、保水保肥性好的土壤最适于水稻生长。

在栽秧前要进行精细整田，使表土松、软、细、绒，为水稻根系生长创造良好的土壤环境，同时使表面平整，高低差不到 3 cm，做到“有水棵棵到，排水时无积水”；翻埋残茬，消灭田中杂草和病虫害，混合土肥，减少养分的挥发和流失，也便于水稻根系吸收利用；促进土壤熟化，改善土壤通透性，消除对水稻有害的还原有毒物质，使其充分氧化，变为能被作物利用的养分。

由于土壤类型和作物茬口特性不同，整田的方法和技术也不同。冬水田应在上一季水稻收获后及时翻耕，翻埋残茬，利用秋季高温促进残茬等有机物的分解，栽秧前再进行犁、耙，耙细、耙平插秧；烂泥田宜少耕少耙，进行半旱式栽培；小春田即秋冬季种植小春作物的水旱轮作田，季节衔接较为紧张，应抓紧时间进行，边收边灌水边耕耙，最好犁耙两次以上，使土壤细碎、松软、绒和；绿肥、油菜等旱茬作物田，插秧时间较为充裕，可以先干耕晒垡几天。在整田过程中，要铲除田边杂草，夯实田坎，糊好田边，防止漏水，提高保水保肥能力。

二、移栽前本田除草技术

危害严重的杂草有稗草、稻稗、稻李氏禾、匍茎剪股颖、鸭舌草、雨久花、矮慈姑、野慈姑、泽泻、牛毛毡、眼子菜、扁秆藨草、萤蔺、狼把草、四叶萍、小次藻和水绵等。

在移栽前 3～7 天，可选用 12%䓬噁草酮乳油 2 500～3 000 mL/hm² 在泥水混浆状态下甩施；或 80%丙炔噁草酮（稻思达）可湿性粉剂 90 g/hm²，30%莎稗磷（阿罗津）600～900 mL/hm²＋10%吡嘧磺隆 300 g/hm²，50%丙草胺乳油 750～1 000 mL/hm²＋30%苄嘧磺隆可湿性粉剂 225 g/hm²，采用毒土法或喷雾器甩喷，保持水层 3～5 cm 但不淹没稻苗心叶，保水 5～7 天。可防、除稗草、一年生禾本科杂草、阔叶杂草和莎草科杂草。待水自然渗至花达水进行插秧。

三、移栽

1. 合理密植

合理密植可以建立起适宜的群体结构，从而协调好个体和群体的关系，争取穗多、粒多、粒重，同时也有利于改善田间的通风透光条件，减轻病虫害，因而是水稻高产栽培的重要环节。

（1）水稻产量构成因素。水稻产量由有效穗数、每穗实粒数和（千）粒重 3 个因素所构成，即

$$产量（kg/hm^2）=\frac{10\ 000（m^2）\times平均每穴穗数\times每穗实粒数\times千粒重（g）}{行距（m）\times窝距（m）\times1\ 000\times1\ 000}$$

水稻的穗数由主穗和分蘖穗构成，杂交水稻的分蘖能力强，多以分蘖穗为主。生产上应在培育多蘖壮秧基础上，栽足基本苗，并促进分蘖早生快发，特别是多争取低位分蘖，提高分蘖成穗率，从而增加有效穗数。每穗实粒数取决于每穗的颖花数（着粒数）和结实率。每穗颖花数取决于幼穗分化时期，单株营养条件好，可以分化出较多的颖花数，形成大穗。结实率主要受颖花的分化发育情况和抽穗扬花期的气候生态条件的影响，这是决定空粒的时期；同时也与后期的灌浆结实情况有关，这是决定秕粒的时期；千粒重的大小与谷壳体积的大小和胚乳发育好坏有关，取决于灌浆结实期。

水稻产量的 3 个构成因素既相互联系，又相互制约和相互补偿。一般三者呈负相关关系，有效穗数增加，穗粒数会减少，粒重降低；反之亦然。在产量构成 3 因素中，一般粒重的变幅相对较小，有效穗数的变化较大，生产上应在保证足够穗数的基础上争取大穗。

（2）合理密植的方式和幅度。适宜的种植密度和行窝距应根据各地的具体情况而定，做到因种、因地、因时制宜，以发挥合理密植的增产作用。一般迟熟品种稍稀，早熟品种稍密；分蘖力强的组合稍稀，分蘖力弱的组合稍密；土壤肥力高的稍稀，土壤肥力低的稍密；施肥水平高的稍稀，施肥水平低的稍密；栽秧季节早的稍稀，栽秧季节迟的稍密；劳动力不

足的稍稀，劳动力充足的稍密。总之，凡是在有利于分蘖发生和促进植株生长发育的因素下可稍稀，反之则应稍密。

近年来，由于品种的更替和育秧技术的改进，开始在一些地区和田块示范推广“超多蘖壮秧少穴高产栽培”和“旱育稀植大窝栽培”技术。两者都是在秧田期实行“超稀培植”，前者采用普通温室两段育秧或按寄栽规格摆播芽谷，后者先旱育 3 叶左右的小苗再寄栽秧田，寄栽规格都为（8～10）cm×（8～10）cm，培育带 10 个以上分蘖的超多蘖壮秧，本田采用少穴大窝栽培，栽种 10.5～15 窝/m^2。两种栽培技术都是走“小群体壮个体”途径，在争取一定穗数基础上主攻大穗，由于本田稀植，可以节约用种和劳力，也有利于抗旱迟栽和缓和农事季节矛盾，但应选用生育期较长、分蘖力强的大（重）穗型杂交组合，适宜于土层深厚肥沃、生产条件好、肥水管理水平高的地区和田块。

2. 栽插技术

（1）适时早栽。适时早栽可以充分利用生长季节，延长本田生长期，增加有效分蘖和营养物质积累，也有利于早熟早收，为后茬高产创造有利条件。移栽期应根据当地的气候条件和耕作制度等确定，一般应在日平均气温上升到 15℃以上时移栽。若移栽过早，气温太低，不但返青慢，甚至会出现死苗现象。对于深脚、冷浸、烂泥田来说，由于泥温低，适时早栽的时间还应推迟。但如果栽插过晚，温度高，植株生长快，本田营养生长期缩短，就不利于高产。

（2）保证栽秧质量。提高栽秧质量可以加速返青成活率，有利于分蘖早生多发。为保证栽插质量，要求做到：拔好秧，栽好秧。

拔秧时要轻，靠泥拔，少株拔，并随时把弱苗、病苗、杂草等剔除。拔后理齐根部，大苗秧还要在秧田洗净秧根泥土，然后捆扎牢固，便于运输。

栽秧时要求做到浅、匀、直、稳。“浅”即浅栽，能使发根分蘖节处于温度较高的表土层，且氧气充足，昼夜温差大，有利于发根和分蘖，为形成穗多和穗大打基础；“匀”即行窝距要整齐、均匀，沟、行端直，每窝苗数一致，各单株营养面积均衡，全田生长整齐；“直”就是苗要正，不栽“偏偏秧”，利于返青生长；“稳”要求栽后不漂、不浮。

在拔秧、捆秧、运输和栽插过程中都应小心，减少植伤取秧和栽插时对植株特别是根部的损伤，不栽超龄秧和隔夜秧。

第四节　水稻田间管理技术

一、返青分蘖期

1. 返青分蘖期的生育特点

返青分蘖期包括返青期和分蘖期，主要进行根系、叶片的生长和发生分蘖，是决定穗数的关键时期，也是为形成大穗奠定物质基础和搭好丰产架子的时期，在生理上以氮代谢为主，为营养生长期。

2. 田间管理措施

根据水稻返青分蘖期的生长发育特点和规律，田间管理的主要目标是促根、攻蘖、争穗多，要求返青早、出叶快、分蘖多、叶色绿、透光性好。在管理上，前期（有效分蘖期）以促为主，促进其生长发育；后期（无效分蘖期）以控为主，控制无效分蘖的发生。

（1）查苗补苗，保证全苗。一般栽插后都会出现一些浮秧、倒秧和缺窝及每窝苗数不等等现象。插秧后应逐田、逐行查看，做好补缺匀苗工作，保证苗全、苗匀。

（2）科学管水。一方面要满足水稻生长发育对水分的要求；另一方面要利用水分来调节和改善稻田的环境，以水调温、以水调肥、以水调气。管理上做到“浅水栽秧，寸水返青，薄水分蘖，适时晒田”。

插秧后到返青期间，由于植伤（取秧和栽插时对植株特别是根部的损伤），植株吸水能力下降，但叶面蒸腾却未减少，容易使水分失去平衡，此时应保持 3～5 cm 的水层，维持植株间较高湿度。返青后，浅水勤灌，保持3 cm以下的浅水，使植株基部通风透光良好，提高土温，增加土壤氧气含量，以利根的发育和促进分蘖早生快发。但不能断水，缺水干旱不利于植株的生长发育。

到有效分蘖终止期或茎蘖总数与有效穗数相当时，应及时排水晒田。晒田的作用：一是调整植株长相，促进根系发育。晒田对地上部营养器官生长表现出抑制，叶色变淡，水稻株型变挺直，控制无效分蘖的发生，减少营养物质的消耗。同时改善了田间通风透光条件，叶和节间变短，秆壁变厚，增强植株抗倒、抗病能力。二是改变土壤的理化性质，更新土壤环境。晒田后土壤的氧化还原电位升高，还原有毒物质被氧化而减少，有机物质的分解加速，同时耕层土壤内的有效氮、磷含量暂时下降，复水后其含量又会迅速增加。这种先抑后促的作用对于控制群体过分发展，促使生长中心从分蘖向穗分化的顺利转移，及培育大穗都是十分有利的。

晒田的程度应达到：田中不陷脚，四周麻丝裂；黄根深扎下，新根多露白；叶片挺直立，褪淡转黄色；茎秆有弹性，停止发分蘖。晒田到拔节时基本结束。晒田的早迟和程度，要根据苗情、田情而定。凡分蘖早、叶色浓、长势旺、泥脚深、田冷浸、底肥足的，应早晒、重晒，晒的时间可稍长；反之，则宜迟晒、轻晒，晒的时间要短；对长势弱或田瘦的，则晾一晾即可。

（3）早施分蘖肥。早施分蘖肥是促进早发、多发低位次分蘖的重要措施。分蘖肥应在栽秧后 3～5 天内及时施用，以速效氮肥为主。分蘖肥的数量可根据土壤肥力、底肥多少和苗情等适当增减。土壤肥力高，底肥特别是有机肥足，稻苗长势旺的可适当少施；反之则应适当多施。

分蘖肥应注意抢晴天施、浅水施、边施边薅，薅肥入泥，以便提高肥效，减少肥力流失。

（4）及时中耕除草。中耕即薅秧，作用是疏松表土，提高土温，增强土壤通气性，以气促肥，加速肥料分解；使土肥融合，减少肥料挥发和流失；消灭杂草，减少养分消耗及病、虫危害，从而促进根系的生长和分蘖的早生多发。

一般在开始分蘖时进行第一次中耕，以后每隔5～10天再进行一次，最后一次中耕必须在幼穗分化前结束。中耕一般结合施肥进行，田面保持浅水。中耕要求捏碎硬块，抹匀肥堆，除去杂草，耨平田面，补好秧窝，扶正秧苗，窝窝耨到，做到“草耨死，泥耨活，田耨平”。

为减轻中耕除草劳动强度，可采用化学除草技术。由于稻田杂草的种类和生育状况不同，适用的除草剂种类和技术也不同。当稻田以稗草为主时，可在移栽后2～8天用每公顷1 500 mL 96％的禾大壮乳油，或每公顷3 000 mL 50％的优克稗乳油拌细砂土10～20 kg撒施，或每公顷375 g左右50％的杀稗王可湿性粉剂，或每公顷1 500 mL 20％的敌稗乳油兑水450 kg喷雾（先排干田水，用药后2～3天灌浅水）；对于以节节菜、四叶萍、鸭舌草等阔叶杂草为主的田块可用每公顷300 mL 48％的百草敌水剂＋每公顷750 mL 20％的2甲4氯水剂，或每公顷750 mL 20％的使它隆乳油，或每公顷2 500 mL 48％的苯达松（排草丹）水剂，或每公顷300 g 10％的苄黄隆（农得时）兑水450 kg喷施（排水湿润喷雾），后两种方法还可同时杀死莎草；对于以牛毛草、异型莎草等为主的田块，可用每公顷5 000～6 000 mL 50％的莎扑隆可湿性粉剂拌细砂土300 kg撒施。

（5）防治座蔸。在一些蓄冬水的稻田，秧苗移栽后生长不正常，表现为生长迟缓或停滞，稻株簇立，叶片僵缩，叶色暗绿或变黄，根系生长受阻或发黑，这种现象称为座蔸，应加以防治，否则会造成减产。座蔸的类型较多，原因比较复杂，有的是由一种原因引起，有的可能是由多种原因导致。常见的座蔸类型有以下几种：

1）冷害型：由深脚、冷浸、阴山、烂泥田引起土温低，或由于早栽、气温低或寒潮侵袭，使稻苗生长受阻。防治的方法是：培育壮秧，增强抗寒能力；深脚、冷浸和烂泥田采用半旱式栽培，以提高土温；开沟引开冷浸水；浅灌、排水晒田等。

2）中毒型：由于长期淹水造成氧化还原电位低，还原有毒物质积累，或施用大量未腐熟的有机肥，经发酵分解产生有毒物质，使稻根中毒而影响发育。防治的方法是半旱式栽培。改善土壤通气性，消除还原有毒物质；适时、适量施用有机肥，不施未腐熟肥料，绿肥等要早翻埋让其分解腐熟；排水晒田，增温增氧；施用石灰中和毒物；流水洗毒；增施磷、钾肥，增强稻苗抗逆性。

3）缺素型：由于土壤缺少某些营养元素而引起生长受阻，低温和冷浸田根系活力低，有毒物质对根造成伤害，也都能导致稻株缺素座蔸。常见的缺素类型有缺磷型、缺锌型、缺钾型等。防治的方法是：施用相应的肥料；对于深、冷、烂等土壤障碍田块，实行半旱式栽培，改善土壤通透性，排除冷害、毒害，增加养分有效性和根系活力；合理灌排，适时、适度晒田，增强土壤通气性。

（6）防治病虫。返青分蘖期常见的虫害主要是螟虫、稻飞虱和蓟马，螟虫危害造成枯心苗，蓟马和飞虱主要危害叶片，应根据预测预报和田间发生情况，及时防治。防治螟虫可用每公顷450～600 mL 5％的锐劲特悬浮剂兑水喷施，或每公顷100 mL 50％的杀螟松乳油，或每公顷 750～1 050 mL 48%乐斯本乳油兑水喷施；稻飞虱和蓟马还可用每公顷 150 g 10%的吡虫啉可湿性粉剂加水 900 kg 常规喷雾，或用 25%扑虱灵可湿性粉剂 1 400 倍液喷雾防治。

分蘖期的病害主要是叶瘟，对于容易染病的品种或常发病区，应在栽前用 75%的三环唑可湿性粉剂，每公顷 375～450 g，加水 900 kg 常规喷雾等。

二、拔节长穗期管理

1. 拔节长穗期的生育特点

从幼穗开始分化到抽穗为拔节长穗期，拔节长穗期历时 30 天左右。此时植株一方面进行以茎秆伸长生长为中心的营养生长；另一方面又进行以稻穗分化为中心的生殖生长，是营养生长和生殖生长并进时期，是水稻一生中生长最快的时期，也是水稻对外界环境条件最敏感的时期。其营养特点是由氮代谢占优势，逐步过渡到碳代谢占优势。这一时期一些迟生分蘖逐渐死亡，成为无效分蘖，总的茎蘖数逐渐减少，因而最终的成穗数低于最高苗数。

2. 田间管理措施

拔节长穗期是决定茎秆健壮、穗数多少、穗子大小的重要时期。田间管理的主攻目标是保蘖、壮秆、攻大穗。既要防止其长势过旺，群体发展过大，分蘖上林率降低和茎秆纤细脆弱引起后期倒伏，又要防止长势不足，使穗粒数减少。

（1）合理灌溉。稻穗发育过程是水稻一生中生理需水的临界期。加之晒田复水后稻田渗漏量有所增大，一般此时需水量占全生育期的 30%～40%。此期一般宜采用浅水勤灌，保证“养胎水”，淹水深度不宜超过 10 cm，维持深水层的时间也不宜过长，减数分裂期不能干旱缺水，以防止颖花退化，从而保证粒数。

（2）巧施穗肥。从幼穗开始分化到抽穗前施的追肥都称穗肥，因施用时期不同，作用也不同。在幼穗分化开始时施的穗肥，可促进枝梗和颖花的分化，增加颖花数，称为促花肥；在开始孕穗时施的穗肥，可减少颖花的退化，称为保花肥。

巧施穗肥就是根据苗情长势、长相、土壤肥力和气候条件等确定施用的时间、数量。凡是前期追肥适当、群体苗数适宜、个体长势平稳的，宜只施保花肥，可于孕穗时施尿素每公顷 45 kg 左右；凡是前期追肥不足，群体苗数偏少，个体长势差的，可促花、保花肥均施。于晒田复水后施尿素每公顷 45 kg 左右，减数分裂期前后再施尿素每公顷 30 kg；凡前期施肥较多、群体苗数偏多、个体长势偏旺的，则可不施穗肥。

（3）防治病虫。拔节长穗期的虫害主要是螟虫，其防治方法同分蘖期。病害主要是纹枯病、稻瘟病。稻瘟病的药剂防治方法可参见分蘖期，纹枯病发病初期可用每公顷 67.5 ～75.0 g 50%的井冈霉素兑水对稻株中下部喷施或泼浇施药 1～3 次，间隔 10～15 天。在水稻始穗期和齐穗期可用每公顷 60～75 g 50%多菌灵可湿性粉剂或 30%菌核净可湿性粉剂常规喷雾，有明显效果。

三、抽穗结实期

1. 抽穗结实期的生育特点

水稻从抽穗到成熟收获为抽穗结实期，一般需要35天左右，个别达到40天。这一时期的营养生长已基本停止，为生殖生长期，根系吸收的水分、养分和叶片的光合作用产物以及茎秆叶鞘内储藏的营养物质，均向籽粒运输，供灌浆结实。在代谢上以碳代谢为主。

2. 田间管理措施

抽穗结实期是决定实粒数和粒重的重要时期。管理上的主攻目标是：养根、保叶、增粒、增重，应抓好“以气促根，以根保叶，以叶壮籽”，既要防止贪青晚熟，又要防止早衰和倒伏，影响灌浆结实。

（1）合理灌排水。保证“足水抽穗，湿润灌溉，干湿壮籽，适时断水”。在抽穗期，田间保持3～4 cm的水层，防止高温干旱危害；灌浆期湿润灌溉，一次灌水2～3 cm，让其自然落干，湿润1～2天后再灌水，实行干湿交替。既保证灌浆结实对水分的需要，又改善土壤通气性，以达到增气保根、以根养叶、以叶壮籽的目的。到收获前7天左右可以断水，但不能断水过早，以免加速衰老，影响灌浆结实。

（2）补施粒肥。临近抽穗和抽穗后施的肥称为粒肥，或壮籽肥、壮尾肥，其作用主要是促进灌浆结实，增粒、增重。对于前期施肥不足，表现脱肥发黄的田块，可于抽穗前后用1%的尿素溶液作根外追肥（叶面喷施），能够延长叶片寿命，防止根系早衰，同时还可以提高籽粒蛋白质含量，改善品质。对于有贪青徒长趋势的田块，可采用叶面喷施1%～2%的过磷酸钙或0.3%～0.5%的磷酸二氢钾溶液。

（3）防治病虫害。注意防治颈稻瘟、纹枯病，防治方法同前。

（4）适时收获。收获过早，青米多，籽粒不饱满，产量低，且碾米时碎米多，出米率也低；收获过迟，容易脱落损失或穗上发芽。所以要做到适时收获，具体内容见第五节水稻收获与储藏技术。

第五节　水稻收获与储藏技术

一、适期收获

以稻穗90%谷粒已完熟变黄（主穗全黄，分蘖穗3/4已黄）时收割较为适时。若收割过早，则青米、碎米多，产量和品质都差；若过迟则易落粒，损失大。因此要注意天气预报，及时抢收，以免遭连绵阴雨造成倒伏、霉烂或稻曲病严重发生，影响产量。

二、脱粒与安全储藏

水稻一般是以稻谷的形式储藏，储藏期间要注意经常观察温度、湿度及病虫害发生的情况，及时予以处理。

水稻收获后的保管应注意以下几点：一是要晒干种子。储藏时，必须严格控制种子的水分含量，籼稻在13%以下，杂交稻在12%以下。鉴别稻种含水量最简单的方法，就是抓几粒种谷放进嘴里用牙咬，若发出尖脆的响声即为干燥的种子。二是要有良好的储藏条件。种子不能与化肥、农药、油类等有腐蚀性、易受潮、易挥发的物品混储在一起。种子仓库内，要保持 5～20℃的温度和一定的通气条件。三是要有合理的储藏保管方法。农家储藏种子大多采用散堆、包装，或用仓、柜、桶、缸等存放。四是要严防混杂。储藏时，特别是下年作种用的种子内外应有种子标签，注明品种名称、种子来源、数量、纯度等。在一个仓库同时储藏几个品种时，品种之间要保持一定距离，以防搞错。同时要特别注意不要将种子袋弄破，以防种子混杂，早、中、晚稻多个品种储藏在一起的，更要注意这一点。五是要加强储藏期间的管理。稻种储藏期间要经常检查，及时通风、透气，调节温度、湿度，以免种子发热引起霉烂变质。在储藏前，要将虫窝捣毁，将鼠洞堵住。

调查你的所在地区水稻的主栽品种是什么？苗头品种是什么？

栽培稻种的起源

栽培稻种在植物分类学上属禾本科稻属植物。目前全球稻属植物有 20 多个种，栽培稻只有 2 个种，即普通栽培稻和非洲栽培稻。普通栽培稻占栽培稻面积的 99%以上。非洲栽培稻仅分布于西非，丰产性差，但耐瘠性强。

据研究，稻属植物起源于冈瓦纳古大陆，随古大陆的分裂而广泛分布到温湿的热带非洲、南美、南亚、东南亚和大洋洲。普通栽培稻和非洲栽培稻有共同的祖先，而后在亚洲和非洲独立，平行演化。即多年生野生稻→一年生野生稻→一年生栽培稻。

【实验实训】

实训 3—1　水稻分蘖特性观察

一、实训目的

通过到田间观察，进一步了解水稻出叶速度、分蘖动态及叶、蘖同伸规律，并学会调查水稻生育期间分蘖数的方法。

二、材料用具

分蘖稻株、刀片、镊子、铅笔、盆栽盆钵（口径 25 cm、高 80 cm 左右的陶瓷缸）、标签或红油漆、铅笔等。

三、内容、方法及步骤

在正常情况下，不同位次分蘖发生的日期，与主茎各节位叶片出生的日期有密切的同伸关系。一般主茎出叶的叶位与分蘖发生的节位，总是相差 3 个节位（$n-3$）。因此，根据主茎新出叶叶位推测分蘖发生迟早和节位高低，可作为预估分蘖是否有效和分蘖穗大小等情况的依据。

分蘖的根系发育与其叶片数也存在着一定的关系。分蘖一般在 1 叶期和 2 叶期以前，均无根发生。3 叶期其茎基部节开始出现根点，4 叶期才有较长的根系，进行独立生活。

水稻移栽后约两周左右开始分蘖，随后分蘖逐渐增多，数量至最高点后又逐渐下降，出穗以后分蘖数才稳定下来。因此，分蘖的消长变化呈现出一条曲线。

本次实践分做室内、室外两部分，室外部分在老师的指导下进行。

1. 实验室内的观察

取分蘖较多且具有 4 片叶以上的分蘖稻株 3～5 株，依次观察下列项目：

(1) 分蘖位次的观察。用刀片将茎基部纵向剖开，辨明主茎，各次和各位分蘖。

(2) 调查主茎出叶和分蘖出现的关系。取不同叶数的分蘖，分别数计其完全叶片数及该蘖着生节位以上主茎的叶片数，推算出分蘖各叶出现期与主茎各叶出现期的关系。

(3) 观察分蘖根系发生与分蘖叶片数的关系。将分蘖自主茎上剥下，观察具有不同叶数分蘖的出根情况。

2. 室外部分

(1) 盆栽（或在大田）取中等肥力稻田土作营养土，每盆移栽 4 叶秧苗一株，做好叶龄标记，从移栽后新出第一叶开始观察。之后将观察结果填入表 3—2 中。

(2) 大田基本苗及分蘖动态的调查。移栽后 2～3 天，选择有代表性稻株定点 5～10 丛（应距田埂 1 m 以上），做好标记，定期考察。插秧时数记基本苗、总茎蘖数。分蘖前期每隔 2～3 天，以后可每隔 3～10 天，数计总茎蘖数的增减。分蘖结束时，将结果填入表 3—3 中，并绘制分蘖消长曲线图。

四、作业

记录观察结果，填写表 3—2 和表 3—3。

表 3—2　叶片定型日期、出叶天数及长宽

叶位	1/0	2/0	3/0	4/0	5/0	6/0	7/0	8/0	9/0	10/0	11/0	12/0	13/0
定型日期（月/日）													
出叶天数													
叶长（cm）													
叶宽（cm）													

注：(1) 下一叶叶尖始见为该叶片定型。(2) 出叶天数：自叶尖始见至下一叶叶尖始见所需天数。

表 3—3　分蘖消长动态记录

田　号：________　品　种：________　前　作：________　播种期：________
移栽期：________　行　距：________(cm)　株　距：________(cm)

项目		基本苗数	考察日期（日/月）										
各样点每丛分蘖消长动态（株/丛）	1												
	2												
	3												
	4												
	5												
	6												
	7												
	8												
	9												
	10												
平均（株/丛）													
折合每亩（株/亩）													

实训 3—2　秧苗栽前素质考察

一、实训目的

秧苗在移栽前是否达到壮秧的要求，要进行秧苗素质考察，为培育壮秧和大田移栽苗数提供依据，而且可以根据秧苗素质采取相应的田间管理措施。

二、材料用具

水稻秧苗、小铲锹、米尺、镊子、烘样盘、烘箱、铁筛、计算器、铅笔和记录纸等。

三、方法步骤

移栽前于秧田中间连根挖取 5 个样点，每点取样面积为 25 cm^2，将秧苗置于铁筛中，洗净根部泥沙。每点取大小适中秧苗 2～10 株，共 10～50 株，分别考察以下项目：

1. 主茎绿叶数和叶龄

数计每一单株的绿色叶片数和秧苗的叶龄，求平均值（下同）。

2. 苗高

从苗基部量至最长叶片顶部，单位：cm（下同）。

3. 叶鞘长

从苗基部至最长叶枕的距离。

4. 叶长与叶宽

量最长叶片的长度（叶枕至叶尖）和宽度（中部最宽处）。

5. 单株带蘖数

平均单株带蘖个数。

6. 分蘖苗百分率

有分蘖的秧苗数占考察秧苗株数的百分率。

$$分蘖苗百分率（\%）=\frac{有分蘖的秧苗数}{考察的秧苗总数}\times 100\%$$

7. 秧苗基部宽度

把 10 株秧苗平排紧靠，量其基部宽度。

8. 根数

取 10 株苗，数计总根数（根长在 1.5 cm 以上），并分别计数白根数、黄根数和黑根数。

9. 地上部干鲜重

称取样本地上部鲜重（单位：g），再于 105～110℃烘箱内烘至恒重为止，求平均值（单位：g/株或 g/百株）。

10. 叶面积指数

单株叶面积和单位面积株数的乘积与单位土地面积的比值。

11. 成秧率和烂秧率

将各样点的全部成秧数和烂秧数（包括哑谷、烂芽、烂种、死苗）进行统计，然后按以下公式计算，即

$$成秧率（\%）=\frac{成秧数}{总秧苗数（包括烂秧在内）}\times 100\%$$

$$烂秧率（\%）=\frac{烂秧数}{总秧苗数（包括烂秧在内）}\times 100\%$$

四、作业

填写考察结果，将秧苗素质考察结果填入“水稻秧苗素质考察汇总表”（见表 3—4），并对秧苗素质作简要评价。

表 3—4　　水稻秧苗素质考察汇总表

项目/株号	叶龄	茎绿叶数	苗高	叶鞘长	单株带蘖数	分蘖苗百分率	苗基部宽度	根数（条）			百苗重（g）		叶面积（m²）		成秧情况	
								白	黄	黑	鲜重	干重	单株	指数	成秧率（%）	烂秧率（%）
1																
2																
⋮																

说明：水稻秧苗素质考察内容可以在田间或实验室进行。

实训 3—3　水稻测产

一、实训目的

通过水稻测产，一是要了解不同类型水稻的产量结构情况（有效穗数、粒数和粒重），为分析、总结水稻生产技术经验提供依据；二是生产单位可以根据产量情况有效地组织人力、物力进行收割。

二、材料用具

具代表性田块、皮尺、标签、天平或盘秤、脱粒机、考察表、记录纸、计算器和铅笔等。

三、方法步骤

1. 有效穗数的测定

单位面积有效穗数的测定方法是：在稻田中选择具有代表性的点 3～5 个，先调查平均行距和窝距。调查平均行距是在 3～5 个点中，每点测量 21 行的距离÷20，然后各点相加除以取样点数，即为平均行距。调查平均穴距在 3～5 个点中，测 51 穴的距离÷50，然后各点相加除以取样点数即为平均穴距。调查平均每穴穗数是在 3～5 个点中，每个点统计 10 穴的穗数平均，然后各点相加除以取样点数即为平均每穴穗数。注意：结有 10 粒以上（含 10 粒）的稻子方可统计为有效穗数，不足 10 粒的不予统计。

2. 每穗实粒数的测定

在调查穗数的同时，每样点按平均穗数取有代表性的植株1～5穴，共5～25穴，分样点扎好，挂上写好的标签。标签上应注明田块名、品种、取样日期、取样人等。将样株带回室内，数计每穗实粒数，求出平均值。如不需进一步考察植株性状，也可在田间直接数计。

3. 千粒重的测定

把取回样点的样株脱粒、晒干、充分混匀，随机取1 000粒的种子4份，分别称重，求取平均值。如在田间直接数计每穗实粒数的，则可用常年千粒重估算理论产量。

4. 产量计算

理论产量可用单位面积有效穗数、平均每穗实粒数和千粒重直接计算得出。

实际产量可选定若干样区，收割、脱粒、晒干后直接得到。

四、作业

水稻产量测定以后，将考查数据进行整理，并将结果填入表3—5中，并对产量结构、水稻生产经验和关键技术进行总结，并作出简要评价。

表3—5　水稻田间测产结果汇总表

田块名	品种	穴数/公顷	平均每穴穗数	有效穗数/公顷	每穗实粒数	千粒重（g）	理论产量（kg/hm²）

说明：水稻测产内容可以在田间或实验室内进行。

复习思考

1. 培育水稻壮秧要掌握哪些技术环节？
2. 简述水稻壮秧的形态特征。
3. 如何对水稻种子进行消毒？
4. 水稻旱育秧要掌握哪些关键技术？
5. 如何防止水稻烂秧？
6. 如何保证栽秧质量？
7. 晒田有何作用？程度如何掌握？
8. 返青分蘖期、拔节长穗期、抽穗结实期如何进行田间管理？

第四章　玉　米

学习目标：

◆ 知识目标：了解玉米各器官的组成，各生育阶段的特点；玉米籽粒的类型；玉米生长发育对环境条件的要求；玉米空秆、倒伏的原因及防止途径。

◆ 技能目标：掌握大田玉米播前准备、播种，田间管理技术和收获储藏技术。

玉米又名玉蜀黍、苞米、苞谷、玉茭、玉麦、棒子及珍珠米等，是优良的饲料、重要的工业原料和粮食作物。玉米是世界上三大作物之一，栽培面积仅次于小麦、水稻，居第三位，世界生产玉米籽粒的70%～80%作为饲料，10%～15%供人们食用。我国的玉米总产量已居世界第二位，占世界玉米总产量的20%左右。随着畜牧业的发展，从产品综合加工利用玉米的情况等方面看，玉米作为饲料和工业原料的比率会更大。因此，发展玉米生产具有重要的意义。

第一节　玉米栽培学基础

一、玉米的一生

1．植物学特征

玉米属于禾本科玉米属，为一年生草本植物。

（1）根。玉米根系和其他禾谷类作物一样，是须根系，由胚根和节根组成。胚根（初生胚根、种子根）是在种子胚胎发育时形成的，大约在受精10天后由胚柄分化而成。节根着生在茎的节间居间分生组织基部。生在地下茎节上的称为地下节根（次生根），生在地上茎节上的称为地上节根（气生根、支持根、支柱根）。节根在植物学上称为不定根。玉米的根系如图4—1所示。

（2）茎。玉米茎的高矮，因品种、土壤、气候和栽培条件不同而有很大差异。矮生类型的，株高只有0.5～0.8 m；高大类型的，株高可达3～4 m；巨大类型的，株高可达7～

9 m。玉米茎秆上有许多节，每节生长一片叶子，茎节数目与叶片数目相应的发生变化。一般来说，晚熟高秆类型，节间数目多；早熟矮秆类型，节间数目少。玉米由茎基部节上的腋芽长成的侧枝称为分蘖（分枝）。在一般栽培条件下，分蘖多不结果穗，或穗小、粒少，成熟很晚，经济意义不大。因此，一般在中耕除草时去蘖，或用培土办法抑制分蘖。但对分蘖类型的玉米、作饲料栽培的玉米或在杂交制种区内的父本，为了增加雄性花散粉时间和花粉数，可以不必去蘖。

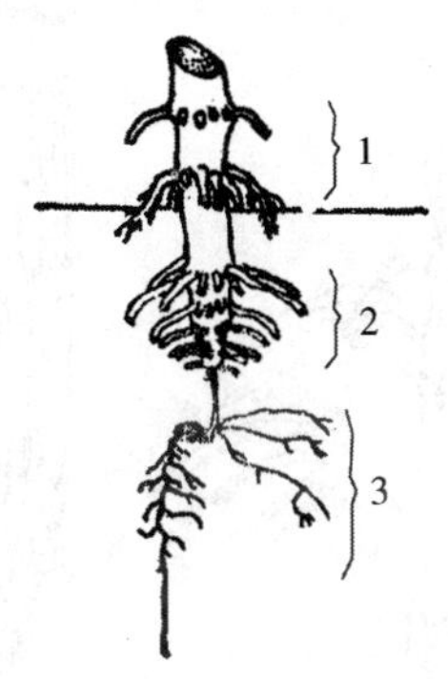

图 4—1　玉米的根系

1—地上节根　2—地下节根　3—初生根

（3）叶。玉米叶着生在茎的节上，呈互生排列。全叶可分为叶鞘、叶片、叶舌 3 个部分。叶鞘紧包着节间，有保护茎秆和储藏养分的作用；叶片着生于叶鞘顶部的叶环之上，是光合作用的重要器官；叶舌着生于叶鞘与叶片交接处，紧贴茎秆，有防止雨水、病菌、害虫侵入叶鞘内侧的作用。

（4）花。玉米是雌雄同株异化作物，依靠风力传粉，天然杂交率一般为 95%左右，故为异花授粉作物。

1）雄花序。雄花序又称雄穗，着生于茎秆顶部。雄穗主轴与茎秆相连并向四周分出若干分枝，分枝数目因品种不同而异，一般有 15～25 个，多的达 40 个左右。雄穗主轴较粗，周围着生 4～11 行成对排列的小穗。分枝较细，通常仅生 2 行成对排列的小穗。每对雄性小穗中，一为有柄小穗位于上方，一为无柄小穗位于下方，每个雄性小穗有两朵雄性小花。每朵雄性小花雄蕊的花丝顶端着生花药，雄蕊未成熟时花丝很短，成熟时，外颖张开，花丝伸长，使花药露出颖片外面，散出花粉，即为开花。

2）雌花序。雌花序又称雌穗，为肉穗花序，受精结实后即为果穗。雌穗由叶腋中的腋芽发育而成，着生于穗柄的顶端。玉米除上部 4～6 节外，全部叶腋中都形成腋芽，一般基部 4～5 节的腋芽不发育或形成分蘖，位置稍高的腋芽停留在分化的早期阶段，只有最上部 1～2 个腋芽正常发育形成果穗。

玉米的果穗为变态的侧茎。果穗柄为短缩的茎秆，节数随品种不同而异。果穗柄各节着生一仅有叶鞘的变态叶，称为苞叶，苞叶包着果穗起保护作用。果穗的穗轴肥大，呈白色或红色，一般其重量占果穗总重量的 20%～25%。穗轴节很密，每节着生两个无柄小穗，成对排列成行，每个小穗内有两朵小花，上花结实，下花退化，故果穗上的籽粒行数常呈偶数。结实小花的雌蕊由子房、花柱和柱头所组成。通常将花柱和柱头总称为花丝。

雌穗花丝开始抽出苞叶，为雌穗开花（吐丝），一般比同株雄穗开花晚 2～3 天，也有雌雄穗同时开花的。在一个果穗上，一般位于果穗基部往上 1/3 处的小花先吐丝，然后向上、下两个方向伸展，顶部小花的花丝最晚吐出苞叶。玉米的雄穗和雌穗如图 4—2 所示。

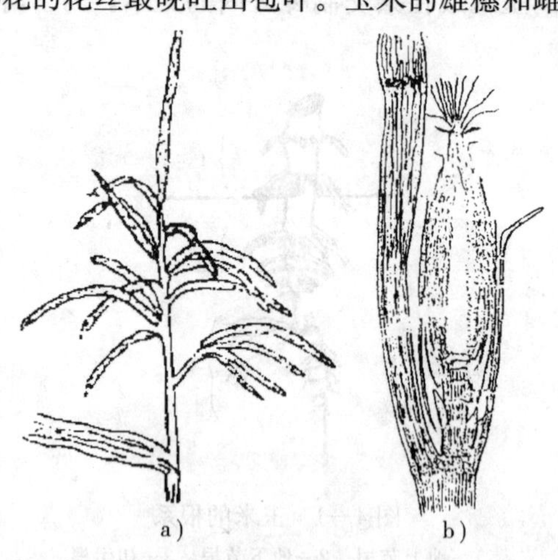

图 4—2　玉米的穗

a）雄穗　b）雌穗

3）开花与授粉。玉米开花时，雄穗花药破裂散出大量的花粉。有微风时花粉只能散落在植株周围 1 m 多的范围内，风大时花粉可散落在 500～1 000 m 甚至更远的地方。花粉借助风力传到花丝上的过程，称为散粉。花粉发芽形成花粉管进入子房到达胚囊，将来发育成种子。

（5）种子。玉米的种子实质上是果实（颖果），其形态、大小和色泽多样。一般千粒重为 200～300 g，小的仅 50 g，最大可达 400 g 以上。种子的颜色有黄、白、紫、红和花斑等色，我国栽培最常见的为黄色与白色两种。形态上有的种子近于圆形，顶部平滑，如硬粒型玉米；有的扁平，顶部凹陷，如马齿型玉米；有的表面皱缩，如甜质型玉米；也有粒型椭圆，顶尖，形似米粒，如爆裂型玉米等。

玉米的种子是由种皮、胚乳和胚 3 个主要部分组成。另外，在种子的下端有一“尖冠”，它使种子附着在穗轴上，并且保护胚。玉米种子外形如图 4—3 所示。

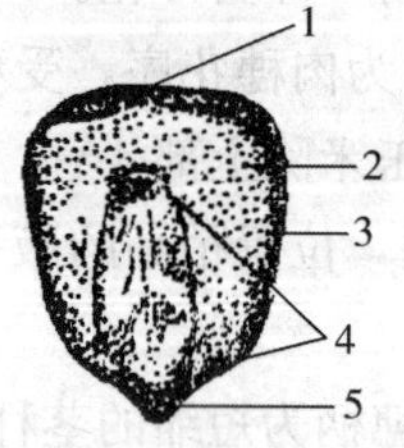

图 4—3　玉米种子外形

1—花柱遗迹　2—胚乳　3—种皮　4—胚　5—尖冠

1）种子的形成过程。雌穗受精后花丝凋萎，即转入以籽粒形成为中心的时期。种子形成过程大致分为4个时期：籽粒形成期（灌浆期）、乳熟期、蜡熟期和完熟期，各个时期所需天数因品种和环境条件不同而异。种子形成时期及其特点见表4—1。

表4—1　种子形成时期及其特点

形成时期	各个时期种子的特点
籽粒形成期	植株果穗中部籽粒体积基本建成，胚乳呈清浆状
乳熟期	植株果穗中部籽粒干重迅速增加并基本建成，胚乳呈乳状后至糊状
蜡熟期	植株果穗中部籽粒干重接近最大值，胚乳呈蜡状，用指甲可以划破
完熟期	植株籽粒干硬，籽粒基部出现黑色层，乳线消失，并呈现出品种固有的颜色和光泽

2）玉米籽粒的类型。按照籽粒形状、胚乳性质与有无稃壳，可以将玉米籽粒分为9个类型。玉米籽粒类型及其特点见表4—2。

表4—2　玉米籽粒类型及其特点

类型	籽粒特点
马齿型	籽粒长大呈扁平或长楔形，粉质淀粉分布于籽粒的顶部及中部，两侧为角质淀粉，成熟时粉质的顶部比角质的两侧干燥得快，因而凹陷成马齿状。籽粒有黄、白等颜色，不透明
半马齿型	这是硬粒型和马齿型的杂交类型，籽粒的大小形态和胚乳的性质介于硬粒型和马齿型之间，籽粒有黄、白色。最明显的特征是籽粒顶部凹陷，深度比马齿型的浅
硬粒型	也称燧石种或普通种。籽粒圆形，坚硬饱满，透明而富有光泽。籽粒顶部及四周的胚乳均为角质淀粉，籽粒有黄、白、红和紫等颜色
粉质型	又名软粒型，性状与硬粒型相似，缺角质胚乳，完全由粉质胚乳组成，籽粒呈乳白色，内部松软不具光泽
甜质型	籽粒几乎全为角质胚乳，胚较大，成熟时表面皱缩，半透明，含糖量较高
糯质型	又名蜡质型。籽粒中的胚乳多为支链淀粉所组成，表面无光泽，呈蜡状，不透明，水解后形成糊精
爆裂型	又名麦玉米。籽粒较小，坚硬而透明，顶端凸起。籽粒几乎全为角质胚乳所构成，遇高热时有较大的爆裂性。依籽粒的形状又可分为米粒型和珍珠型两类
甜粉型	籽粒上部为甜质型角质胚乳，含糖量较高，下部为粉质胚乳
有稃型	籽粒包于长壳内，有的具芒。籽粒外皮坚硬，横断面角质胚乳环生外层，有各种性状和颜色，是原始类型，已很少栽培

2. 生育期

玉米从出苗至成熟的天数，称为生育期。玉米生育期的长短与品种、播种期和温度等有关。一般在早熟品种、播种晚的和温度高的情况下，生育期短；反之则长。我国栽培的玉米品种生育期一般在70～150天，所需积温在1 800～2 800℃范围内，一共可以分为以下3种类型。

（1）早熟品种。春播时生育期为70～100天，要求积温为2 000～2 300℃。植株较矮，叶片较少，一般叶数为 14～17 片，籽粒较小，千粒重为 150～200 g。

(2) 中熟品种。春播时生育期为 100～120 天，要求积温为 2 300～2 500℃。植株性状介于早熟和晚熟品种之间，千粒重 200～300 g，适应地区较广，叶片为 18～21 片。生育期长短，随环境条件的改变而有所不同，即使同一品种在同一地区，也因播种期早晚而影响生育期的长短。

(3) 晚熟品种。春播生育期为 120～150 天，积温为 2 500～2 800℃。植株高大，叶片较多，一般为 21～25 片叶，籽粒较大，千粒重在 300 g 以上，产量较高。

3. 生育时期

在玉米的一生中，由于自身量变和质变的结果及环境变化的影响，不论外部形态特征还是内部生理特性，均会发生不同的阶段性变化，这些阶段性变化称为生育时期。

(1) 出苗期。幼苗出土高为 2～3 cm 的日期。

(2) 拔节期。植株雄穗伸长，茎节总长度达 2～3 cm，叶龄指数为 30 左右。

(3) 大喇叭口期。来源于民间俗称。此时植株外形大致是棒 3 叶（果穗叶及其上、下两叶）开始甩出而未展开，心叶丛生，上平中空，状如喇叭，最上部展出叶与未展出叶之间，在叶鞘部位能摸出发软而有弹性的雄穗。此期雌穗进入小花分化期，雄穗进入四分体期，叶龄指数为 60 左右。

(4) 抽雄期。植株雄穗尖端露出顶叶 3～5 cm。

(5) 开花期。植株雄穗开始散粉。

(6) 吐丝期。植株雌穗的花丝从苞叶中伸出 2 cm 左右。

(7) 成熟期。玉米苞叶变黄而松散，籽粒剥掉尖冠出现黑层（达到生理成熟的特征），籽粒经过干燥脱水变硬呈现显著的品种特点，称为成熟。

二、玉米生长发育对环境条件的要求

1. 温度

玉米是喜温作物。整个生育期都需要较高的温度，但各生育期对温度的要求有所不同。玉米种子一般在 6～7℃开始发芽，但易霉烂，10～12℃发芽较为适宜，25～35℃时发芽最快。生产上把土壤表层 5～10 cm 地温稳定在 10～12℃时作为春玉米播种的适宜时期。

玉米出苗的快慢，在适宜的土壤水分和通气良好的情况下，主要受温度的影响。一般在 10～12℃时，播种后 18～20 天出苗；在 15～18℃时，8～10 天出苗；在 20℃时 5～6 天就可以出苗。玉米苗期遇到 2～3℃的霜冻，幼苗就会受到伤害。

春玉米出苗后，幼苗随着温度上升而逐渐生长。当日平均温度达到 18℃以上时，植株开始拔节，并以较快的速度生长。在一定的范围内，温度越高生长越快。

玉米抽雄、开花期要求日平均温度达 26～27℃，此时是玉米一生中要求温度较高的时期，在温度高于 32～35℃、空气相对湿度接近 30%的高温干燥气候条件下，花粉常因迅速失水而干枯，同时花丝也容易枯萎，因而常造成受精不完全，产生缺粒现象。及时灌水，进行人工辅助授粉，可以减轻这种损失。

玉米灌浆成熟期间，适宜的日均温度为20～24℃，最适的温度是22～24℃。若有超过25℃的连续高温，灌浆速度下降，会出现“高温迫熟”现象。即当玉米进入灌浆期后，受到高温影响，营养物质运转和积累受到阻碍，籽粒迅速失水，未进入完熟期就被迫停止成熟，以至籽粒皱缩不饱满，千粒重降低，严重影响产量。若低于16℃时，籽粒灌浆速度极慢或停止。

2. 光照

玉米属短日照作物，但不典型，在长日照（18 h）的情况下仍能开花结实。同时，它还是高光效的高产作物，要想达到高产，就要求光合作用强度高、光合作用面积大和光合作用时间长。如果玉米种植密度过大，或阴天较多，即使玉米种在土壤肥沃和水分充足的土地上，也会造成植株软弱，使空秆率增加，产量降低。因此，在栽培技术上，通风透光，获取较充足的光照，是保证玉米丰产的必要条件。

3. 水分

玉米是需水较多的作物，从种子发芽、出苗到成熟的整个生育期间，除了苗期应适当控制土壤水分进行蹲苗外，自拔节至成熟，都必须适当地满足玉米对水分的要求，才能使其正常地生长发育。因此，必须根据降水情况和墒情，及时灌溉或排水，使玉米各个生育阶段处在一个适宜的土壤水分条件下，再配合其他栽培技术措施，才能获得玉米的高产和稳产。

玉米全生育期需水量为3 000～5 400 m^3/hm^2，而不同生育时期对水分的要求有所不同。玉米各生育期需水量及土壤适宜持水量见表4—3。

表4—3　　玉米各生育期需水量及土壤适宜持水量

生育时期	占总需水量（%）	土壤持水量	
		40%时减产	适宜范围
播种—出苗	3.1～6.1		70%
出苗—拔节	15～17	15%	60%
拔节—抽雄	23～29	4%	70%～75%
抽雄—灌浆	14～29	38%	75%～80%
灌浆—成熟	19～31	8%～12%	70%～75%

苗期需水较少，适当干旱（蹲苗）有增产作用，一般不需浇水；穗期需水较多，但干旱减产不明显，因其生殖器官保水能力较强，如干旱靠临近抽雄期则减产明显，特别是“卡脖旱”；抽雄—灌浆需水达一生高峰，缺水减产最多；灌浆—成熟期需水逐渐减少，缺水减产的原因是减少了穗粒重，因此后期不应过早停水。玉米需水临界期为抽雄前10天至抽雄后20天。

第二节　玉米栽培技术

一、播前准备

1. 选地与选茬

(1) 选地。玉米适应性较强，对土壤要求不十分严格，但玉米具有需水量肥量大、耐涝性弱的特点。因此要获得高产，应具备土层深厚、结构良好、疏松通气、耕层有机质和速效养分高、土壤渗水保水性能好的土壤条件。

适于种植玉米的土壤类型较多，以黑土最适宜，白浆土、盐碱土上种植玉米产量低下，为获得高产应注意增施肥料。

玉米高产的共同经验是狠抓土、肥和水的基本建设，不断改善生产条件，改良土壤，使之沙黏适中，大小孔隙比例适中，深耕加厚活土层，提高土壤渗吸能力，力争蓄水多。增施有机肥，改良土壤，增强持水能力，才能为玉米丰产创造一个良好的、保水排水强的土壤条件。

(2) 选茬。玉米对前茬要求不严格，比较耐连作，但连作年限不得超过2年。据调查，连作3年减产58%、空秆率27%；连作4～5年，减产72%、空秆率36%～41%。连作减产的原因是土壤肥力低，黑粉病、丝黑穗病及玉米螟等的危害，因此要进行合理轮作。

玉米良好的前茬有小麦、大豆和马铃薯。在谷子、高粱和甜菜茬上种植玉米减产。谷子茬减产的主要原因是速效养分不足；高粱和甜菜茬减产是因为常常发生紫苗，这也是由于速效养分不足，特别是缺磷造成的。若不得已连作或在以上不宜的茬口上种植玉米，需要增施有机肥，并在播种时注意氮、磷和钾肥配合施用，以提高玉米产量。

2. 整地与施肥

(1) 深耕整地。高产稳产田的特点是具有疏松软绵、上虚下实的海绵状土体构造，因此，应根据本地区的土壤条件和生产特点采取深耕改土的耕整地措施。

春玉米地应在前茬收获后，及时灭茬进行秋深耕或耙茬深松，既可以熟化土壤、积蓄雨雪、沉实土壤，又可以使土壤经冬春冻融交替后耕层松紧度适宜，保墒效果好，有效肥力高。有条件的地方，结合秋季耕地施入有机肥，效果更好。高产玉米深耕应达23～27 cm，具体深度还要视原来耕层深度和基肥用量灵活掌握。应翻、耙、起垄连续作业，做到无漏耕、无立垡和无坷垃，及时起垄，垄距一般为65～70 cm。

秋耕宜早不宜晚，但对积雨多、低洼潮湿地、土壤耕性差、不宜耕作的地块，可在早春耕地。前茬腾地晚，来不及冬深耕，应尽早春耕，随耕随耙，防止跑墒。晚春耕不仅熟化时间短，而且春季气温上升快，风多、风大跑墒严重，影响播种出苗。

(2) 合理施肥。玉米是高产作物，也是需肥较多的作物。一生中吸收的养分以氮为最多，钾次之，磷较少。每生产 100 kg 玉米籽粒需吸收 N 3.43 kg，P_2O_5 1.23 kg，K_2O 3.26 kg，N∶P∶K=3∶1∶2.8。

玉米不同生育时期，吸收氮、磷、钾的速度和数量是不同的。一般来说，幼苗期生长慢，植株小，吸收的养分少。拔节至开花期生长很快，此时正值雌、雄穗形成发育时期，吸收养分速度快、数量多，是玉米需要营养的关键时期。此时供给充足的营养物质，能够促进穗多、穗大。生育后期，吸收速度逐渐缓慢，吸收量也减少。

玉米施肥应掌握“基肥为主，种肥、追肥为辅；有机肥为主，化肥为辅；基肥、磷钾肥早施，追肥分期施”等原则。

施肥量应根据产量指标、地力基础、肥料质量、肥料利用率、密度、品种等因素灵活运用。提倡和推广测土配方平衡施肥。所谓配方平衡施肥是指综合运用现代农业科技成果，根据作物需肥规律、土壤供肥性能与肥料效应，在以有机肥为基础的条件下，采用氮、磷、钾和微量元素肥料的适宜用量比例及相应的施肥技术。

1) 基肥。基肥又称底肥，播种前施入，应以有机肥料为主，化肥为辅。基肥的主要作用是培肥地力，疏松土壤，缓慢释放养分，供给玉米幼苗期和生育后期生长发育的需要。

基肥使用量一般是有机质含量在 5%以上的农家肥，施用 30～45 t/hm^2，最好在翻地或打垄前撒施或条施。当秋季来不及翻地、整地时，早春应抓紧进行春整地，结合整地施入。有机肥做基肥时，最好与磷肥一起堆沤，施用前再掺入氮肥，以减少土壤对磷的固定。氮、磷混合施用，以磷固氮，可以减少氮素的挥发损失，提高肥效。

2) 种肥。施用种肥以速效化肥为主。种肥施用数量应根据土壤肥力、基肥用量而定。在施用基肥较多的情况下，可以少施或不施用种肥；反之，可以多施种肥。种肥宜穴施或条施，施用化肥应使其与种子隔离或与土壤混合，预防烧伤种子。

3) 追肥。玉米是需肥较多和吸肥较集中的作物，出苗后单靠基肥和种肥往往不能完全满足其对养分的需要。因此，必须在玉米生育期间追肥，以促进玉米的正常生长。按照玉米不同生育时期追施的肥料，可分为苗肥、拔节肥、穗肥和粒肥 4 种。

①苗肥。没有施底肥或施肥不足的玉米，定苗后要抓紧追肥。对弱苗必须实行“单株管理”，给 3 类苗追施“捉苗肥”可用“打肥水针”的办法，偏攻弱苗，使它们能迅速生长，赶上一般植株高度，这样才能保证大面积植株整齐健壮，平衡增产。

②拔节肥。玉米进入拔节期以后，营养体生长加快，雄穗分化正在进行，雌穗分化将要开始，对营养物质的要求日渐迫切，故应及时追施拔节肥。拔节肥的施用量，要根据土壤、底肥和苗情等情况来决定。拔节肥以施速效氮肥为主，但在磷肥和钾肥施用有效的土壤上，可酌量追施一部分磷、钾肥。

③穗肥。穗肥是指在雌穗生长锥伸长期至雄穗抽出前追施的肥料。此时期是决定果穗大小、籽粒多少的关键时期。这时重施穗肥，肥水齐攻，既能满足穗分化的肥水需要，又能使

运入果穗的养分增加，粒多而饱满，从而提高产量。在土壤较肥沃、施基肥和种肥的情况下，如果追肥数量不多，集中施用穗肥的效果很好。如前期幼苗生长正常，追肥数量多，品种生育期长，以分期追肥重施穗肥的增产效果为好，穗肥可占追肥总量的 60%～70%，拔节肥可占 20%～30%。

④粒肥。为防止春玉米后期脱肥，在抽雄后至开花授粉前，可结合浇水，追施粒肥。粒肥要适期早施，用量不宜过多，约占追肥总量的 10%。

另外，在玉米抽雄开花后，可根外喷施磷肥，对促进养分向籽粒运输，增加粒重有明显的作用。一般用 0.4%～0.5%的磷酸二氢钾溶液或 3%～4%的过磷酸钙澄清浸出液，用量为 1 200～1 500 kg/hm^2，喷于茎叶上，效果显著。

3. 优良品种的选用

选择玉米优良品种的主要依据：一是生育期适中，既能很好利用当地积温，又能充分发挥品种的增产潜力；二是选用高产、稳产、质佳和抗逆性强的品种；三是充分考虑当地的栽培水平和投入条件；四是实行品种合理搭配；五是根据栽培目的选用品种。北方省份常见优良玉米品种见表 4—4。

表 4—4　北方省份常见优良玉米品种

序号	品种名	特　点
1	龙单 50	黑龙江省农业科学院玉米研究所选育。在适应区出苗至成熟生育日数为 113 天左右，需不少于 10℃活动积温 2 230℃左右。适宜在黑龙江省第三积温带种植
2	东农 251	东北农业大学选育。出苗至成熟日数为 105～110 天，需活动积温 2 250～2 300℃。抗大斑病和丝黑穗病。适宜黑龙江省第三积温带种植
3	绥玉 18	黑龙江省农业科学院绥化农科所选育。生育日数 118 天左右，活动积温 2 342℃左右。适宜在黑龙江省第二积温带下限种植
4	吉农大 578	吉林省农业大学科茂种业有限责任公司选育。东北早熟春玉米区出苗至成熟 123 天左右，需不小于 10℃，积温 2 400℃左右。抗丝黑穗病，中抗大斑病、茎腐病和玉米螟，感弯孢菌叶斑病。适宜在辽宁省东部山区、吉林省中熟区、黑龙江省第一积温带下限、内蒙古赤峰市种植
5	吉单 88	吉林省农业科学院玉米研究所选育。东北、华北春玉米区出苗至成熟 130 天左右，需不小于 10℃积温 2 850℃左右。高抗玉米螟，抗大斑病、丝黑穗病和灰斑病，感茎腐病和弯孢菌叶斑病。适宜在吉林省中晚熟区、北京、天津、河北北部、山西中晚熟区、辽宁和陕西延安市春播种植
6	辽单 527	辽宁省农业科学院玉米研究所选育。东北、华北春玉米区出苗至成熟 130 天左右，需不小于 10℃有效积温 2 700℃左右。高抗茎腐病，抗丝黑穗病、灰斑病、大斑病、纹枯病和玉米螟，中抗弯孢菌叶斑病。适宜在辽宁、河北北部、山西、吉林晚熟区（四平除外）、陕西延安市春播种植
7	中农大 4	中国农业大学选育。在东北、华北地区出苗至成熟 130 天左右，需有效积温 2 800℃以上。高抗大斑病，抗灰斑病和玉米螟，中抗丝黑穗病、茎腐病和弯孢菌叶斑病。适宜在天津、山西中晚熟区、辽宁（丹东除外）、吉林长春中晚熟区、河北张家口和秦皇岛春播种植

续表

序号	品种名	特　点
8	农华 101	北京金色农华种业科技有限公司选育。在东北、华北地区出苗至成熟 128 天左右，需有效积温2 750℃左右。抗灰斑病，中抗丝黑穗病、茎腐病、弯孢菌叶斑病和玉米螟，感大斑病。适宜在北京、天津、河北北部、山西中晚熟区、辽宁中晚熟区、吉林晚熟区、内蒙古赤峰地区、陕西延安市春播种植
9	齐单 1	山东鑫丰种业有限公司选育。在东北、华北春玉米地区出苗至成熟 131 天左右，需有效积温2 800℃左右。高抗茎腐病、纹枯病和玉米螟，抗丝黑穗病，中抗弯孢菌叶斑病，感大斑病。适宜在天津、河北北部、山西、辽宁、吉林晚熟区、内蒙古赤峰地区、陕西延安市春播
10	安玉 13	河南省安阳市农业科学研究所选育。在东北、华北地区出苗至成熟 127 天左右，需有效积温2 550℃左右。高抗大斑病，抗灰斑病和玉米螟，中抗弯孢菌叶斑病和纹枯病，感丝黑穗病。适宜在北京、天津、山西、辽宁沈阳和锦州地区、吉林四平地区、内蒙古赤峰地区、陕西延安市春播种植

4. 种子处理

（1）精选种子。种子精选可采用过筛选和粒选等方法，除去霉坏、破碎、混杂及遭受病虫危害的籽粒，以保证种子有较高的质量。对选过的种子，特别是由外地调换来的良种，都要做好发芽试验。一般要求发芽率达到 90%以上，如低于 90%，要酌情增加播种量。

（2）种子处理。在精选种子、做好发芽试验的基础上通过晒种、浸种和药剂拌种等方法，增强种子发芽势，提高发芽率，并可减轻病虫危害，以达到苗早、苗齐和苗壮的目的。

1）晒种。晒种能促进种子后熟，降低含水量，增强种子的生活力和发芽能力。试验证明，经晒种后，出苗率可提高 13%～28%，提早出苗 1～2 天，并且能减轻玉米丝黑穗病的危害。方法是选择晴天把种子摊在干燥向阳的地上或席上，连续晒 2～3 天，并要经常翻动种子，晒匀、晒到。

2）浸种。可增强种子的新陈代谢作用，提高种子的生活力，促进种子吸水萌动，提高发芽势和发芽率，并使种子出苗快、出苗齐，对玉米苗全、苗壮和提高产量均有良好的作用。方法如下：用冷水浸种 12～24 h，温烫（两开兑一凉或水温 55～58℃）浸种 6～12 h，比干种子均有增产效果。在生产上，也有用腐熟人尿 25 kg 兑水 25 kg 浸泡 6 h 或用腐熟人尿 15 kg 兑水 35 kg 浸 12 h，可肥育种子，提早出苗，促使苗齐、苗壮，但必须随浸随种，不要过夜；还有用 500 倍磷酸二氢钾溶液浸种 12 h，可促进种子萌发，增强酶的活性。

必须注意的是，在土壤干旱又无灌溉条件的情况下，不宜浸种。因为浸时的种子胚芽已经萌动，播在干土中容易造成“回芽”（或称烧芽），不能出苗，导致损失。

3）药剂拌种。为了防治病害，在浸种后可用 0.5%的硫酸铜拌种，可以减轻玉米黑粉病的发生；还可用 20%萎锈灵拌种，用药量是种子量的 1%，可防治玉米丝黑穗病。

对于地下害虫如金针虫、蝼蛄、蛴螬等，可用 50%辛硫磷乳油，用药量为种子量的 0.1%～0.2%，用水量为种子量的 10%，稀释后进行药剂拌种，或进行土壤药剂处理或用毒谷、毒饵等，随播种随撒在播种沟内，都有显著的防治效果。

4）种子包衣。种子包衣是一项种子处理的新技术，就是给种子裹上一层药剂。它是由杀虫剂、杀菌剂、复合肥料、微量元素、植物生长调节剂和成膜物质加工制成的，在种子播种后具有抗病、抗虫及促进生根、发芽的能力。拌种用量一般为种子量的1%～1.5%。包衣的方法有两种：一是机械包衣，由种子部门集中进行，适用于大批量种子处理；另一种是人工包衣，即在圆底容器中按药剂和种子比例，边加药边搅拌，使药液均匀地涂在种子表面。

二、播种技术

1. 适时早播

（1）适时早播的好处。适时早播，可做到抢墒播种，充分利用早春土壤水分，有利于种子吸水萌发，提高保苗率；可以延长玉米生长期，充分利用光能、地力，促进果穗充分发育，使种子充实饱满，提高产量；可以减轻病虫危害，在地下害虫发生以前发芽出苗，至虫害严重时，苗已长大，抵抗力增强，从而减轻苗期虫害，保证全苗，同时还可以避免或减轻中后期玉米螟危害；在春季低温条件下，不利于黑粉病孢子发芽，可以减轻或避免玉米发病；可以增强抗倒伏能力，幼苗在低温和干旱环境条件下，地上部生长缓慢而根系发达，根群能向下深扎，茎组织生长坚实，节间短粗，植株较矮，抗旱、耐涝和抗倒伏能力增强。

但是若过早播种，对玉米生长也不利。常因种子长期处在土壤低温条件下，发芽缓慢，容易引起霉烂或出苗不齐，有时还可能遇到晚霜危害，导致严重减产。

（2）适宜播种期。玉米的播种期，主要根据温度、墒情和品种特性来确定。

1）温度。玉米在水分、空气条件基本满足的情况下，播后发芽出苗的快慢与温度有密切关系。在一定温度范围内，温度越高，发芽出苗就越快；反之就慢。生产上当距土壤表层5～10 cm深处温度稳定在8～10℃时开始播种为宜。

2）墒情。玉米种子发芽，除要求有适宜的温度、空气外，还需要有一定的水分，即需要吸收占种子绝对干重的48%～50%的水分。播种深度的土壤水分，达到田间持水量的60%～70%，才能满足玉米种子发芽出苗的需要。

3）品种特性。我国各地玉米品种很多，各有适应不同气候条件的特性。由于玉米品种特性不同，各有其适宜的播种期，必须按照品种特性来掌握播种期，才能使各个品种或杂交种在适宜的环境条件下生育良好。我国北方种植的早熟、中熟和晚熟3种玉米生育类型，生育期长的晚熟品种一般适当早播，迟播则在生育后期会遇到低温或早霜，不能正常成熟，易降低产量和品质。生育期较短的早、中熟品种可适当晚播。

因此，决定玉米适宜的播种期，必须根据当地、当时的温度、墒情和品种特性，当然也与土质、地势和栽培制度有关，应加以全面考虑。既要充分利用有效的生长季节和有利的环境条件，又要充分发挥品种的高产特性；既要使玉米丰产，也要为后茬作物创造增产条件，以达到全年丰收的目的。例如，黑龙江省玉米产区，玉米生育期间不小于10℃活动积温在

2 700℃以上的地区，一般玉米最适播期为 4 月 15 日至 25 日；玉米生育期间活动积温在 2 500℃～2 700℃的地区，最适宜的播种期为 4 月 20 日至 5 月 1 日；玉米生育期间活动积温在 2 300℃～2 500℃的地区，最适播种期为 4 月 25 日至 5 月 5 日。辽宁省适宜播种期的指标是，土壤相对含水量在 60%～70%，5～10 cm 地温稳定通过 8～10℃即可开犁播种。吉林省当地温稳定在 7～8℃后开始播种，一般为 4 月 25 日至 5 月 5 日。

2. 播种技术

改进播种技术，提高播种质量，是保证苗全、苗齐和苗壮的重要措施。

(1) 播种方法

1) 人工埯种。可保证播种质量，节省种子，便于集中施肥和田间管理等作业。在机械力量不足的情况下，可采用人工催芽或催芽坐水埯种。土壤底墒充足，含水量高于 20%的地块可直接催芽埯种。土壤含水量低于 18%～20%的地块，必须催芽坐水补墒埯种。

2) 机械播种。机械播种时能一次完成开沟、施肥、投药、播种、覆土、镇压和灭草等多种作业。可以做到播深一致，覆土均匀，缩短播期。

①机械垄上播种。机械垄上播种是在耙茬起垄，或平翻起垄，或深松起垄，或有深翻基础的原垄上进行。均可采用单体播种机精量等距点播，播后及时镇压。播种时种子和化肥同时播下，但要注意做到种肥分层，以免产生“烧种”现象。

②机械平播后起垄。在平翻或耙茬整地的地块，利用精量点播机或 48 行谷物播种机等机引机具平播，播后镇压，苗期起垄。可做到抢墒播种，播深一致，覆土均匀，深施肥料，缩短播期。

(2) 合理密植。合理密植就是根据内、外因素确定适宜的密度，使群体与个体之间的矛盾趋向统一，使构成产量的穗数、粒数和粒重的乘积达到最大值，以达到提高单位面积产量的目的。合理密植是实现玉米高产、优质、高效的中心环节。

合理密植的原则是：肥地宜密，瘦地宜稀；水足地宜密，水少地宜稀；早熟品种和矮秆品种宜密，晚熟品种和高秆品种宜稀；株型紧凑品种宜密，平展型品种宜稀；间作宜密，清种宜稀；育苗移栽、青储玉米和青饲玉米宜密。

各地密植的适宜幅度，应根据当地的自然条件、土壤肥力及施肥水平、品种特性、栽培水平等确定。一般平展型粒用玉米，早熟品种为 6 万～7 万株/公顷，中晚熟品种为4.5 万～6 万株/公顷，紧凑型粒用玉米中晚熟品种为 6 万～7.5 万株/公顷。

(3) 播种量。因种子大小、种子生活力、种植密度、播种方法和栽培目的不同而不同。凡是种子大、种子生活力低和种植密度大时，播种量应适当增加；反之，应适当减少。一般人工埯种播量为 22.5～37.5 kg/hm^2，机械点播播量为 38～45 kg/hm^2。

(4) 播种深度。玉米播种要求做到播深一致，覆土均匀。播种深度是根据土质、墒情和种子大小而定，一般以 4～5 cm 为宜。如果土壤黏重、墒情好，应适当浅些；如果土壤质地疏松，易于干燥的沙质土壤，应播种深些，可增加到 6～8 cm，但最深以不超过 10 cm 为宜。

三、田间管理

田间管理是按照玉米的生长发育规律，针对各个生育阶段的特点，进行人为的调控，运用铲蹚、水肥管理等措施进行的促控，以满足玉米不同生育时期对水分和养分的需要，克服低温、干旱、病虫草害等不利自然环境条件，使玉米生长发育按照自身规律以最佳的方式进行，充分发挥增产潜力，从而达到优质、高效的目的。

1. 苗期管理

苗期根系生长快，但茎叶生长缓慢；地上部生育良好，根系也相应地发达。防止地上部茎叶徒长，是苗期管理的主要任务。北方春季温度低，并伴随着干旱，直接影响玉米根系的生长，使地上部发苗缓慢，起身晚。该时期一切田间管理的耕作栽培措施，均要以促进根系生长、发育为主要任务，使玉米个体分布均匀，减少缺苗，从而达到苗全、苗齐、苗匀和苗壮的目的。

（1）查苗补苗。玉米在播种出苗过程中，常由于种子发芽率低，施种肥不当而“烧苗”，或因漏播、种子芽干或落干，坷垃压苗，以及地下害虫为害等原因，造成玉米缺苗。所以，玉米出苗后应立即进行查苗补苗，补栽事先准备好的预备苗。补栽的苗，以苗龄2～3叶为宜，补栽时最好是在下午或阴天带土移栽，以利缓苗，提高成活率。移栽时，必须带土团，若土壤含水量低于20%时应坐水移栽。

（2）深松或铲前蹚一犁。深松或铲前蹚一犁是促熟增产措施。干旱时可以切断土壤毛细管，减少水分蒸发，起防旱保墒作用；涝年、涝区也会起到散墒防涝作用。要做到“一个重点，四个结合”，一个重点是以原垄种或翻得浅的地块为重点。四个结合，一是出苗前深松和出苗后深松相结合，垄型一致时，可出苗前松，精量点播无垄型或平作地块，为防止豁苗可出苗后深松；二是雨前深松和雨后深松相结合，平、洼地块墒情好，可以雨前深松，岗地和干旱地块，可以雨后深松；三是铲前深松与铲后深松相结合，以缓解机械和畜力紧张状况；四是畜力和机械相结合，由于各地垄距、播法不一致，可采取多种深松方法相结合，真正做到适地适松，效果较好。

（3）间苗定苗。要根据品种、地力、肥水条件和栽培管理水平，确定合理的密植范围，先间苗后定苗，以保证每公顷密度。

适时进行间苗、定苗，可以避免幼苗拥挤，相互遮光，节省土壤养分和水分，以利培育壮苗。间苗、定苗时间，一般以3～4片叶进行为宜。间苗、定苗时留壮苗，叶片同垄向垂直的苗，拔掉病苗、弱苗、杂苗。幼苗期丰产长相是：叶片宽大，根深，叶色浓绿，茎基发扁，生长敦实，可作为留苗依据。在春旱严重、虫害较重的地区，间苗可适当晚些。间苗、定苗应在晴天下午进行，定苗后还要结合中耕除草，破除土壤板结，促进根系发育，达到壮苗早发的目的。

（4）中耕除草。中耕是玉米苗期促下控上的主要措施。中耕可疏松土壤，流通空气，促进根系生长，而且还可消灭杂草，减少地力消耗，并促进有机质的分解。对于春玉米，中耕还可提高地温，促进幼苗健壮生长。

在已进行深松或铲前蹚一犁的地块，一般苗期中耕 2 次。第一次铲蹚结合间苗、定苗进行，耕深 6～9 cm。第二次要在拔节前进行，耕深 10 cm 以上，蹚成“张口垄”。

2. 穗期管理

这一时期生育特点是营养生长与生殖生长同时并进，干物质生产约 90%用于营养器官，10%左右用于生殖器官的幼穗分化和形成。茎叶生长旺盛，雄穗、雌穗已先后开始分化。该时期是玉米一生中生长最快的时期，是需肥、需水临界期。这一时期的主攻目标是促进植株生长健壮和穗分化正常进行，为优质高产打好基础。玉米中低产区，应加强肥水管理，促进其健壮生长，防止生育后期脱肥；玉米高产区，要防止肥水供应过多，造成徒长，贪青晚熟。

(1) 中耕培土。培土可促进根系大量生长，防止倒伏并利于排灌。在干旱年份、干旱地区或无灌溉条件的丘陵地区，不宜培土。多雨年份，地下水位高的地区培土的增产效果明显。此次中耕，时间约在 6 月下旬至 7 月上旬，玉米已进入拔节期，因此，中耕不宜太深，以免伤根。培土高度为 8～10 cm，形成“碰头垄”。

(2) 除蘖（打杈子）。玉米拔节前，茎秆基部可以长出分蘖，但分蘖量少，既与品种特性有关，也和环境条件有密切的关系。一般当土壤肥沃、水肥充足、稀植早播时，其分蘖多，生长也快。由于分蘖比主茎形成晚，不结穗或结穗小，晚熟，并且与主茎争夺养分和水分，应及时除掉，否则影响主茎的生长与发育。因此，必须随时检查，一旦发现分蘖应立即除掉。

饲用玉米多具有分蘖结实特性，可保留分蘖，以提高饲料产量和籽粒产量。

(3) 灌溉或排水。大喇叭口期是玉米一生中的需水临界期，缺水会造成雌穗小花退化和雄穗花粉败育，严重干旱则会造成“卡脖旱”，使雌、雄开花间隔时间延长，甚至抽不出雄穗，降低结实率。所以，此期遇旱一定要浇水，使土壤水分保持在田间最大持水量的70%～80%。

玉米耐涝性差，当土壤水分超过田间最大持水量的 80%时，土壤通气状况和根系生长均受到不良影响。如田间积水又未及时排出，植株变黄，甚至烂根、青枯、死亡，所以遇涝应及时排水。

(4) 叶面喷肥。玉米生育中后期，为延长功能叶片生育，防止后期脱肥，加速灌浆，增加粒重，促进早熟，可进行叶面喷肥。

1）喷施磷酸二氢钾。此项措施是增磷、钾的补救措施。一般浓度为 0.05%～0.30%，可在玉米拔节至抽丝期在叶面喷施。

2）喷施锌肥。播种时没有施锌肥，而玉米生育过程中又出现缺锌症状时，可用浓度为 0.2%～0.3%的硫酸锌溶液，用量为 375～480 kg/hm^2，或 1%的氨基酸锌肥（锌宝），喷叶面肥时可同时加入增产菌，用量为 0.15 kg/hm^2。

3）喷施叶面宝。叶面宝是一种新型广谱叶面喷洒生长剂。其主要成分为 N 含量大于等于 1%，P_2O_5 含量大于等于 7%，K_2O 含量大于等于 2.5%，可在玉米开花前进行叶面喷施，用量为 75 mL/hm^2，加水900 kg，此法能促进玉米提早成熟 7 天左右，增产 13%。且有增强抗病能力与改善籽实品质的作用。

4）喷施玉米健壮素。玉米健壮素是一种植物生长调节剂的复配剂，它易被植物叶片吸收，进入体内调节生理功能，使叶形直立，且短而宽，叶片增厚，叶色深，株形矮健，节间短，根系发达，气生根多，发育加快，提早成熟，增产 16%～35%。喷药适期，植株叶龄指数为 50～60（即玉米大喇叭口后，雄穗快抽出前这段时间），每公顷 450 mL（15 支）兑水 225～300 kg，喷于玉米植株上部叶片。玉米健壮素不能与其他农药化肥混合喷施，防止药剂失效。喷药 6 h 后，下小雨不需重喷，喷药后 4 h 内遇大雨，可重新喷，药量减半。

5）喷施乙烯利。用乙烯利处理后的玉米株高和穗位高度降低，生育后期叶色浓绿，延长叶片功能期可提高产量，增产 8.4%～18.5%。用药浓度为 800 mg/L，喷洒时期以叶龄指数 65 为宜。

3. 花粒期管理

此阶段为生殖生长期，也称为产量形成期。干物质生产全部用于生殖生长，干物质积累速度逐渐降低。该时期的关键是保持较大的绿色光合作用面积，防止脱肥早衰，保持根系旺盛的代谢活力，增强吸肥、吸水能力，即地下部根系活而不死，地上部保持活秆绿叶，提高光合作用能力，促进籽粒灌浆速度，使粒多、粒饱，同时确保在秋霜来临时安全成熟。

（1）隔行去雄。去雄可减少雄穗养分消耗，满足雌穗生长发育对养分的需要，从而增产。玉米是喜光作物，去雄后可以改善生育后期通风透光条件，有利于籽粒形成，此外还可以减轻玉米螟的危害。

去雄应在玉米雄穗刚抽出 1/3，尚未散粉时进行。去雄过早，容易拔掉顶叶；过晚，如已开花散粉，会失去作用。但去雄株数不要超过总数的一半。边行 2～3 垄和小比例间作时不宜去雄，以免花粉不够而影响授粉；高温、干旱或阴雨天较长时，不宜去雄；植株生育不整齐或缺株严重地块，不宜去雄，以免影响授粉。去雄时严防损伤功能叶片、折断茎叶。

（2）人工辅助授粉。玉米雌穗吐丝往往比雄穗散粉晚 2～3 天，干旱年份相差更大，故吐丝较晚的果穗往往得不到足够的花粉。另外，在干旱、高温或阴雨等不良天气条件影响下，雄穗产生的花粉生活力低，寿命短，或雌雄开花间隔时间太长，影响授粉受精、结实。植株生长不整齐，发育较晚的植株雌穗吐丝时，花粉量不足，也会影响结实。因此，人工辅助授粉可保证受精良好，减少秃尖、缺粒。

人工辅助授粉一般在田间大部分植株吐丝时，选择晴朗微风的天气，在上午 8 时至 11 时露水干后进行。每隔 2～3 天进行 1 次，连续进行 2～3 次即可。可采用摇株法或拉绳法授粉，也可用授粉器授粉。

（3）放秋垄。放秋垄可铲去杂草，减少水分和养分消耗，防止杂草结实，减少来年地里的杂草。疏松土壤，提高地温，旱时保墒，涝时散墒。其作用集中表现在促熟增产。一般在 8 月上、中旬玉米灌浆期进行，要浅铲，不伤根和严防茎叶折断。

（4）站秆扒皮晾晒。站秆扒皮晾晒，可以加速果穗和籽粒的水分散失，是一项促进早熟的有效措施。宜在玉米蜡熟中期，籽粒有硬盖，用手掐不冒浆时进行。过早影响灌浆，过晚籽粒脱水，效果不良。方法是将苞叶扒开，使果穗籽粒全部露出。注意不要将果穗柄折断。

4. 玉米空秆、倒伏的原因及防止途径

空秆和倒伏是影响玉米产量的两个重要因素。空秆是指玉米植株未形成雌穗，或有雌穗不结籽粒。倒伏是指玉米茎秆节间折断或倾斜。空秆各地都有发生，一般在2%以上，严重的达20%～30%。倒伏也相当普遍，尤其在生长季节多暴风雨的地区，更易引起倒伏。必须因地制宜地针对玉米空秆、倒伏发生的原因，采取预防措施。

(1) 空秆、倒伏的原因。玉米空秆的发生，除遗传原因外，与果穗发育时期玉米体内缺乏碳糖等有机营养有关。因为形成雌穗所需的养分，大部分是通过光合作用合成的，当光照强度减弱时，光合作用受到影响，合成的有机养分少，雌穗发育迟缓或停止发育，空秆增多。据各地调查，空秆的发生，是由于水肥不足、弱晚苗、病虫害、密度过大等原因造成的。这些情况直接或间接地影响玉米体内营养物质的积累、转化和分配而形成空秆。

玉米倒伏有茎倒、根倒及茎折断3种。茎倒是茎秆节间长细、植株过高及暴风雨造成，茎秆基部机械组织强度差，导致茎秆倾斜。根倒是根系发育不良，灌水及雨水过多，遇风引起倾斜度较大的倒伏。茎折断主要是抽雄前生长较快，茎秆组织嫩弱及病虫危害遇风而折断。

(2) 空秆、倒伏的防止途径。空秆、倒伏具有普遍原因，又有不同年份不同情况的特殊原因，因此要因地制宜地预防。根据其发生原因，主要防止途径如下：

1) 合理密植。玉米合理密植可充分利用光能和地力，群体内通风透光良好，是减少玉米空秆、倒伏的主要措施。采取大小垄种植，对改善群体内光照条件有一定作用，不仅使空秆率降低，还可减少因光照不足造成单株根系少、分布浅、节间过长而引起的倒伏。

2) 合理供应肥水。适时、适量地供应肥水，使雌穗的分化和发育获得充足的营养条件，并注意施足氮肥，配合磷、钾肥。从拔节到开花是雌穗分化形成和授粉受精的关键，肥水供应及时，可促进雌穗的分化和正常结实。土壤肥力低的田块，应增施肥料，着重前期重施追肥；土壤肥力高的田块，应分期追肥、中后期重追肥，对防止空秆和倒伏有积极作用。苗期要注意蹲苗，促使根系下扎，基部茎节缩短；雨水过多的地区，应注意排涝通气。玉米抽雄前后各半月期间需水较多，适时灌水，不仅可促进雌穗发育形成，而且能缩短雌雄花的出现间隔，利于授粉结实，减少空秆形成。

3) 因地制宜，选用良种。选用适合当地自然条件和栽培条件的杂交品种和优良品种。土质肥沃及栽培水平较高的土地，选用丰产性能较高的马齿型品种；土质瘠薄及栽培水平较低的土地，选用适应性强的硬粒型或半马齿种；多风地区，选用矮秆、基部节间短粗、根系强大等抗倒伏能力强的良种。

此外，还要加强田间管理，控大苗促小苗，使苗整齐、健壮。防治病虫害，进行人工授粉，也有降低空秆和防止倒伏的作用。

(3) 倒伏后的挽救措施。玉米在生育期间，遇到难以控制的暴风袭击，会引起倒伏，为了减轻损失必须进行挽救。在抽雄前后倒伏，植株互相压盖，难以自然恢复直立，应在倒伏后及时扶起，以减少损失。但扶起必须及时，并要边扶、边培土、边追肥。如在拔节后倒伏，自身有恢复直立能力，不必人工扶起。

四、病虫草害防治

1. 玉米主要病害的防治

（1）玉米大斑病。玉米大斑病在苗期很少发病，抽穗后病情逐渐加重，以抽穗至灌浆期最易染病。主要为害叶片，严重时也能为害苞叶和叶鞘。病斑一般长 5～10 cm，宽 1～2 cm，有的可长达 15～20 cm 以上。后期病斑干枯，多个病斑连接，使叶片提早枯死。防治方法如下：

1）种植抗病品种

①抗源基因区域化。即在一定区域范围内种植一套抗病基因品种，在另一地区内种植另一套抗病基因品种，使抗病品种的布局合理，起到隔离作用，以控制大斑病的流行，又能限制毒力小种的定向选择，以防大斑病菌优势小种的形成和扩散。

②不同抗病品种的合理搭配种植。防止在一个地区内品种抗病基因（种质资源）单一化，使品种群体的抗病性在遗传上是异质的、多样的。

③重视品种的兼抗性。在大、小斑病和丝黑穗病混合发生区，应选用能兼抗几种病害的多抗性品种。

2）实行两年以上轮作。因为病残体或病叶彻底腐烂消解后两年以上即可达到防病作用。

3）彻底消灭菌源。秋收后结合防治玉米螟及时处理玉米秸秆，或作饲料用等。将病残体处理干净，尤其重要的是及早处理严重染病的秸秆，以便减少来年的侵染菌源。也可通过机械收割时粉碎秸秆进行还田或站秆翻地及秋季深翻等，将病残体及病叶深埋地下，使其腐解，起到加速病菌消亡的作用。

4）加强栽培管理。如适期早播、增施有机肥料、合理密植以及中耕、松土等，创造田间通风透光条件，提高植株抗病力，减轻发病。

5）药剂防治。在病害发生严重地区可以用药剂防治。常用药剂有：50%多菌灵可湿性粉剂，用药 1.5 kg/hm^2，兑水喷雾；25%粉锈宁（百理通、三唑酮）可湿性粉剂，用药 1.5 kg/hm^2，兑水喷雾。

（2）玉米瘤黑粉病。玉米瘤黑粉病又称普通黑粉病。此病发生越早，对产量影响越大，一般减产 10%以内。植株地上茎、叶、果穗、雄花均会受害，形成明显的病瘤（菌瘿）。幼苗：在茎基部形成菌瘿，使整个幼苗生长受到抑制，并出现分蘖现象，重者枯死。茎秆：菌瘿大小不等，初为白色，并略带紫色，扩大后白膜破裂，散出黑粉（病菌的孢子）。果穗：菌瘿大小不等，大者可覆盖全穗，外具白膜，以后破裂散出黑粉。雄花主梗上开生菌瘿后，主梗向菌瘿的相反方向曲折，而雄花大部分或个别小花形呈长圆形的角状菌瘿。雌穗被侵染后多在果穗上半部或个别籽粒上形成菌瘿，严重的全穗形成大的畸形菌瘿。叶片和叶鞘：菌瘿较小，多如豆粒或花生米大小，常从叶片基部沿叶脉中肋向上成串密生，外具白膜，并略带紫色，迅速破裂，散出少量黑粉。防治方法如下：

1）消灭初次侵染来源。因其初次侵染来源是多方面的，故应从下列两方面进行。

①清除田间菌源。人工收割以后，应将田间散落的病株拾回烧掉，结合秋翻将残碎的病瘤翻入土内，减少菌源。例如，机械收割采取秸秆还田措施，对减少菌源的作用更大，因为机械收割可将菌瘿全部粉碎，这种粉碎后的病菌孢子，遇湿极易失去生活力。人工收割遗留田间病瘤不易破裂，故不易丧失生活力。如采取站秆翻地，一定要扣严，防止秸秆露于土外。

②施用净肥。混有玉米病残体的厩肥，一定要充分腐熟后才能下田，以免孢子未死增加田间菌量。

2）轮作。有计划地进行轮作，可显著减轻发病，一般可与小麦、大豆、谷子、高粱等作物轮作2～3年。

3）选育抗病品种。配制杂交组合时，应注意父母本的抗病遗传规律、病菌致病性变异产生新生理小种等问题。

4）割除病瘤。有条件地区应使用此方法，及时割除病瘤，能减少病菌积累，且可减轻当年的再侵染。割除病瘤时，应在病菌未成熟前（未形成黑粉）进行，割下的病瘤应深埋或烧掉，以减少菌源。

（3）玉米丝黑穗病。玉米丝黑穗病在玉米产区均有发生，尤其连作玉米地发病产重，对产量影响很大。玉米丝黑穗病是幼苗侵染的系统性病害，以成株期穗部表现症状最明显。幼苗：有些品种或自交系在幼苗长出6～7片叶时，病株可表现出明显症状。主要表现为病苗矮化，节间缩短，有的株形弯曲，叶子密集，叶色浓绿或叶片上有黄、白条纹。雌穗：被害后症状有两种类型。“黑粉包型”，受害后，全穗变为一包黑粉，病穗失去原形；初期具有白膜包被，不久破裂散出黑粉（冬孢子），在黑粉包中夹杂有寄主维管束的残余物，因而呈丝状。“刺猬型”，受害后，穗部受病菌刺激，使果穗颖片伸长，不能结实，呈绿色角状长刺，丛生，使果穗呈畸形，不结实，有的基部有少量黑粉，有的无黑粉。雄穗：受害后花器变形，呈角状长刺，丛生，不形成雄蕊，内部充满黑粉。玉米丝黑穗病防治方法如下：

1）实行轮作。尤其对病重田块，应与大豆、小麦、谷子等作物进行3～4年轮作。

2）适期早播。过早播种，地温低，种子发芽和幼苗出土时间延长，易受病菌侵害；过晚可减轻病害；但成熟过晚，易遭霜害，故应适期早播。

3）种子处理。此方法是较为方便、有效的措施。常用的药剂有：25％粉锈宁（百理通、三唑酮）可湿性粉剂，用种子重量的0.3％～0.5％拌种；25％羟锈宁（百坦、三唑醇）粉剂，用种子重量的0.3％～0.5％拌种；12.5％速保利可湿性粉剂，用种子重量的0.4％～0.8％拌种。

4）除掉病株或病穗。在黑粉孢子尚未散出前，割除病株或摘除病穗，深埋或烧掉。减少越冬菌源，减轻来年的病情。

5）秋季深翻。可将大量病菌深埋地下。采用机械收割秸秆进行还田处理或站秆翻地时，一定要注意翻地质量，不能将病株残体露在外面。

6）拔除病苗。对于人力充足且发病严重的地区，可进行拔除病苗工作，但需晚定苗，或拔后补苗，以防缺苗影响产量。病苗长相为："个头矮，叶子密，下边粗，上边细，叶子亮，颜色绿，身子还是个带弯的"。一般玉米7～8片叶时病苗长相明显，此期辨别的准确率高。在无经验或病株率低的地区不宜采用此法。

2. 玉米主要虫害的防治

（1）玉米螟。玉米螟又名玉米钻心虫、箭杆虫。主要以幼虫蛀食玉米心叶、茎秆和穗部而造成危害。初孵幼虫先取食心叶的叶肉，仅保留表皮，被害叶长出喇叭口后，呈现不规则的半透明孔洞，称为"花叶"；蛀穿心叶待叶展开后，呈现"排孔"。在孕穗期，幼虫主要集中到植株上部为害未抽出的雄穗；玉米抽穗后，开始蛀食穗柄和雌穗以上茎秆；雌穗抽出花丝后，幼虫多集中在果穗顶部啃食花丝，龄期稍大后，又多集中在果穗顶部啃食玉米籽粒，并钻蛀穗轴或茎秆。防治措施如下：

1）生物防治法。目前，玉米螟的生物防治在国内、外普遍引起重视，成为综合防治的主要措施。主要有赤眼蜂和白僵菌。

①以蜂治螟。在玉米螟产卵期，按始、盛、末期各放一次赤眼蜂卡，每亩放1万～1.5万头，卵始期放一次即可，其他时期可增加，防治效果卵块寄生率为80%～85%，有的高达90%。以蜂治螟常受当时气候的影响，高温干旱或遇风雨可降低效果。

②以菌治螟。心叶末期施撒白僵菌颗粒剂：白僵菌500 g，细砂5～10 kg拌好，在玉米抽雄率为10%～20%时施于玉米顶端的心叶丛中，2～3 g/株。早春封垛：在玉米螟羽化之前，对玉米垛喷洒白浆菌粉100 g/m^3，每平方米面积上喷粉器喷一个点，到垛面飞出白烟即可，杀虫效果可达80%以上。

2）药剂防治。以心叶末期施用颗粒剂防治最为经济有效。0.25%辛硫磷颗粒剂：用50%辛硫磷乳油500 g，拌入颗粒100 kg，每株玉米心叶施用辛硫磷颗粒剂2 g左右。

①玉米穗期防治。2.5%敌杀死乳油32 mL，加水200 mL，稀释拌4 kg砂子，3指一捏撒入玉米心叶中。

②药液滴穗。50%敌敌畏乳油500 g加水400 kg，混合后施用，在卵孵化盛期进行，将药液施入玉米的"一顶四腋"（即雌穗顶端花丝基部，穗上2个叶腋，穗下1个叶腋和雌穗着生节的叶腋）。

在玉米螟幼虫孵化盛期，每亩地用80%敌敌畏乳油或90%晶体敌百虫100 g兑水喷雾。

3）农业防治。选育和引进抗螟高产品种；处理越冬寄主，消灭越冬虫源。封垛存放，高温沤肥，秸秆还田，用重耢子春翻玉米地；根据玉米螟幼虫一部分在根茬内越冬的习性，收获时齐地面收割低留根茬，减少虫量；设置诱杀田。根据亚洲玉米螟产卵选高大茂密丰产田的习性，对早播部分春玉米加强肥水管理，以吸引雌蛾大量产卵；用黑光灯和性引诱剂诱杀。

（2）玉米蚜虫。属同翅目，蚜虫科。为害玉米的蚜虫有两种：玉米蚜和黍缢蚜。以玉米蚜为优势种，占90%以上。均以无翅胎生雌蚜为主为害。玉米蚜除为害玉米外，还为害高粱、大麦等，是玉米抽雄穗期的主要害虫。以刺吸式口器刺吸，可分泌大量蜜露，于叶面形成一层黑色霉状物，影响光合作用，使果穗部受害，百粒重下降，影响产量。防治措施如下：

玉米蚜主要发生在抽雄穗的初盛阶段及小穗尚未散开前，而雄穗一旦抽出后，其表面湿度变化极大，植株顶端糖分下降，不利取食，为害逐渐减轻。因此药剂应在抽雄前使用。常用药有40%乐果或氧化乐果，为1 500 mL/hm^2，兑水喷雾；50%避蚜雾（灭蚜威）可湿性粉剂，为225～300 g/hm^2；2%乐果粉剂22.5～30 kg/hm^2 喷粉。

3. 玉米田化学除草

玉米田杂草主要有禾本科杂草马唐、牛筋草、稗草、狗尾草和千金子等，阔叶杂草反枝苋、皱果苋、凹头苋、藜、小藜、铁苋菜、苘麻、苍耳、刺儿菜及田旋花等，莎草科杂草香附子等。

（1）播后苗前土壤处理。播后苗前是玉米田十分重要的除草时期，此期间用药在除草剂品种选择、对玉米安全性、施药时期的确定及操作方法等方面均较为有利。

播后苗前土壤处理的要点是：喷雾要均匀周到，不重喷、不漏喷；一般采用常量喷雾，喷液量以600～900 kg/hm^2 为宜，干旱年份可适当加大喷液量，以利于药土层的形成；沙质土或有机质含量低的土壤应选择低用量，黏土、有机质含量高的可选择高用量；多种杂草混生田，应尽量选用混剂；施药适期以播种后1～2天为宜。

1）防除禾本科杂草为主的除草剂。下列除草剂单剂除主要防除禾本科杂草外，还可兼治部分小粒种子的阔叶杂草：48%甲草胺（拉索）乳油4.0～6.0 L/hm^2；50%乙草胺（禾耐斯）乳油2.25～3.0 L/hm^2；72%异丙甲草胺（都尔）乳油2.25～3.5 L/hm^2。

2）防除阔叶杂草为主的除草剂。专防玉米田阔叶杂草的土壤处理剂单剂较少，且防治效果也不理想，必要时可选用每公顷1.0～1.5 L 72%2，4－D丁酯乳油或每公顷0.55～1.55 L 48%百草敌水剂。施用2，4－D丁酯时，应特别注意周围环境中阔叶作物的安全。

3）防除禾本科杂草与阔叶杂草的除草剂

①莠去津（阿特拉津）。莠去津的使用量与土壤质地和有机质含量密切相关。当土壤有机质含量小于3%时，沙质土、壤土、黏土地的用量分别为2.5 kg/hm^2、3.8 kg/hm^2、6.0 kg/hm^2；当有机质含量在3%～5%时，沙质土、壤土、黏土地的用量分别为3.8 kg/hm^2、6.0 kg/hm^2、7.5 kg/hm^2。莠去津在土壤中的残留时间较长，对下茬作物不安全。

②氰草津（草净津）。每公顷3.75～4.5 kg 40%草净津悬浮剂。

4）除草剂混用。玉米田间杂草种类多，且常常是禾本科杂草与阔叶杂草混生。因此，除草剂混用是铲除玉米田间杂草最有效的手段。目前可选用的已商品化的混剂或混配组合有：40%乙莠合剂（或乙草胺＋莠去津）、40%乙氰合剂（或乙草胺＋氰草津）、50%都阿合剂（或异丙甲草胺＋莠去津）、二甲戊乐灵＋莠去津（33%二甲戊乐灵乳油与38%莠去津悬浮剂1∶1混合）；异丙草胺＋莠去津（72%异丙草胺乳油与38%莠去津悬浮剂1∶1.5混合）；乙草胺＋嗪草酮（50%乙草胺乳油与50%嗪草酮可湿性粉剂1∶0.3混合）。此外，乙草胺与2，4－D丁酯、乙草胺与百草敌、异丙草胺与嗪草酮等也可混用。

(2) 苗后茎叶处理

1) 防除阔叶杂草。可选用的除草剂有：每公顷0.6～0.75 L 72%的2，4－D丁酯，在玉米4叶期、阔叶杂草3～4叶前用药；每公顷0.5～0.36 L 48%百草敌水剂，在玉米3～4叶期、杂草4叶前用药；每公顷15～18 g 75%噻吩磺隆干悬浮剂，在杂草2～4叶期用药。每公顷1.2～2.0 L 22.5%伴地农乳油，在玉米3～6叶期、杂草3～4叶期用药。

2) 防除阔叶杂草和禾本杂草。可选用的除草剂有：每公顷1.2～1.5 L 4%烟嘧磺隆（玉农乐）悬浮剂，在玉米4～6叶期、杂草2～4叶期用药；每公顷3.0～3.75 kg 38%莠去津悬浮剂，在玉米3～5叶期、禾本科杂草2～3叶期用药；每公顷3.0～3.75 kg 40%氰草津（草净津）悬浮剂，在玉米3～4叶期用药；每公顷1.2～1.5 kg 25%宝成悬浮剂，在玉米2～3叶期用药；每公顷1.5～2.25 kg氰莠悬浮剂（莠去津＋氰草津），在玉米3～4叶期、杂草3～4叶期用药；38%莠去津＋4%玉农乐（1.5∶1混合），在玉米3～5叶期、杂草3～4叶期用药。

3) 灭生性除草。灭生性除草多用于杀灭休闲地、田边和埂边的杂草，所使用的除草剂为灭生性除草剂。这类除草剂由于对作物无选择性或选择性小，对杂草和作物均有杀灭作用，因而一般不能直接喷施到作物生育期的农田里。但有些灭生性除草剂，也可通过“时差”或“位差”的选择性，安全用于玉米田化学除草，如百草枯（克无踪）对大龄杂草效果好。当玉米田行间杂草丛生且草龄大于5叶期时，可采取定向喷雾和保护性喷雾法喷施每公顷2.25～3.0 L 20%百草枯水剂。

五、收获储藏

1. 收获时期

玉米收获应根据品种特性、成熟特征和栽培要求等掌握适宜的收获时期。

食用玉米一般在完熟期收获。表现为玉米苞叶变黄而松散，籽粒内含物已完全硬化，指甲不易掐破。籽粒表面具有鲜明的光泽，籽粒剥掉尖冠出现黑层（达到生理成熟的特征），整个植株呈现黄色。籽粒经过干燥脱水变硬，呈现显著的品种特点。

种子田玉米要在蜡熟末期收获。此时种子已经具有较高的发芽能力，干物质积累最多，早收有利于籽粒干燥，提高种子质量。

饲用青储玉米宜在乳熟末期至蜡熟初期收获，此时全株的营养物质含量最高，植株含水量在75%，适于青储。

2. 收获方法

玉米收获方法有人工收获和机械收获两种。机械收获能一次完成割秆、摘穗、切碎茎叶及抛撒还田等工序。机械收获需要提高整地质量，使玉米成熟一致，穗位整齐适中，茎不倒折。

3. 安全储藏

为了玉米安全储藏，首先要搞好玉米的干燥。

粒用玉米的干燥方法有两种：一种是带穗储藏于苞米楼（架）上；另一种是脱粒在场院晾晒或用烘干机在 60℃温度下烘干。种用玉米应拴吊晾晒，至种子水分下降到 16%以下时，带穗挂藏于通风仓库，种子水分可继续下降到 13%以下，故能安全越冬。如果种子水分较大，可在室内升温并保持 40℃，定时通风排湿，经 60～80 h，种子水分可下降到 13%左右，这时即可停止加温，种子便可安全储藏。

13%是玉米种子安全储藏时的标准含水量。如果高于 13%，由于籽粒中有部分游离水，籽粒仍在旺盛呼吸，消耗籽粒内的营养物质，降低发芽率。呼吸产生的热量，易使有害微生物繁殖侵染，籽粒霉烂，失去使用价值。所以要特别注意种子的储藏与保管。

考察当地玉米大田生产情况，主要内容为种植面积、主栽品种和种植方式，生产中存在哪些问题，并根据所学知识制定出解决方案。

青储玉米

玉米是禾本科一年生高产作物，青储玉米与普通籽实玉米不同，主要区别是：

1. 青储玉米植株高大，在 2.5～3.5 m，最高可达 4 m，以生产鲜秸秆为主；而籽实玉米则以生产玉米籽实为主。

2. 收获期不同。青储玉米的最佳收获期为籽粒的乳熟末期至蜡熟前期，此时产量最高，营养价值也最好；而籽实玉米的收获期必须在完熟期以后。

3. 青储玉米主要用于饲料；而籽实玉米除用于饲料外，还是重要的粮食和工业原料。

【实验实训】

实训 4—1 玉米成熟期鉴定

一、实训目的

掌握玉米成熟期的划分方法及每个时期的特征，能够根据玉米的成熟期特征确定适宜的收获时期。

二、材料用具

成熟期玉米不同品种田。

三、训练内容

根据不同品种田中的玉米特征判断玉米的成熟度。

玉米的成熟一般分为 3 个时期。

1. 乳熟期

籽粒灌浆速度很快，是干物重的直线增长期，胚乳由浑浊变为乳浆状，最后成为糨糊状。持续 20～25 天。

2. 蜡熟期

蜡熟期的主要特点是随着淀粉的沉积和含水量的降低，胚乳由糨糊状变为软蜡状，最后为硬蜡状，但籽粒中下部仍有乳浆。籽粒处于缩水阶段，所以穗粗略有减少。此期持续时间一般为 10～15 天。

3. 完熟期

这时籽粒继续脱水变硬，表面用指甲不易划破，灌浆完全停止。籽粒横切面出现粉状，籽粒干物重达到最大值。此时苞叶干枯、松散。持续 5～10 天。

关于籽粒停止灌浆的标志，可以用籽粒基部尖冠处出现黑层为标准。在胚乳基部维管束间有几层细胞，在玉米接近成熟时皱缩变黑，形成黑层。黑层形成后，胚乳基部的输导细胞被破坏，运输机能终止，籽粒灌浆已停止。

四、作业

对所观察的不同品种玉米成熟期做出正确判断，并描述其特征。

实训 4—2　玉米籽粒类型识别

一、实训目的

能够识别不同类型的玉米籽粒。

二、材料用具

不同类型的玉米籽粒。

三、训练内容

根据不同品种田中的玉米特征判断玉米的成熟度。

(1) 硬粒型。角质胚乳包围整个籽粒，仅在中间有少量的粉质胚乳。籽粒顶部近似圆形，有光泽。

(2) 马齿型。籽粒顶部凹陷，籽粒长而扁平。籽粒两侧为角质胚乳，中央部分到顶部全部为粉质胚乳。

(3) 半马齿型。角质胚乳含量介于硬粒型和马齿型之间，籽粒顶部略凹陷或呈白色斑点状。

(4) 爆裂型。胚乳全部为角质，炒时爆裂，供制爆米花之用。籽粒圆形，半透明，果穗小，产量低。

(5) 甜质型。籽粒含糖量较高，胚乳全部为角质胚乳，半透明。种子成熟时表面皱缩。

(6) 甜粉型。籽粒上部为甜质型角质胚乳，含糖量较高，下部为粉质胚乳。

(7) 糯质型（蜡质型）。籽粒形状接近硬粒型，胚乳全部由支链淀粉组成，籽粒表面无光泽。

(8) 粉质型。籽粒外形与硬粒型相似，但是没有光泽，籽粒胚乳全部为粉质淀粉。

(9) 有稃型。籽粒外有大而长的稃包围着，籽粒坚硬，外部为角质淀粉，内部为粉质淀粉。

四、作业

绘制所观察到的不同类型玉米籽粒简图并标明类型。

实训 4—3　玉米空秆、秃尖现象调查及缺粒原因分析

一、实训目的

掌握玉米空秆、秃尖、缺粒现象调查方法，学会分析形成的原因。

二、材料用具

玉米生产田两块（或两个品种），米尺等。

三、内容及方法步骤

1. 空秆现象调查与分析

玉米空秆有两种类型，一是腋芽没有发育成果穗，二是腋芽虽有发育但没有结实。调查

时，按对角线方法进行5点取样，连续50～100株/点，查出其中空秆株数，将5点平均后代入下式，求出全田空秆率。

空秆率（%）=（空秆株数/调查总株数）×100%

空秆产生原因，从以下几个方面分析：

（1）光照不足。一是密度过大，拔节后期植株基部光照强度减弱；二是品种差异，晚熟品种空秆多。根据调查结果分析密度大小，植株均匀分布程度，株间遮阴程度对产生空秆的影响。

（2）养分不足。磷肥充足空秆率低，增施农肥和追肥能降低空秆率。缺硼也易形成空秆。应从基肥、追肥种类、数量、施用方法及时期进行分析。

（3）水分不足。拔节末期严重干旱增加空秆率。应了解玉米田土壤水分状况、降雨时期、受旱时期并进行分析。

（4）温度状况。播种过晚、后期温度不足易形成空秆。分析不同玉米田播期和空秆的关系。

（5）病虫害。早期感染黑粉病和丝黑穗病、地下害虫及夜盗虫为害均易形成空秆。了解玉米田病虫害发生情况及程度进行分析。

（6）栽培措施。整地质量差，苗不匀不齐，间苗过晚，中耕伤根等均易形成空秆。应从玉米田植株高矮、生长势强弱、叶片大小、是否徒长等与结实株相对比观察进行分析。

2. 秃尖、缺粒现象调查分析

上述调查点内同时调查有效穗数及秃尖、缺粒穗数，计算秃尖、缺粒穗数占有效穗数的百分率（5点平均）。

秃尖率（%）=（秃尖株数/总株数）×100%

秃尖、缺粒原因分析：

（1）花粉来源不足。

（2）雌穗发育不良。如高温干旱、播种过晚，开花期阴雨连绵，养分不足，过度密植等原因均会引起秃尖、缺粒。根据调查结果从以下几个方面进行分析：

第一，果穗着生情况，果穗着生部位及与主茎角度大小，果穗上、下叶片遮蔽果穗情况，单株结果数目。

第二，开花授粉情况，雌雄开花差期及散粉吐丝情况。

第三，环境条件，开花结实期气温高低，风力大小，雨量和日照。

四、作业

将调查结果填入表4—5进行说明，并分析造成玉米空秆、秃尖及缺粒的主要原因。

表 4—5　　　　玉米空秆、秃尖现象调查及缺粒原因分析表

品种名称	调查株数	空秆株数	空秆率
	调查株数	秃尖株数	秃尖率
品种名称	调查株数	空秆株数	空秆率
	调查株数	秃尖株数	秃尖率

实训 4—4　玉米测产

一、实训目的

掌握玉米的产量构成因素及产量测定方法。

二、材料用具

玉米田，皮尺，天平，秤，烘箱等。

三、内容、方法及步骤

玉米产量构成因素：公顷株数、单株结穗率、每穗粒数、千粒重。

1. 选点取样

同小麦选点取样法。

2. 测公顷株数

在每个样点分别测出行距和株距。行距为测出 11 行之间的距离，计算出平均行距。株距可顺垄量出 40～50 株之间的距离，计算出平均株距。

$$公顷株数=\frac{10\ 000\ (m^2)}{平均行距\ (m)\ \times 平均株数\ (m)}$$

3. 测单数结穗率

在每个样点分别顺垄数 50～100 株玉米，数其总穗数，计算出单株结穗率。

4. 测每穗粒数

在每个样点分别选取 10 穗代表穗，脱粒，数总粒数，计算每穗粒数。对于一些双穗型品种，选穗时要注意大小穗比例。

5. 测千粒重

随机选取1 000粒玉米称其烘干或风干重量，或根据当年玉米长势及本品种的常年千粒重估计。各产量构成因素的5个样点数据平均后，计算公顷产量。

6. 计算产量

$$\text{公顷产量}(\text{kg/hm}^2)=\frac{\text{公顷株数}\times\text{单株结穗率}(\%)\times\text{每穗粒数}\times\text{千粒重}(\text{g})}{1\,000\times1\,000}$$

四、作业

设计数据表格（见表4—6），计算玉米产量，并结合当年栽培管理情况、气候特点等，对测产结果进行分析，写出实训报告。

表4—6　　玉米产量数据表

样点	行距（m）	株距（m）	公顷株数	单株结穗率（%）	每穗粒数	千粒重（g）
1						
2						
3						
4						
5						
平均						

公顷产量（kg/hm^2）＝________________。

复习思考

1. 玉米一生分哪几个生育时期？说说各时期的生育标准。
2. 玉米对养分的需求规律是什么？并说明生产上如何对玉米正确施肥。
3. 玉米为什么要适时早播？
4. 玉米播种方法有哪几种？
5. 玉米合理密植的原则是什么？各地推广品种的适宜密度范围是什么？
6. 玉米苗期、穗期、花粒期的栽培目标分别是什么？各有哪些工作任务？
7. 试述玉米空秆形成的主要原因及防治对策。

第五章 大 豆

学习目标：

◆ 知识目标：了解大豆各生育时期的特点，大豆根瘤固氮、结荚习性，大豆落花落荚的原因，重迎茬减产的原因。

◆ 技能目标：掌握大豆播前准备，播种、田间管理技术和收获储藏技术。

大豆是人类重要的粮食作物之一，是具有高营养价值、高生理活性和广泛工业用途的宝贵农业资源。大豆籽粒蛋白质含量约40%，含油量约20%，含有人体必需的8种氨基酸、亚油酸以及维生素A、维生素D等营养物质，是唯一能替代动物性食品的植物产品。豆油是品质较好的植物油，且不含对人体有害的芥酸，有防止血管硬化的功效。大豆饼粕及秸秆是畜禽的蛋白质饲料的来源。同时，大豆根瘤菌具有固定空气中氮素的作用，是良好的用地养地作物。大豆在国民经济和人民生活中占有重要地位。

第一节 大豆栽培学基础

一、大豆的一生

1. 植物学特征

大豆为豆科大豆属，一年生草本植物。

（1）根和根瘤

1）根。大豆根属于直根系，由主根、侧根和根毛组成。初生根由胚根发育而成，侧根在发芽后3～7天出现，一次侧根还再分生二、三次侧根。根毛是幼根表皮细胞外壁向外凸出而形成的，根毛寿命短暂，大约几天更新一次。根的生长一直延续到地上部分不再增长为止。

2）根瘤。大豆根瘤菌在适宜条件下，侵人大豆根毛后形成的瘤状物叫根瘤。初形成的根瘤呈淡绿色，不具固氮作用。健全根瘤呈粉红色，衰老的根瘤变褐色。出苗后2～3周，根瘤开始固氮，但固氮量很低，此时根瘤与大豆是寄生关系。开花期以后，固氮量增加，到籽粒形成初期是根瘤固氮高峰期。根瘤固氮量 1/2～3/4 供给大豆，根瘤与大豆由寄生关系转为共生关系，以后由于籽粒发育，消耗了大量光合作用产物，根瘤获得养分受限，逐渐衰败，固氮作用迅速下降。根瘤菌是嗜碱好气性微生物，在氧气充足、矿质营养丰富的土壤中固氮力强。大量施用氮肥，会抑制根瘤形成；施用磷钾肥能促进根瘤形成，提高固氮能力。大豆的根系，如图 5—1 所示。

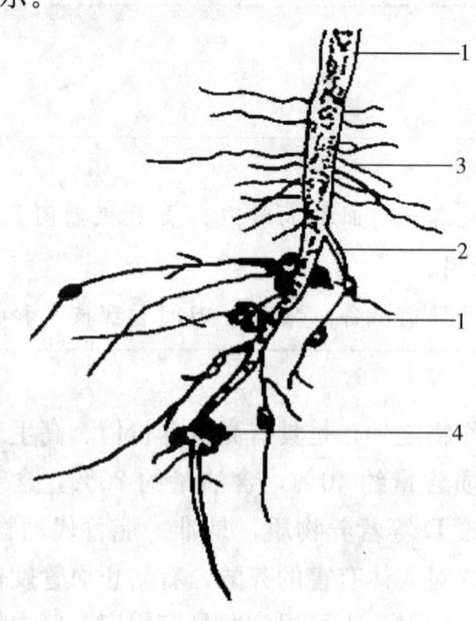

图 5—1　大豆的根系

1—主根　2—侧根　3—不定根　4—根瘤

(2) 茎。大豆的茎，近圆柱形略带棱角，包括主茎和分枝，一般主茎高度为 30～15 cm。

大豆幼茎有绿色与紫色两种，绿茎开白花，紫茎开紫花。茎上生茸毛，呈灰白或棕色，茸毛多少和长短因品种而异。

按主茎生长形态，大豆可分为蔓生型、半直立型和直立型。栽培品种均属于直立型。

大豆主茎基部节的腋芽常分化为分枝，多者可达 10 个以上，少者 1～2 个分枝或不分枝。分枝与主茎所成角度的大小、分枝的多少及强弱决定着大豆栽培品种的株型。按分枝与主茎所成角度大小，可分为张开、半张开和收敛三种类型；按分枝的多少、强弱，又可将株型分为主茎型、中间型以及分枝型三种。

(3) 叶。大豆属于双子叶植物，叶有子叶、真叶和复叶 3 种。大豆叶的形状、大小因品种而异。叶形可分为椭圆形、卵圆形、披针形和心脏形等。有的品种的叶片形状、大小不一，属变叶型。叶片寿命 30～70 天不等。下部叶变黄脱落较早，寿命最短。上部叶寿命也比较短，因出现晚却又随植株成熟而枯死。中部叶寿命最长。大豆的叶，如图 5—2 所示。

(4) 花和花序。大豆的花序着生在叶腋间或茎顶端，为总状花序。一个花序上的花朵通常是簇生的，俗称花簇。花的颜色分白色和紫色两种。

大豆是自花授粉作物，花朵开放前即已完成授粉，天然杂交率不到 1%。

(5) 荚和种子。大豆荚由子房发育而成。荚的表皮有茸毛，个别品种无茸毛。荚色有草黄、灰褐、褐、深褐以及黑色等。豆荚形状分直形、弯镰形和弯曲程度不同的中间形。有的品种在成熟时沿荚果的背腹缝自行开裂（炸裂）。

栽培品种每荚多含 2～3 粒种子。荚粒数与叶形有一定的相关性，披形叶大豆，四粒荚的比例很大，也有少数五粒荚，卵圆形叶、长卵圆形叶品种以二三粒荚为多。种子形状可分为圆形、卵圆形、长卵圆形以及扁圆形等。种子大小通常以百粒重表示，百粒重 14 g 以下为小粒种，14～20 g 为中粒种，20 g 以上为大粒种。种皮颜色可分为黄色、青色、褐色、黑色和双色五种，以黄色居多。胚由两片子叶、胚芽和胚轴组成。

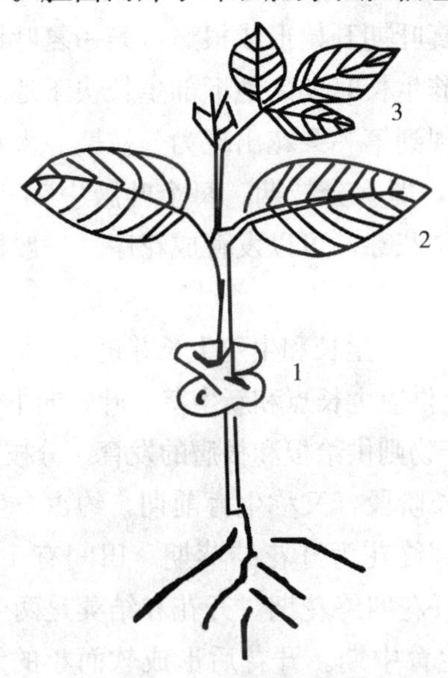

图 5—2　大豆的叶

1—子叶　2—真叶　3—复叶

成熟的豆荚中常有发育不全的籽粒，或者只有一个小薄片，通称秕粒。秕粒率常为 15%～40%。秕粒发生的原因是，受精后，结合子未得到足够的营养。一般先受精的先发育，粒饱满；后受精的后发育，常成秕粒。在同一个荚内，先豆由于先受精，养分供应好于中豆、基豆，故先豆饱满，而基豆则常常瘦秕。开花结荚期间，阴雨连绵、天气干旱均会造成秕粒。鼓粒期间改善水分、养分和光照条件有助于克服秕粒。

2. 生育期

大豆从出苗到成熟所经历的天数称生育期。

我国大豆按原产区生产条件下的生育期分为极早熟、早熟、中熟、晚熟和极晚熟五类。

北方春作大豆区，极早熟品种生育期在 100 天以内；早熟品种为 101～110 天；中早熟品种 110～120 天，中熟品种 121～130 天；晚熟品种 130～140 天；极晚熟品种 141 天以上。

黄淮海流域夏大豆区，春作大豆极早熟品种生育期在 100 天以内；早熟品种为 101～110 天；中熟品种 110～120 天；晚熟品种 121～130 天；极晚熟品种 131 天以上。夏作大豆极早熟品种生育期在90天以内；早熟品种为91～100天；中熟品种101～110天；晚熟品种111～120天；极晚熟品种121天以上。

3. 生育时期

大豆出苗到成熟经历种子萌发与出苗期、幼苗期、分枝期、开花结荚期和鼓粒成熟期五个生育时期。

(1) 种子萌发与出苗期。当胚根与种子等长时为发芽；当子叶刚出土展平即为出苗。田间10%的大豆出苗为出苗始期，50%出苗叫出苗期。

(2) 幼苗期。从出苗到分枝出现为幼苗期，即出苗期到田间10%的植株两片复叶刚展开时称幼苗期。大豆在第一对真叶期开始形成根瘤，第一复叶期根瘤开始固氮，但此时固氮能力很低。幼苗期是大豆的营养生长时期，地下部生长快于地上部。

(3) 分枝期。第一分枝出现到第一朵花出现为分枝期。大豆在第二复叶刚展开时开始发生分枝，田间10%的植株分枝，即为分枝期。每个叶腋中都有两个潜伏的腋芽，一个是枝芽，可以发育成分枝；另一个是花芽，可以发育成花序。一般植株上部的腋芽形成花序，下部的形成分枝。

分枝期是以营养生长为主的营养生长和生殖生长并进期，叶的光合产物具有同侧就近供应的特点，中部叶的光合产物向上供应生长点和新生茎、叶，向下供应不能独立进行光合作用的同侧弱小分枝。下部叶的光合产物则供给根和根瘤的发育。分枝期根瘤具有一定固氮能力。

种子萌发到始花为营养生长阶段，又称生育前期，约占全生育期的1/5。

(4) 开花结荚期。从始花到终花为开花结荚期。田间有10%植株开花叫始花期；50%植株开花叫开花期；80%植株开花叫终花期。开花和结荚是两个并进的生育时期，始花到终花，占全生育期的3/5，又称生育中期。开花后形成软而小的绿色豆荚，当荚长达2 cm时叫结荚，田间50%植株结荚叫结荚期。开花结荚期是营养生长与生殖生长并进阶段，是植株生长最旺盛的时期。茎、叶大量生长，株高日平均增长1.4～1.9 cm，叶面积指数达到最大值，根瘤菌的固氮能力达到高峰。开花结荚期光合作用产物由主要供应营养生长逐渐转向以供应生殖生长为主，叶的功能分工更加明显。荚成为有机物的分配中心，光合作用产物主要供给自身叶腋中的豆荚，少量供给邻近豆荚，也具有同侧就近供应的特点。

1) 大豆的结荚习性。大豆的结荚习性一般可分为无限、有限和亚有限三种类型：

①无限结荚习性。茎秆尖削，始花期早，开花期长。主茎中、下部的腋芽首先分化开花，然后向上依次陆续分化开花。始花后，茎继续伸长，叶继续产生。如环境条件适宜，茎可生长很高。主茎与分枝顶部叶小，着荚分散，基部荚不多，顶端只有1～2个小荚，多数荚在植株的中部、中下部，每节一般着生2～5个荚。

②有限结荚习性。一般始花期较晚，当主茎生长高度接近成株高度前不久，才在茎的中上部开始开花，然后向上、向下逐节开花，花期集中。当主茎顶端出现一簇花后，茎的生长终结。茎秆不那么尖削，顶部叶大。

③亚有限结荚习性。这种结荚习性介乎以上两种习性之间而偏于无限习性。主茎较发达。

开花顺序由下而上，主茎结荚较多，顶端有几个荚。大豆结荚习性类型，如图 5—3 所示。

大豆的结荚习性是重要的生态性状，在地理分布上有着明显的规律性和区域性。从全国范围看，一般南方雨水多，生长季节长，有限性品种多；北方雨水少，生长季节短，无限性品种多。从一个地区看，一般雨量充沛、土壤肥沃，宜种有限性品种；干旱少雨、土质瘠薄，宜种无限性品种。雨量较多、肥力中等，可选用亚有限性品种。

2）大豆的落花落荚。大豆的落花落荚是影响大豆产量的主要原因，其呈现明显的规律性。不同结荚习性的大豆品种，落花落荚的部位和顺序不同。有限结荚习性大豆，靠近主茎顶端的花先落，然后向上、向下扩展，植株下部落花落荚多，中部次之，上部较少。无限结荚习性的大豆，主茎基部花荚脱落早，但上部脱落较多，中部次之，下部较少。在同一栽培条件下，花荚脱落盛期，早熟品种比中晚熟品种早；熟期相近的品种，单株开花数多的花荚脱落率高。在同一植株上，分枝比主茎花荚脱落率高；在同一花序上，花序顶端脱落率高。花荚脱落率高峰期，多出现在末花期至结荚期之间。

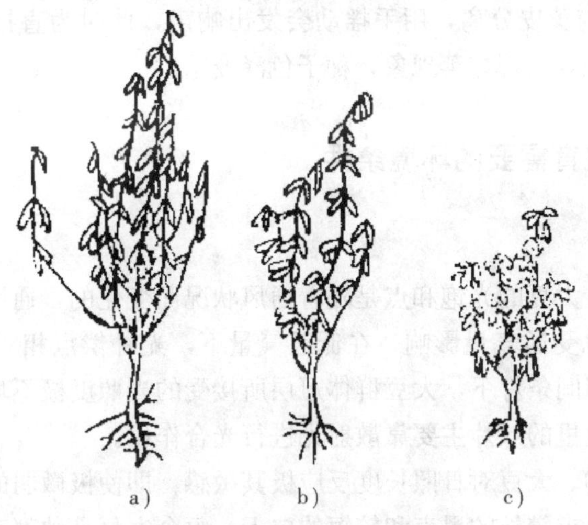

图 5—3　大豆结荚习性类型

a）无限结荚习性　b）亚有限结荚习性　c）有限结荚习性

落花落荚的原因主要有：一是由于群体过大。群体过大（如密度过大）、生育过旺，导致群体内通风透光不良，光合作用产物减少。同时群体内温度低，湿度大，大豆蒸腾作用降低，有机养分尤其是糖的供应不足。二是养分供应失调。土质瘠薄或施肥量少的地块，较肥沃或施肥多的地块，花荚脱落率高；徒长植株较健壮植株，花荚脱落率高。三是水分供应失调。进入生殖生长期，大豆对水分反应敏感，如旱灾，叶片失水，其吸水力大于子房，于是水分倒流引起花荚脱落。另外，植株受病虫为害或机具、风等外力作用，也会提高落花落荚率。

减少花荚脱落的措施包括：一是选用多花多荚的高产品种；二是精细整地，适时播种，加强田间管理，培育壮苗；三是增施有机肥作基肥，按需肥规律施肥，防止后期脱肥；四是开花结荚期及时灌水排涝；五是合理密植，实行间作、穴播，改善群体内小气候；六是应用生长调节剂防徒长；七是及时防治病虫害，建造农田防护林，增强抵御自然灾害的能力。

（5）鼓粒成熟期。大豆结荚后，叶片、叶柄、茎和荚皮中的养分不断向籽粒中运输，豆粒日益膨大，当豆荚平放，豆粒明显鼓起并充满荚腔时，称为鼓粒。田间50%植株鼓粒则进入鼓粒期。

在一个荚中，顶部的豆粒首先快速发育，其次是基部的豆粒膨大，最后是中部的豆粒发育，当外界条件不良时其易形成空秕粒。鼓粒完成时，种子含水量为90%左右，随着种子成熟很快降到70%，以后含水量缓慢下降。当种子达最大干重时，含水量迅速降低，在7～14天内由65%降到15%左右。这时豆粒变硬，与荚皮分离，呈现本品种固有的形状和色泽。种子在开花后40～50天成熟。终花到成熟期占全生育期的1/5，又称生育后期。

大豆的成熟过程分为黄熟、完熟和枯熟3个阶段。黄熟期植株下部叶片大部分变黄脱落，豆荚由绿变黄，种子逐渐呈现其固有色泽，体积缩小、变硬，此时是人工收获或分段收获的适宜时期，也是大豆含油量最高的时期。进入完熟期叶片全部脱落，荚壳干缩，籽粒含水量降到15%，豆粒与荚皮分离，用手摇动会发出响声，此时为直接收获的适宜时期。到枯熟期时植株茎秆发脆，出现炸荚现象，种子色泽变暗。

二、大豆生长发育需要的环境条件

1. 光照

大豆是喜光作物。大豆的光饱和点是随着通风状况而变化的，通风状况好，光饱和点提高。大豆的光补偿点也受通气量影响，在低通气量下，光补偿点相对偏高；而在高通气量下，则相对偏低。在田间条件下，大豆群体冠层所接受的光照度极不均匀。大豆群体中、下层的光照是不足的，这里的叶片主要靠散射光进行光合作用。

大豆是短日照作物。大豆对日照长度反应极其敏感，即使极微弱的月光对大豆开花也有影响。大豆开花结实要求较长的黑夜和较短的白天。每个大豆品种都有其对生长发育适宜的日照长度，只要日照长度比适宜的日照长度长，大豆植株即延迟开花；反之，则提早开花。但是，大豆对短日照的要求是有限度的，并非越短越好。一般品种每日12小时的光照即可起到促进开花抑制生长的作用，9小时光照对部分品种仍有促进开花的作用。当每日光照缩短为6小时，则营养生长和生殖生长均受到抑制。大豆结实器官的发育和形成要求短日照条件，不过早熟品种的短日性弱，晚熟品种的短日性强。

认识大豆的光周期特性，可以在引种上加以利用。同纬度地区间引种容易成功，低纬度地区大豆向高纬度地区引种，生育期延迟，一般霜前不能成熟。反之，高纬度地区大豆品种向低纬度地区引种，生育期缩短，产量下降。

2. 温度

大豆是喜温作物。不同品种在全生育期内所需要的大于或等于10℃的活动积温相差很大，如黑龙江省的中晚熟品种要求2 700℃以上，而超早熟品种则要求1 900℃左右。

大豆种子萌发的最低温度是7～8℃，正常萌发出苗温度为10～12℃，最适温度为25～32℃。幼苗期生长的最低温度为8～10℃，正常生长温度为15～18℃，最适温度为20～22℃，苗期可忍受－3～－2℃短时间的低温，当气温降到－5℃时幼苗就会被冻死。分枝期要求的适宜温度为21～23℃。开花结荚期要求的最低温度为16～18℃，最适温度为22～25℃，低于18℃或高于25℃，花荚脱落增多。鼓粒期要求的最低温度为13～14℃，成熟期为8～9℃。一般18～19℃有利于鼓粒，14～16℃有利于成熟。鼓粒成熟期昼夜温差大，有利于降低呼吸作用，促进同化产物的积累。

大豆不耐高温，当气温超过40℃时，结荚率减少57%～71%。大豆植株的不同器官，对温度反应的敏感性不同。茎对温度较敏感，叶次之，根不敏感。在较低温度条件下，叶重与茎重的比值有增高趋势，茎重、叶重与根重的比值则有减少的趋势。

3. 水分

大豆是需水较多的作物。每形成1 kg籽粒，耗水2 000 kg左右。大豆不同生育时期对水分的需求不同：

播种到出苗期间，需水量占总需水量的5%。种子萌发需水较多，约为种子重的1～1.5倍。土壤相对含水量在70%时，出苗率可达94%；相对含水量增至80%时，出苗率降至77.5%，且出现烂根现象。说明水分过多，透气性差，土温较低，影响出苗。种子萌发出苗适宜的土壤相对含水量为70%。

幼苗期需水较少，占总需水量的13%，此时抗旱能力强，抗涝能力弱。幼苗期根系生长快，茎、叶生长较慢，土壤水分蒸发量大，适宜的土壤相对含水量为60%～70%。幼苗期适当干旱，有利于扎根，形成壮苗。

分枝期是大豆花芽分化的关键时期，需水量占总需水量的17%，如果干旱，会影响花芽分化，适宜的土壤相对含水量为70%～80%。

开花结荚期是大豆营养生长与生殖生长并进期，对水分反应敏感，是大豆一生中需水最多的时期，占总需水量的45%，也是需水临界期。开花结荚期适宜的土壤相对含水量为80%。

鼓粒成熟期营养生长停止，生殖生长旺盛进行，仍是需水较多的时期，需水量占总需水量的20%，适宜的土壤相对含水量为70%。

第二节　大豆高产栽培技术

一、播前准备

1. 选地与选茬

(1) 选地。耕层深厚，在20 cm以上，有机质含量为3%以上，容重0.8～1.2 g/cm^3 的土壤，最适于大豆的生长。各种土壤均可种植大豆，以壤土最为适宜。

大豆要求 pH 值 6.5～7.5 的中性土壤。pH 值低于 6.0 的酸性土往往缺钼，也不利于根瘤菌的繁殖和发育；pH 值高于 7.5 的土壤往往缺铁、锰。大豆不耐盐碱，总盐量小于 0.18%，NaCl 量大于 0.03%，植株生育正常。

(2) 选茬。大豆重茬、迎茬会影响产量和品质。一是病虫害加重；二是根系分泌物和根茬腐解物对大豆产生毒害作用；三是土壤微生物种群发生变化，不利于大豆的微生物种群增加；四是土壤养分过度偏耗；五是土壤理化性状恶化，容重变大，不利于大豆的生长发育，使大豆产量降低、品质下降。

大豆对前作要求不严格，凡有耕翻基础的禾谷类、经济类作物，如玉米、小麦、高粱、谷子和亚麻等都是大豆的适宜前作。

玉米茬土壤疏松肥沃，杂草少；小麦茬根系入土较浅，土质疏松，土壤熟化时间长，速效养分含量高，土壤水分状况好，杂草少。二者都能为大豆生长发育提供良好的土壤环境。高粱和谷子等杂粮作物根系分布浅，土壤疏松，有利于大豆根系生长，但应结合秋翻整地，加大施肥量，特别是增施有机肥，才能确保丰产。大豆与浅根性禾谷类作物轮作，存留危害大豆的病虫少，可以分别利用土壤不同层次的养分，达到均衡利用土壤养分的目的。各地大豆主要轮作方式如下：

小麦→大豆→小麦

小麦→大豆→玉米

大豆→杂粮→玉米

小麦→大豆→杂粮→玉米

马铃薯→小麦→大豆→杂粮

大豆→甜菜→小麦→玉米

2. 整地与施肥

(1) 耕整地。通过耕翻、深松，耕深达到 18～35 cm，形成深厚耕层；通过耙地和耢地，使耕层土壤细碎、疏松、地面平整，10 m 宽幅内高低差不超过 3 cm，每平方米内直径 3～5 cm 土块不超过 10 个。

1) 耕翻。耕翻深度为 18～20 cm，以不打乱耕作层为限。伏翻宜深，秋翻宜浅；有深松配合宜浅，无深松配合宜深。不起大块，不出明条，翻伐整齐严密，不重耕不漏耕，耕幅、耕深一致，耕堑直，百米内直线误差不超过 20 cm，地表 10 m 内高低差不超过 15 cm，翻耙紧密结合。

2) 深松。无深松基础的地块应深松以打破犁底层，有深松基础的地块每三年深松一次。深松深度一般为 30 cm，多年未深松、犁底层较厚的地块，应逐年加深，深松深度达到耕层以下 5～15 cm 为宜。深松宜在夏季进行；秋季土壤水分较充足仍可进行深松，但土壤水分较少的易旱地块，秋耕不宜深松；地势较高、耕性好的地块，可先深松后耙茬，低平地、耕性差的地块，可先耙茬后深松、再耙茬。深松应做到，不重不漏，不起大块，松耙紧密结合。干旱条件下苗期不宜深松。

3）耙地。耕翻、深松后应及时耙地。一种是冬前重耙两遍，耙深 15 cm 以上，耙透、耙细；早春轻耙 1～2 遍，深度达 8 cm 以上。另一种是有耕翻或深松基础的平播大豆，前茬多为小麦、亚麻等，在前作收获后，立即用双列圆盘耙耙地灭茬，对角耙 2～3 遍，耙深 12～15 cm，再轻耙 1～2 遍，耙平、耙细，播前耢平即可播种。

4）耢地。耢地可与耙地同时进行。秋天耢地以平地保墒为主，春天前期耢地以碎土平地为主，后期以保墒为主。根据耢地目的和时机，选择相应的机具类型。

5）旋耕。有深松基础的玉米茬、高粱茬地块，在秋季或春季可用旋耕机旋耕 1～2 次，旋耕深度 12～18 cm，再平播或起垄播种、镇压复式作业。

（2）需肥规律与施肥

1）大豆的需肥规律。大豆所需氮素营养的一部分是由根瘤菌固氮作用提供的，占总需氮量的 25%～60%，其余的氮素为出苗后从土壤中吸收。第一复叶期大豆的根瘤固氮能力弱，根吸氮量少，处于“氮素饥饿期”，叶色转淡。幼苗期以后吸氮量不断增加，到结荚期达到高峰期，以后吸氮量逐渐减少。大豆一生的氮素吸收具有前少后多、单峰曲线的特点。

大豆是“喜磷作物”，幼苗期到分枝期是磷的敏感期，缺磷器官发育受抑制，足磷对保证产量作用重大。大豆出苗后吸磷量迅速增加，到分枝期出现第一个吸收高峰，以后又渐渐下降；开花期以后吸磷量再次增加，到结荚期出现第二个高峰，以后又缓慢下降。大豆对磷的吸收具有前多后少、双峰曲线的特征。

大豆具有喜钾特性。从出苗到开花期吸收占总吸收量的 32.2%，开花期到鼓粒期吸收约占 61.9%，鼓粒期到成熟期吸收占 5.9%。大豆一生需钙较多，又称钙性植物。

2）施肥技术

①基肥。基肥应以有机肥为主，配合一定数量的化肥。根据地力情况有机肥施用量要达到每公顷 30 m^3 以上，化肥一般用尿素 52.5 kg/hm^2、二铵 150 kg/hm^2、氯化钾 75 kg/hm^2。基肥的施用方法因整地方法而异，最好在伏秋翻地前施入，通过耕翻和耙地将基肥翻耙入18～20 cm 的土层中。如果秋季或春季破垄夹肥，可将底肥施入原垄沟，然后破茬打成新垄，使基肥正好深施于新垄台下。来不及秋翻施肥的地块，可在春季耙地前撒施肥料，通过深耙混入土层中。

②种肥。化肥做种肥要做到氮、磷、钾搭配并补充微肥，要提倡和推广测土配方平衡施肥。没有配方施肥条件的地方，应按减磷、增钾的原则确定施肥量和比例。中等肥力地块，一般施过磷酸钙 97.5～150 kg/hm^2 或二铵 75～150 kg/hm^2，硫酸钾 37.5～60 kg/hm^2，一般不用氮肥作种肥。化肥应深施、分层施。施肥量大时，第一层施在种下 5～7 cm 处，占施肥总量的 30%～40%，第二层施于种下 8～16 cm 处，占总量的 60%～70%。在施肥量偏少的情况下，第二层施在 8～10 cm 处。

③追肥。在土壤肥力不足的地块，大豆苗期生育弱，封垄有困难时应根据土壤肥力状况、大豆苗期长势结合中耕除草追肥。开花至鼓粒期是大豆需肥的高峰期，在此前的分

枝期和初花期追肥，恰好可以满足大豆需肥高峰期的养分需求。施过基肥的地块，在初花期前5天左右要重施一次追肥，可追尿素75～112.5 kg/hm²，视苗情适当补施硫酸钾75～105 kg/hm²，开沟条施。基肥施用量少的地块，除苗期早追肥外，应根据土壤肥力和大豆长势，在分枝至初花期追施尿素75～150 kg/hm²，磷酸二铵150～225 kg/hm²，氯化钾5～10 kg/hm²。

根外追肥一般在初花到终花期喷施1～2次。用尿素7.5～15 kg/hm²，钼酸铵225～450 g/hm²，磷酸二氢钾1.5～4.5 kg/hm²，兑水450～750 kg根外追肥。其他微量元素不足的地块，可加硫酸锌75～375 g/hm²（最终浓度为0.01%～0.05%）或硫酸锰750 g/hm²（最终浓度为0.1%）或硼砂或硼酸75 g/hm²（最终浓度为0.01%）。

3．优良品种的选用

（1）优良品种的标准。在一定的自然条件、耕作栽培条件下经人类选择，形成了丰富的大豆品种类型，每一品种都有一定的特点和适应性。例如：喜肥水、茎秆粗壮的有限或亚有限结荚习性的品种、主茎发达的大粒种与植株高大、繁茂性强的中小粒种，适宜在高肥水的条件下栽培；无限结荚习性的品种，适宜在瘠薄干旱条件下种植。可见，大豆的优良品种没有统一的标准，一般在栽培地区能够充分发挥其优质、高产、稳产特性的品种，就称为优良品种。

（2）大豆优良品种选用的依据

1）根据无霜期和积温选用品种。根据当地积温和无霜期，选择熟期类型与之相适应的品种，既能保证霜前正常成熟，又不浪费光热资源。种植与主栽品种熟期相近的品种，就不会有大问题。一般北方春作大豆品种生育期90～155天；黄淮流域春、夏播大豆生育期90～150天；南方春大豆生育期95～110天，夏大豆生育期为120～150天，秋大豆生育期为90～115天。

2）根据地势、土壤和肥水条件选用品种。阳坡地、沙质土地温高，可选用生育期稍长的品种；阴坡地和黏质土地温低，应选用生育期略短的品种。一般情况下，肥水条件好、管理水平高的地区，可选用熟期稍长、增产潜力大的品种；平川地、二洼地要选用耐肥、抗倒的高产品种；瘠薄干旱、施肥量不足的地区，应选用适应性强并耐瘠薄的品种。

3）根据栽培方法选用品种。窄行密植要选用主茎发达、分枝少、秆强抗倒的中矮秆品种；大垄栽培与穴播要选用分枝能力强，中短分枝，茎秆直立，单株生产力高的品种；机械化收获应选用秆强不倒，株型收敛，结荚部位高，不易炸荚，籽粒破碎率低的品种。

4）根据加工企业和市场需求选用品种。根据加工企业和市场需要选择高油、高蛋白或双高品种是选用品种的重要原则。

5）特殊条件下的品种选用。在干旱、盐碱土地区宜选用耐旱、耐瘠和耐盐碱品种；在孢囊线虫、菌核病等危害严重的地区，要选用抗病虫品种；灌水栽培的大豆要选用抗倒伏的品种；重茬、迎茬多的地区，要注意选用多抗性品种。北方省份常见优良大豆品种见表5—1。

表 5—1　　北方省份常见优良大豆品种

序号	品种名	特　点
1	合丰 55	生育期 117 天左右，需活动积温 2 365.8℃。无限结荚习性，节间短，秆强，有分枝。中抗灰斑病，抗疫霉根腐病、花叶病毒病 1 号株系。适于黑龙江省第二、三积温带，吉林东部山区半山区和内蒙兴安盟、呼盟种植
2	合农 61	生育期 121 天左右，亚有限结荚习性。中感花叶病毒病 1 号株系，感花叶病毒病 3 号株系，中抗灰斑病。适宜在黑龙江省第二积温带、吉林蛟河和敦化地区、内蒙古兴安盟地区、新疆昌吉和新源地区春播种植
3	黑农 63	在适应区出苗至成熟生育日数 125 天左右，需≥10℃活动积温 2 600℃左右。无限结荚习性，株高 99 cm 左右，有分枝。适于黑龙江省第一积温带种植
4	黑农 65	在适应区出苗至成熟生育日数 115 天左右，需≥10℃活动积温 2 350℃左右。亚有限结荚习性，株高 90 cm 左右，有分枝。适于黑龙江省第二积温带种植
5	北豆 37	生育期 117 天左右，亚有限结荚习性。中感花叶病毒病 1 号株系，感花叶病毒病 3 号株系，中感灰斑病。适宜在黑龙江省第三积温带下限和第四积温带、吉林东部山区、新疆北部、内蒙古兴安盟北部地区和呼伦贝尔市春播种植
6	绥农 31	生育期 121 天左右，无限结荚习性。中感灰斑病，中抗花叶病毒病 1 号株系，感花叶病毒病 3 号株系。适宜在黑龙江省第二积温带和第三积温带上限、吉林省白山和吉林地区、新疆维吾尔自治区昌吉和新源地区春播种植
7	吉农 27	生育期 129 天左右，圆叶，白花，亚有限结荚习性。感胞囊线虫病，中感灰斑病，抗花叶病毒病 1 号株系，中抗花叶病毒病 3 号株系。适宜吉林中南部、辽宁东部山区、甘肃西部、宁夏北部、新疆伊宁地区春播种植
8	沈农 12	生育期 132 天左右，圆叶，紫花，亚有限结荚习性。中感胞囊线虫病，中感花叶病毒病 1 号株系和 3 号株系。适宜在辽宁中南部、宁夏中北部、陕西关中平原地区春播种植
9	登科 1	生育期 111 天左右，长叶，紫花，无限结荚习性。中感灰斑病，中感花叶病毒病 1 号株系，感花叶病毒病 3 号株系。适宜在黑龙江省第三积温带下限和第四积温带、吉林东部山区、内蒙古呼伦贝尔中部和南部、新疆北部地区春播种植
10	抗线虫 8	生育日数 120 天左右，需有效积温 2 500℃左右。亚有限结荚习性，株高 85 cm 左右。高抗大豆胞囊线虫 3 号生理小种，抗旱、耐盐碱性较强。适于黑龙江省西部第一积温带及相邻的内蒙、吉林等地同等积温及相应积温区的胞囊线虫发病区种植

4. 种子处理

（1）种子精选及发芽试验。播种前进行机械或人工精选，清除病虫粒、破碎粒、瘪粒和其他杂质。精选后的种子要达到二级良种以上标准，即品种纯度在 98%以上，种子净度 98%以上，发芽率 90%以上，种子含水量不高于 13%。

在种子精选前进行一次发芽试验，确定种子是否有选用的价值，如果没有种用价值就应更换，有种用价值的再进行精选。种子精选后再进行一次发芽试验，发芽率达到 90%以上才能播种。

选种有机械选种和人工粒选两种方法。机械选种是通过筛选或空气浮力选种，清除杂质，选出粒大、饱满、完整的种子。人工选种通过逐粒选择，清除病虫粒、破碎粒、小粒、瘪粒和其他杂质。

(2) 种子包衣。种衣剂是农药、微肥、生物激素的复合制剂，能促进幼苗生长，对地下害虫、大豆孢囊线虫、大豆根腐病、大豆根潜蝇等都有较好的防效。大豆种子包衣应根据需预防的病虫种类选择种衣剂，按使用说明的标注，将种衣剂与种子按比例快速混拌，使种衣剂在种子表面形成一层均匀的药膜即包衣，阴干后播种。目前大豆常用种衣剂有 ND 大豆专用种衣剂、30%多克福大豆种衣剂、25%呋多种衣剂等，用量为种子重的 1%～1.5%。种子量较大时进行机械包衣，按药、种比例调节好计量装置，按操作要求进行作业。种子量小时可人工包衣，按比例分别称好药和种子，先把种子放到容器内，然后边加药边搅拌，使药剂均匀地包在种子表面。

(3) 微肥拌种。主要采用钼酸铵、硫酸锌、硼砂、硫酸锰等微肥拌种。一般经过测土：土壤有效钼含量≤0.15 mg/ kg，有效锌、有效硼含量≤0.5 mg/ kg，有效锰含量≤5 mg/ kg 时，或经对比试验证明施用微肥有效时使用。

每千克豆种用 5 g 钼酸铵磨细，用非铁容器，先加少量热水溶化后稀释，总用水量为种子重的 0.5%，用喷雾器喷在大豆种子上阴干后播种。每千克豆种用硫酸锌 4～6 g，拌种用水量为种子重的 0.5%。每千克豆种用硼砂 0.4 g，先将硼砂溶于 16 mL 热水中，然后与种子均匀混拌。每千克豆种用硫酸锰 10 g，溶于种子重 1%的水中，喷在种子上拌匀阴干播种。

两种以上微肥拌种，总用水量不宜超过种子重的 1%，防止种子皱缩、脱皮，影响播种质量。播种要注意墒情，适宜的土壤湿度为 60%左右。微肥拌种不能与碳酸氢铵等碱性肥料混用。

(4) 微生物菌剂拌种。根瘤菌是大豆常用的微生物菌剂，它可以固定空气中的氮素，直接供给大豆发育所需氮素营养。另外还有增产菌，它的作用是增强大豆对不良环境的适应性，即提高抗逆性，提高产量。

根瘤菌拌种时，用量为 3.75 kg/hm²。先用种子重 2%的水把菌剂搅成糊状，然后与种子混拌均匀，阴干后 24 小时内播种；增产菌拌种时将粉剂 10 g 加适量的水搅匀，用喷雾器均匀地喷洒在 5 kg 大豆种子表面，边喷边搅，使种子表面都沾有菌液，阴干即可使用。

二、播种技术

1. 播种时期

适时播种是大豆丰产的重要基础。播种过早，地温低，出苗慢，容易感染病害，出苗过早也易受冻害。播种过晚，容易造成贪青晚熟，降低产量和品质。

大豆一般在 5～10 cm 土层稳定达到 8℃时即可开始播种。早熟品种适当晚播，晚熟品种适当早播；土壤墒情好可适当晚播，墒情差应抢墒播种。如黑龙江省南部于 4 月 25 日至 5 月 10 日，北部 5 月 5 日至 5 月 15 日播种；吉林省平原地区 4 月 20 日至 4 月 30 日，东部山区、半山区于 4 月 25 日至 5 月 5 日播种；辽宁省 4 月 20 日至 5 月 10 日播种；内蒙古自治区 4 月 20 日至 5 月 20 日播种。

2. 种植密度及播种量

（1）种植密度。确定密度主要考虑品种、肥水条件、种植方式及气候条件等因素。

早熟品种宜密，晚熟品种宜稀；植株矮小欠繁茂宜密，植株高大繁茂宜稀；瘦地宜密，肥地宜稀；窄行密植宜密，精密播种、穴播宜稀；无霜期短宜密，无霜期长宜稀；晚播宜密，早播宜稀。清种宜密，间作宜稀。

土质肥沃、种植分枝性强的品种，一般保苗 15 万～19.95 万株/hm^2。土质瘠薄，种植分枝性弱的品种，一般保苗 24 万～30 万株/hm^2。高寒地区，种植早熟品种，一般保苗 30 万～45 万株/hm^2。在种植大豆的极北限地区，极早熟品种一般保苗 45 万～60 万株/hm^2。如黑龙江省中、南部地区垄作一般保苗 25.5 万～34.5 万株/hm^2，北部地区一般保苗 28.5 万～40.5 万株/hm^2。吉林省垄作中部地区一般保苗 18 万～22.05 万株/hm^2，西部地区一般保苗 19.95 万～22.05 万株/hm^2，东部地区一般保苗 18 万～19.95 万株/hm^2。辽宁省北部地区一般保苗 19.5 万～30 万株/hm^2。山西北部一般保苗 22.5 万～37.5 万株/hm^2。

（2）播种量。按公顷保苗数要求，根据种子净度、发芽率、百粒重及田间损失率计算播种量。

播种量（kg/hm^2）＝公顷保苗数×百粒重/［发芽率×净度×10^5×（1－田间损失率）］

田间损失率一般按 10%计算。要求各排种口流量均匀，误差不超过±4%，播种量误差不超过±3%。

3. 播种方法

（1）播种方法

1）精量点播。机械垄上单、双行等距精量点播；双行间的间距为 10～12 cm。人工点播，一般用杯耙开沟，人工摆种。摆种后立即覆土 3～5 cm，镇压提墒。如土壤含水量高，待表土略干后再镇压，以免表土板结影响出苗。

2）垄上机械双条播。双条间距 10～12 cm，要求对准垄顶中心播种，偏差不超过±3 cm。

3）窄行平播。行距 45～50 cm，实行播种、镇压连续作业。

4）等距穴播。大豆等距穴播是利用植株高大、繁茂的品种，人工或利用机具，在垄上按相等穴距，穴内定株的播种方法。一般穴距 15～25 cm 不等，因种植密度而异，每穴点种 3～4 粒。

无论采用何种播法，均要求覆土厚度 3～5 cm。过浅，种子容易落干；过深，子叶出土困难。

（2）播种质量检查。检查播种质量包括行距、播种深度、播种量三项内容。检查时按对角线方向随机选取 10 个以上测定点取平均值。

1）检查行距。拨开相邻两行的覆土，直至发现种子，用直尺测量种子幅宽，确定其中心距离是否符合规定的行距，要求行距误差不应超过 2.5 cm。

2）检查播种深度。每个测定点拨开覆土直至发现种子，顺播种方向贴地表水平放置直尺，再用另一根带刻度的直尺测量出种子至地表的垂直距离。平均播深与规定播深的偏差不应大于0.5～1.0 cm。

3）检查播种量。在选定的测定点，顺播种行的走向拨开1 m长的覆土，直至露出种子，查种子粒数，即得1 m长度的播种行内实播种子数，与根据播种量计算出来的每米长度内应播种粒数比较。穴播还要检查各测点每穴播种粒数并测量穴距。每行应选3～5个测点，每个测点长度不应小于规定穴距的3倍。每穴种子粒数与规定粒数误差±1粒为合格；穴距与规定穴距±5 cm为合格。精密播种机播种，粒距±0.2 cm为合格。

三、田间管理

1. 查田补苗

在大豆出苗期间及时进行田间检查，查清各地块的缺苗程度、缺苗面积和分布状况，如果缺苗率超过5%，则需要进行补种或补栽。补种要及早进行，将种子播在湿土上，并加强肥水管理，使补种苗尽快赶上原苗；也可在地头或行间先播一些种子，长成预备苗，在出苗后进行坐水补栽。

2. 间苗、定苗

通过间苗、定苗可以保证合理密度，调节植株田间分布，有利于个体发育，为建立高产大豆群体打下基础。

在大豆齐苗后，子叶展平开始间苗，打开死撮子。定苗时，按规定密度留苗，拔除弱苗、病苗和小苗，同时剔除苗眼草，并结合松土培根。

3. 中耕培土

中耕具有抗旱保墒、疏松土壤、提高地温、除草、促进根瘤形成和幼苗生长的作用。

大豆生育期间应进行2～3次中耕。第一次在第一片复叶展开时进行，耕深10～12 cm，墒情好时可垄沟深松18～20 cm，要求垄沟和垄帮有较厚的活土层，坐犁土不应少于5 cm，培土厚度不超过子叶节，少培土形成张口垄。第二次在苗高20～25 cm时进行，耕深8～12 cm，培土厚度不应超过初生真叶节。第三次在封垄前结束，耕深8～12 cm，防止伤根。低洼地应高培垄，以利排涝。

4. 科学灌水

(1) 灌水原则。据苗情定灌水：需灌水的标志为生长缓慢，叶色老绿，中午叶片萎蔫，叶片含水量降低到70%以前应灌水；据墒情定灌水：当土壤含水量低于最适含水量时要及时灌水，地表有明水要及时排水；据雨情定灌、排水：久晴无雨或气温高，蒸发量大，土壤水分不足时要及早灌水，降雨偏多的年份，加强排涝；据地形和土质定灌水：沙壤土勤灌轻灌，土质黏重加大灌水量，减少灌水次数。

(2) 灌水时期与定额。分枝期早熟、中早熟品种干旱时应灌水，中晚熟品种一般不灌，灌则少灌，一般灌水300～450 t/hm²；开花结荚期干旱会严重减产，应勤灌水、多灌水，一般灌水600～750 t/hm²；鼓粒期根据降雨量决定是否灌水，干旱年份一般灌水450～600 t/hm²。

(3) 灌水方法。灌溉方法因各地气候条件、栽培方式、水利设施等情况而定。灌水效果喷灌优于沟灌，能节约用水40%～50%。沟灌优于畦灌。有条件的可采用滴灌或地下多孔管渗灌。

四、病虫草害防治

1. 大豆主要病害的防治

(1) 大豆孢囊线虫病。孢囊线虫病又名萎黄线虫病、根线虫病，俗名“火龙秧子”，主要为害根部。

1) 为害症状

①苗期：当2～3片真叶形成后，由于根部受害，地上部表现叶片发黄，茎部也变为淡黄色，生长缓慢以致枯死，从而可造成田间缺苗断条。

②成株期：由于大豆根部受害，7月份以后在田间出现成片叶片变黄、矮小的植株，严重者则停止生长以致枯死，受害轻者虽能开花，但不结实或结实稀少。拔出病株可见根部的根瘤显著减少，但须根增多，其上生有虱卵般的白色细小的虫瘿（雌虫）。被害根部表皮龟裂，极易遭受其他真菌或细菌侵害而引起腐烂，使病株提早枯死。

2) 防治措施

①实行合理轮作。与禾谷类作物等非寄主作物轮作，特别是水旱轮作，是防治本病的行之有效的农业措施。轮作年限越长，效果越好。严重发生地块一般9～10年内禁止种植大豆。有条件的情况下，可种2～3年水稻后再种植大豆，防治效果较好。

②农业技术措施。防止机械传播，尤其拖拉机和农机具不要将病田土壤带入无病田。作业时先从无病田开始作业，再到有病田作业，作业后及时清除机具上的病田土壤。

选保水、保肥、有机质含量高的壤土地种植大豆；或改良土壤，增施牛、马、猪粪等腐熟有机肥（每公顷施30 t以上）或翻压绿肥（特别是线麻作绿肥）；发病较重需及时灌水。

3) 种子药剂拌种。大豆孢囊线虫病中等偏轻发生时，采用药剂拌种方法有效，中等偏重发生或严重发生地块不能种大豆。

①用种子重量1.5%的35%多克福大豆种衣剂进行拌种；

②用种子重量0.6%～0.7%的35%乙基硫环磷乳油，加0.3%的50%多菌灵可湿性粉剂，加0.2%的50%福美双可湿性粉剂，加0.3%的北丰牌多元复合肥或1%多功能液体复合肥，用聚乙烯醇200倍液1 L或YZ—901原液稀释15～20倍液拌大豆种子100～150 kg。由于乙基硫环磷气味较大，拌药后种子不易干，因此拌种与播种最好间隔7～10天，使其充分阴干，还应选择封闭较严的拌种器械及采取良好的劳动保护措施。上述两种配方可避免孢囊线虫第一代侵染，并兼防根腐病、潜根蝇、蓟马、二条叶和蚜虫等苗期病虫害。该措施的目的在于保主根、保幼苗和育壮苗，增强大豆自身抗逆能力。

4) 土壤施药。由于土壤施药用药量大、成本高，因此仅限于发病严重的地块才能应用。

3%呋喃丹颗粒剂，每公顷用药量为75～90 kg，或10%涕灭威颗粒剂，每公顷用药量为37.5～60.0 kg。

（2）大豆根腐病。大豆根腐病是东北大豆产区的重要根部病害，我国主要分布于东北、内蒙古及西北地区。根腐病是各种根部腐烂病害的统称，由多种土壤习居菌侵染引起，从幼苗到成株均可发生。病菌主要以菌丝、菌核在土壤和病株体内越冬。不同病菌引起的病害症状不尽相同，但共同点是根部腐烂。大豆4～5片复叶期开始在田间点片发病，呈圆形或椭圆形“锅底坑”状分布。因根部受害，病株瘦小、变黄，叶脉绿色但叶片从叶缘向内变黄。严重时根部变褐腐烂，地上部枯死。土壤瘠薄、黏重、通透性差、低洼潮湿发病重，连作年限越长发病越重。防治措施如下：

1）种子处理。每100 kg大豆种子用2.5%咯菌腈（适乐时）悬浮种衣剂600～80 mL拌种，或用种子重量0.3%～0.5%的50%多菌灵可湿性粉剂、50%福美双可湿性粉剂拌种。

2）选地与轮作。选择土壤通透性好、肥沃、排灌良好的地块种植大豆；避免重迎茬，与禾本科作物2年以上轮作。

3）提高播种质量。选用中黄13号等抗耐病品种大垄栽培。土温稳定在6～8℃时播种，播深不要超过5 cm，湿度大时不能顶湿强播。

4）加强田间管理。雨后及时排除田间积水、深松和中耕培土，勿过多施用氮肥，增施磷肥，及时防治地下害虫及根潜蝇，选用安全性好的除草剂，提高使用技术，减少苗期除草剂药害，减轻发病。

5）生物防治。用种子重量2%的保根菌拌种，阴干后播种，或用种子量1%的2%菌克毒克水剂拌种，或用埃姆泌45～75 kg/hm^2 防治。

（3）大豆灰斑病。大豆灰斑病又名蛙眼病、斑点病或斑疹病。中等发病程度减产10%～15%，严重发病程度可减产30%以上。籽粒感病影响大豆出售的商品等级，一般情况下降低商品等级2～3级，灰斑病粒率大于7%不能出口。

1）为害症状

①幼苗：子叶上的病斑圆形、半圆形或椭圆形，深褐色，略凹陷。天气干旱时，病斑常不扩展；苗期低温多雨时，子叶上的病斑迅速扩展到幼苗的生长点，使幼苗的顶芽变褐枯死。

②叶片：初期为褐色小点，然后扩展为圆形、椭圆形或不规则形，直径1～6 mm，边缘褐色，中部灰色或淡灰褐色，病斑背面生有灰色霉层，即病菌的分生孢子梗和分生孢子。严重时，病斑可布满全叶，相互汇合，使叶片枯死，提早脱落。

③茎秆：早期中央褐色、边缘黑褐色圆形斑点，后期扩展为纺锤形或条状病斑，中部黑灰色，边缘黑褐色，病斑上生有不明显的霉状物。

④豆荚：病斑为圆形、椭圆形或纺锤形，直径1～4 mm。有时下陷，灰褐色，部分病荚膜经常粘在种皮上。籽粒：轻者生褐色斑点，重者病斑圆形或不规则形，中部灰色，边缘暗褐色，严重时病部表面粗糙，凸出并有细裂纹。

2）防治措施

①药剂拌种。35%多克福大豆种衣剂（ND牌）用种子重量的1.5%剂量拌种；50%多菌灵可湿性粉剂用种子重量的0.3%加50%福美双可湿性粉剂用种子重量的0.2%，混合后进行拌种。提高保苗率，避免大豆苗期受害。

②农业技术措施。避免连作，应与禾本科作物实行2年以上轮作。秋收后及时耕翻，将病株残体埋入土壤深层，以减少菌源。

③药剂防治。40%多菌灵胶悬剂，每公顷用药1.5 L；50%多菌灵可湿性粉剂，每公顷用药1.5 kg；70%复方甲基托布津可湿性粉剂，每公顷用药1.5 kg。在大豆初花期（7月初）兑水喷雾，防治叶部病害；初荚期（7月15日至25日）兑水喷雾，主要防治荚部和籽粒病害，兼防大豆生育后期叶部病害。

(4) 大豆褐纹病。大豆褐纹病又称大豆褐叶病、大豆斑枯病，全国各大豆产区均有发生。东北地区发生普遍，苗期病株率可达100%。大豆褐纹病从苗期到成株期均可发生，主要危害叶片，病株单叶甚至下部复叶长满病斑，层层脱落，对大豆产量影响很大。叶上产生多角形1～5 mm褐色或赤褐色略隆起的病斑，中部色淡，稍有轮纹，上生小黑点，病斑周围组织黄化，多数病斑可汇合成黑色斑块，导致叶片由下向上提早枯黄脱落。一般种子带菌率高，种子带菌导致幼苗子叶发病。连作，温暖多雨，结露持续时间长，发病重。其防治措施如下：

1）选用抗病品种并进行种子处理。选用抗病品种可减少产量损失。播前用种重0.3%的50%福美双可湿性粉剂或50%多菌灵可湿性粉剂拌种，或用大豆种衣剂包衣处理。

2）合理轮作，消灭菌源。与禾本科作物3年以上轮作，收获后及时清除病残体并深翻，豆秸若留作烧柴，应在雨季之前烧光。

3）合理施肥。施足基肥及种肥，及时追肥。生育后期最好喷施多元复合叶面肥，增强抗病性。

4）药剂防治。发病初期用每公顷900～1 200 mL 25%阿米西达、每公顷1 125～1 500g 50%多菌灵可湿性粉剂等兑水喷雾，隔7～10天喷1次，连用2～3次。也可用47%春雷霉素可湿性粉剂800倍液、30%碱式硫酸铜悬浮剂300倍液等喷雾，隔10天左右喷1次，连续用药1～2次。

(5) 大豆菌核病。大豆菌核病又称白腐病。20世纪60年代曾在黑龙江省牡丹江、合江等地区发生。70～80年代仅在个别地区发生，进入90年代，此病有扩大发展的趋势。

1）为害症状

①幼苗：首先发生于茎基部，以后向上蔓延，病部呈深绿色湿腐状，其上可生白色棉絮状菌丝体，以后病势严重，倒伏而死。

②成株期：茎或茎基部病斑呈暗褐色，湿润状，扩大后呈深褐色，后变苍白色，病斑不规则形，可扩展而环绕茎部并向上、下蔓延。病部以上往往枯死，也可造成茎秆折断。潮湿时，病部生絮状白色菌丝，其中杂有黑色鼠粪状菌核。病茎内部髓变空，被菌丝充塞其中。后期干燥时，茎部皮层纵向撕裂，维管束外露呈乱麻状。病重时整个植株枯死，颗粒无收；

病轻时，部分枯死，种子不饱满。叶片被害后，呈暗青色，水渍状，叶片腐烂，也可有絮状菌丝。叶柄、分枝等处也可受害，病部呈苍白色，后期表皮破裂呈现乱麻状，其上生菌核，但易脱落。被害荚呈苍白色，多不能结实，被害荚内的种子腐败或干缩。

2）防治措施

①合理轮作。病区必须避免大豆连作或与向日葵、油菜等寄主植物轮作。大豆与向日葵、油菜邻作或前邻作都能引起严重发病。可与玉米、小麦、高粱等禾本科作物实行两年以上的轮作。

②栽培管理。病害常发区的病田收获后要深翻，清除或烧毁残茬。大豆封垄前，应及时进行 2～3 次中耕培土，防止菌核萌发出土或形成子囊盘，以减少田间发病菌源。注意排淤治涝，平整土地，开沟排水，防止积水和流水传播。

③选用无病种子。从无病田留种或清除混杂于种子间的菌核。

④药剂防治。可根据当地病情，在菌核萌发出土后至子囊盘形成期，于土表喷药防治；发病后植株表面喷药，一般发病初期喷药一次，7～10 天后再喷一次。

50％速克灵可湿性粉剂，每公顷用药量为 1.125～1.5 kg，兑水喷雾。

50％农利灵可湿性粉剂，每公顷用药量为 1.125～1.5 kg，兑水喷雾。

（6）大豆霜霉病。大豆霜霉病在我国各地普遍发生，东北、华北等冷凉多雨地区发病较重，造成早期落叶、百粒重降低，籽粒含油率和发芽率降低。大豆各生育期均可发生，主要为害叶片和籽粒。带菌种子长出的幼苗，真叶和复叶从叶基部开始沿叶脉出现褪绿大斑块，后全叶变褐枯死。叶片上再侵染可引起边缘不明显、散生的褪绿小点，后扩大成多角形、黄褐色病斑。潮湿时叶背均产生灰白色霉层。病荚内有大量杏黄色粉状物，病籽粒色白、无光泽，表面有一层黄白色粉末。大豆生长季节冷凉（10～24℃）高湿易使病害发生流行。防治措施如下：

1）选用抗病品种。推广吉育 47 号、蒙豆 14 号等抗病品种。

2）选用无病种子，进行种子处理。带菌种子是最主要的初侵染源，应选无病田留种并精选种子。播种前用种子重量 0.3％的 35％甲霜灵（瑞毒霉）可湿性粉剂，或用种子重量 0.3％的 80％克霉灵可湿性粉剂拌种。

3）合理轮作，铲除病苗。病菌可以卵孢子在病残体上越冬，轮作或清除病残体可减轻发病。结合田间管理铲除病苗，减少再侵染。

4）药剂防治。发病初期，可选用 25％甲霜灵（瑞毒霉）可湿性粉剂 800 倍液、58％甲霜灵锰锌可湿性粉剂 600 倍液、69％烯酰吗啉（安克锰锌）可湿性粉剂 900～1 000 倍液喷雾防治。隔 7～10 天喷 1 次，连防 2～3 次。

（7）大豆菟丝子。大豆菟丝子又名黄丝子、黄丝藤、金线草、黄豆丝、无根草和豆寄生等，是一种对外检疫对象。大豆菟丝子发生比较普遍但为害程度不同，一般使大豆减产 5％～10％，重病田可减产达 40％～50％，个别地块可达 80％。大豆菟丝子是一种典型的茎寄生恶性杂草，为全寄生性种子植物，不生根和叶片退化，仅有黄色纤细的茎，缠绕在大豆茎上，以吸盘伸入茎内吸收营养和水分，使大豆生长不良，表现黄化、瘦弱，叶被缠绕不能展开，茎被缠绕使分枝间接近，不能向外伸展。从而影响大豆正常结实以至于不能结实。大豆被寄生后，植株矮小，重者早期死亡，轻者结荚减少，籽粒瘦秕，百粒重大幅度降低。防治措施如下：

在严格实行检疫的基础上，对疫区采取农业防治与药剂防治相结合的综合防治措施。

1）严格实行检疫。通过植物检疫，严格控制菟丝子进入保护区。

2）选种。脱谷后或播种前，采用筛选法或风选法将菟丝子种子从大豆种子间淘汰出去，减少初侵染源。

3）轮作与深翻。可与禾本科作物轮作，或对病田进行秋翻，将菟丝子种子深埋地下。

4）早拔病株。发现田间有少数大豆被害时，及时拔除，最晚不得迟于开花之前。

5）药剂防治。用48%地乐胺乳油，每公顷用药3 L，兑水喷雾。使用方法为播前土壤施药，随喷随混土，混土5～7 cm或播后苗前土壤施药，然后要浅混2～3 cm。上述技术适用于菟丝子发生普遍，污染面积大而分布广的地块。如点片发生地点，可使用48%乐胺乳油150～200倍液，人工喷雾于寄生有菟丝子的大豆植株上（即挑发病点防治），或地面每平方米喷药液1～2.5 L，稀释后喷洒。一般菟丝子于3～5天即可枯死。

2. 大豆主要虫害的防治

（1）大豆食心虫。大豆食心虫又称大豆蛀荚蛾、小红虫，是我国北方大豆产区的重要害虫，主要以幼虫蛀荚为害豆粒，对大豆的产量、质量影响很大。食心虫成虫为暗褐色小蛾子，体长5～6 mm。前翅暗褐色，前缘有10条左右黑紫色短斜纹，外缘内侧有一个银灰色椭圆形斑，斑内有3个紫褐色小斑。低龄幼虫黄白色，老熟幼虫鲜红色或橙红色。大豆食心虫在我国各地1年发生1代，以末龄幼虫在大豆田的土壤中作茧越冬。成虫有弱趋光性，飞翔能力弱，下午在豆株上方成团飞舞。在3～5 cm长的豆荚、幼嫩豆荚、荚毛多、荚毛直立的品种的豆荚上产卵多，极早熟或过晚熟品种着卵少，初孵幼虫在豆荚上爬行数小时后便蛀入荚内，并将豆粒咬成兔嘴状缺刻。防治措施如下：

1）农业防治。选用抗（耐）虫品种，宜选用无荚毛或荚毛弯曲、成熟期适中的抗虫品种，如吉育47号等，可有效减轻为害。大豆与甜菜、亚麻或玉米、小麦等禾本科作物2年以上轮作，最好不要与上年种植大豆的田块邻作；大豆收获后及时深翻，可增加越冬幼虫死亡率。适当提前播种，可减少豆荚着卵量，降低虫食率。

2）生物防治。在成虫产卵盛期释放赤眼蜂，放蜂量为30万～40.5万头/hm^2，可消灭大豆食心虫卵。

3）药剂防治成虫。成虫在田间“打团”飞舞时即为防治适期。可选用每公顷405～600 mL 2.5%敌杀死乳油、每公顷450 mL 20%灭扫利乳油、每公顷1 200～1 500 mL 48%乐斯本（毒死蜱）乳油等喷雾防治。喷药时，将喷头朝上，从根部向上喷，使下部枝叶和上部叶片背面着药。大豆封垄后，用长约30 cm的玉米秸等两节为一段，去皮的一节浸足敌敌畏药液，每隔4垄在垄上间距5 m将药棒留皮的一端均匀插在垄台上，每公顷需药棒 600～750 根熏蒸杀死成虫。

(2) 大豆蚜虫。大豆蚜虫俗称腻虫，繁殖力强，1 头雌蚜可繁殖 50～60 头若蚜，若蚜在气候适宜时，5 天即能成熟进行生殖。1 年可在大豆上繁殖 15 代。以成蚜和若蚜集中在豆株的顶叶、嫩叶、嫩茎刺吸汁液，严重时布满茎叶，幼荚也可受害。豆叶被害处叶绿素消失，形成鲜黄色的不规则黄斑，继后黄斑逐渐扩大，并变为褐色。受害严重的植株，叶卷缩，根系发育不良，发黄，植株矮小，分枝及结荚减少，百粒重降低，苗期发生严重时可使整株死亡。大豆蚜虫经常发生为害，干旱年份大发生时为害更为严重，如不及时防治，轻者减产 20%～30%，重者减产 50%以上。防治措施如下：

1) 农业防治。保护天敌，尽量保持田间优势天敌种群，早期防治防止为害蔓延，消灭越冬寄主。

2) 药剂防治

①药剂拌种。用大豆种衣剂拌种可减轻苗期大豆蚜虫为害。

②田间喷雾防治。每公顷 90～120 g 50%抗蚜威可湿性粉剂，或每公顷 750～1 125 mL 40%乐果，兑水喷雾。大面积发生时可用飞机喷雾。

(3) 大豆根潜蝇。大豆根潜蝇又名豆根蛇潜蝇、大豆根蛆，主要分布于黑龙江、吉林、辽宁、内蒙古等地，是我国北方大豆产区的重要害虫。大豆根潜蝇 1 年发生 1 代，成虫为体长 2.2～2.4 mm 的黑色小蝇子，复眼大、暗红色，触角具芒状。翅有紫色闪光，翅脉上有毛。幼虫为长约 4 mm 的乳白色至浅黄色小蛆，体圆筒形，半透明。成虫舔吸豆苗叶片的汁液，使叶面出现很多密集透明的小孔；幼虫钻蛀为害幼根，形成 3～5 cm 长的隧道，并使被害根变粗、变褐或纵裂，从而形成“破肚”现象，伤口导致根部侵染性病害发生。受害大豆幼苗植株矮小，叶色变黄。防治措施如下：

1) 农业防治。大豆根潜蝇为单食性害虫，只为害大豆和野生大豆，且飞翔力弱，成虫取食大豆叶片的汁液补充营养，因此轮作换茬可减轻为害。大豆收获后深翻，能把蛹埋入较深土壤中，降低成虫羽化率。秋耙地，可破坏大豆根潜蝇的越冬场所，并将部分土壤中越冬的蛹带到地表，增加死亡率。培育壮苗，可提高耐害力。适期早播，施足基肥，增施磷、钾肥，能加快大豆幼苗生长发育速度，提高根部木质化程度，使大豆幼苗期躲过幼虫盛发期，减轻受害程度。

2) 种子处理。用含有呋喃丹（克百威）的种衣剂包衣，如用种子重量 1%～1.5% 的 35%多克福悬浮种衣剂包衣，也可用 40%乐果乳油 700 mL 加水 4 000～5 000 mL，喷拌 100 kg 大豆种子。

3) 药剂防治。用 3%呋喃丹颗粒剂、10%涕灭威颗粒剂撒入播种穴或播种沟内，用药量 15～37.5 kg/hm^2，然后播种；防治幼虫用 80%敌敌畏乳剂 800～1 000 倍液、40%乐果乳油 1 000 倍液喷雾或灌根；在成虫盛发期，即大豆长出第一片复叶前，子叶表面出现黄斑，目测田间出现成虫时，药剂喷雾防治成虫。

3. 大豆化学除草

大豆田常见的主要禾本科杂草有马唐、牛筋草、狗尾草、稗草和野燕麦等，阔叶杂草有反枝苋、皱果苋、铁苋莱、龙葵、马齿苋、苍耳、鸭跖草、苘麻、藜及刺儿菜等。

(1) 播前土壤处理。大豆田播种前土壤处理多采用混土处理方法，其优点是可防止挥发性和易光解除草剂的损失，在干旱年份也可达到较理想的防治效果，并能防治深层土中一年生大粒种子的阔叶杂草，在东北地区由于气温低也可于上年秋季施药。操作时混土要均匀，混土深度要一致，土壤干旱时应适当增加施药量。可选用的除草剂有：

1) 氟乐灵。氟乐灵主要用于防除禾本科杂草和一部分小粒种子的阔叶杂草。一般在播前 5～7 天用药，春大豆也可在上年秋天用药，48%氟乐灵用量为 1.65～2.6 L/hm^2，施药后 2 天内及时混土 5～7 cm。

2) 灭草猛（卫农）。灭草猛主要用于防除一年生禾本科杂草和部分阔叶杂草，88%灭草猛乳油用量为 2.6～4.0 L/hm^2，混土 5～7 cm。

3) 地乐胺。地乐胺主要用于防除禾本科杂草和部分阔叶杂草，48%地乐胺乳油用量为沙质土 2.25 L/hm^2、壤质土 3.45 L/hm^2、黏土 4.5～5.6 L/hm^2，混土 5～7 cm。

(2) 播后苗前土壤处理

1) 防除禾本科杂草。可选用的除草剂有：50%乙草胺乳油 2.25～3 L/hm^2，沙质土壤及夏大豆田可适当降低用量；72%异丙甲草胺乳油 1.5～2.7 L/hm^2；48%甲草胺（拉索）乳油 4.5～7.0 L/hm^2；72%异丙草胺（普乐宝）乳油 1.5～2.7 L/hm^2。

2) 防除阔叶杂草。可选用的除草剂有：80%茅毒可湿性粉剂 2.25～2.7 kg/hm^2，50%速收可湿性粉剂 0.12～0.18 kg/hm^2。

3) 防除阔叶杂草和禾本科杂草。常用的除草剂有：50%嗪草酮可湿性粉剂 1.05～1.5 kg/hm^2，土壤有机质含量低于 2%的土壤和沙质土不能应用；50%广灭灵乳油2.25～2.5 L/hm^2；5%普施特水剂 1.5～2.0 L/hm^2，因对下茬油菜、水稻、甜菜和蔬菜等极易产生药害，故在夏大豆种植区不宜使用。

此外，大豆田化学除草的土壤处理多以混用为主，常用的混用组合有：乙草胺＋嗪草酮、氟乐灵＋嗪草酮、拉索＋嗪草酮、都尔＋嗪草酮、广灭灵＋嗪草酮、氟乐灵＋广灭灵、氟乐灵＋普施特、氟乐灵＋茅毒、灭草猛＋嗪草酮、乙草胺＋广灭灵、乙草胺＋普施特、都尔＋普施特、都尔＋广灭灵、乙草胺＋速收、都尔＋速收以及氟乐灵＋速收等。

(3) 苗后茎叶处理

1) 防除禾本科杂草。常用的除草剂有：20%拿捕净 1.5～2.0 L/hm^2；12.5%盖草能乳油 0.75～1.0 L/hm^2 或 10.8%高效盖草能乳油 0.375～0.525 L/hm^2；15%精稳杀得乳油 0.75～1.2 L/hm^2；10%禾草克乳油 0.75～1.2 L/hm^2 或 5%精禾草克乳油 0.45～0.9 L/hm^2；7.5%威霸浓乳剂 0.45～0.75 L/hm^2；12%收乐通乳油 0.525～0.6 L/hm^2 以及 4%喷特乳油 0.6～1.0 L/hm^2。上述药剂均于杂草 3～5 叶期喷施。

2) 防除阔叶杂草。常用的除草剂有：21.4%杂草焚水剂 1.0～1.5 L/hm^2；25%虎威水剂

1.0～1.5 L/hm²；48%苯达松水剂 1.5～3.0 L/hm²；44%克莠灵水剂 1.5～2.0 L/hm²；24%克阔乐乳油 0.4～0.5 L/hm²；10%利收乳油 0.45～0.675 L/hm²。上述药剂均需在大豆 3 片复叶前、杂草 2～4 叶期用药。

五、收获储藏

1. 收获时期

大豆收获过早，籽粒尚未充分成熟，百粒重、蛋白质、脂肪含量均低；收获过晚，会造成炸荚落粒，品质下降。适宜收获时期因收获方法不同而异。直接收获的最适宜时期是在完熟初期，此时大豆叶片全部脱落，茎、荚和籽粒均呈现出原品种的固有色泽，籽粒含水量在 20%～25%，用手摇动会发出响声。分段收获可提前到黄熟期，此时大豆已有 70%～80% 叶片脱落，籽粒开始变黄，部分豆荚仍为绿色，是割晒的最适时期。过早收获，茎、叶含水量高，青粒多，易发霉；过晚则失去了分段收获的意义。

2. 收获方法

（1）直接收获。直接收获就是用联合收获机直接收获。要求割茬高度以不留底荚为度，一般为 5 cm，综合损失不超过 4%，收割损失不超过 2%，脱粒损失不超过 2%，破碎粒不超过 3%。

（2）机械分段收获。机械分段收获就是先用割晒机或经过改装的联合收获机，将大豆割倒放铺，晾干后再用联合收获机拾禾脱粒。分段收获与直接收获相比，具有收割早、损失率低、破碎粒和“泥花脸”少等优点。要求综合损失不超过 3%，拾禾脱粒损失不超过 2%，收割损失不超过 1%。割后晒 5～10 天，种子含水量在 15%以下时，及时拾禾。

（3）人工收割。人工收割应在午前植株含水量高，不易炸荚时进行。要求割茬低，不留荚，放铺规整，及时拉打，损失率不超过 2%。

3. 安全储藏

大豆籽粒储藏前必须充分晾晒，使含水量低于 12%～13%时，再入仓储藏。储藏的最适宜温度为 3～10℃。种子含水量高，储藏温度不应超过 5℃。种子含水量 13%以下时，可以冷库储藏，库藏最好用麻袋包装堆放，堆高不超过 8 层麻袋高。露天储藏要堆底垫好防潮，堆顶苫盖，防止雨淋，防鼠。

第三节　黑龙江省推广的大豆栽培模式

黑龙江省是我国大豆的主要产区之一，近几年来黑龙江省推广的大豆栽培模式主要有“垄三”栽培模式、“行间覆膜”栽培模式和“窄行密植”栽培模式等。

一、“垄三”栽培模式

“垄三”栽培模式是以垄体深松、垄内分层深施肥和垄上精量播种三项技术为核心形成的大豆综合高产栽培技术体系。其增产机理主要表现在：土壤深松，创造虚实并存的耕层结构；双条精密播种合理密植；分层施肥、深施肥，提高肥料利用率的增产作用。

1. 选择优良品种

严格进行种子精选，选用高产、优质、适期成熟、秆强、主茎发达、抗逆性强的优良品种，种子定期更换。由于实行精量播种，种子必须严格精选，清除病虫粒、杂质，使种子达到二级良种以上标准。种子精选后进行包衣处理。

2. 精细整地

“垄三”栽培技术对整地质量要求高，要达到伏、秋整地，耕层土壤细碎，地面平整，深松起垄，垄宽一致，垄向直。结合整地秋施有机肥，有条件的地区秋施化肥。在土壤耕作上坚持以深松为主，松、翻、耙、旋相结合，这样既能为大豆生长发育创造良好的耕层构造，又能降低成本。根据当地生产条件、生态特点及前作物情况确定具体的整地方法。无深翻、深松基础的地块，可伏、秋翻同时深松，或旋耕同时深松，也可耙茬深松。有深翻、深松基础的地块，可进行秋耙茬，垄作地块秋起垄，达到待播状态。玉米茬可在早春刨净茬子，耢平茬坑，或用灭茬机灭茬。有条件的地区，进行全方位深松，深松深度 40～45 cm。

3. 适时播种

根据土壤水分和温度情况适时播种，黑龙江省大豆主产区一般在 5 月 1 日至 15 日播种，中南部地区稍早。春季土壤墒情较好的地区，可以采用“垄三”耕播机一次完成深松、播种、施肥作业。在春旱较重，没有深松播种经验的地区，不宜采用一次作业法，应秋深松起垄、深施肥、分层施肥，春季垄上精密播种。根据保苗株数和种子质量计算好播种量，在垄距 65～70 cm 的垄上双行精密播种，双行间小行距 10～12 cm，一般保苗 30 万～34.5 万株/hm^2。播种深度以 4～5 cm 为宜，播种、镇压连续作业。“垄三”栽培种子、肥料分布，如图 5—4 所示。

4. 合理施肥

施用有机肥是增加土壤有机质、改善土壤理化性状、提高土壤肥力的有效措施，结合整地起垄，每公顷施优质有机肥 15 t 以上。还可以施用大豆有机复合肥。

化肥施用要做到氮、磷、钾配合，因地施用微肥，进行测土配方施肥。没有进行配方施肥的地区，一般每公顷施磷酸二铵 100～150 kg、硫酸钾 40～60 kg。利用“垄三”耕播机进行深施肥，当施肥量大时，第一层施在种下 4～5 cm 处，占施肥总量的 30%～40%；第二层施于种下 8～15 cm 处，占总量的 60%～70%。在施肥量小的情况下，第二层施在种下 8～10 cm 处。

对前期长势差的地块可在苗期适当追施氮肥，或在大豆初花期根外追施氮、磷、钾肥，并根据土壤中微量元素的丰缺，加入适量微肥。

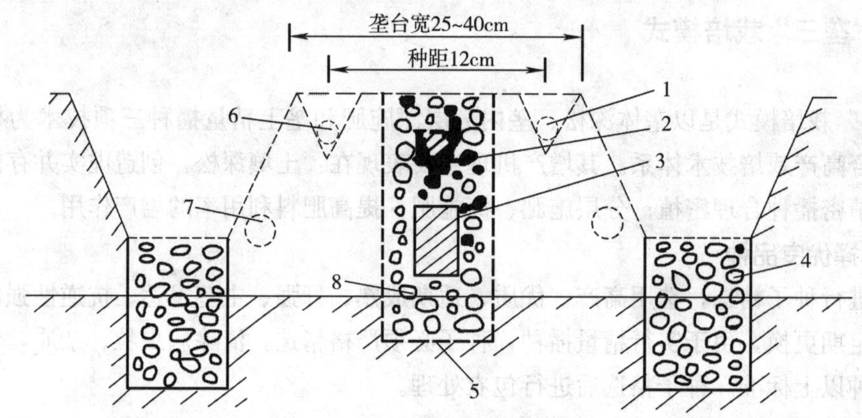

图 5—4 “垄三”栽培种子、肥料分布示意图

1—播种深度（3～5 cm） 2—种肥深度（4～7 cm） 3—底肥深度（10～16 cm）
4—垄沟深松部位 5—垄底深松部位 6—种子 7—追肥部位 8—犁底层

5．加强管理

采用适宜的药剂进行化学除草。大豆出苗后及时进行中耕，一般地区要进行三次中耕，铲蹚伤苗率应低于3%，生育后期在草籽尚未成熟前拔净田间大草。做好病虫害的预测预报工作，通过种子包衣解决地下病虫危害问题，及时防治大豆灰斑病、食心虫等常发病虫害。

在大豆达到黄熟末期时及时组织人力和机械力量收获，脱粒后进行精选，使产品质量达到三等以上标准。

二、“行间覆膜”栽培模式

大豆行间覆膜栽培是以地膜覆盖、土壤深松、化肥深施和精密播种四项技术为核心，利用地膜覆盖大豆行间，增温保墒，促进植株生长，以实现高产、优质、高效为目的的综合栽培技术。

化肥施在膜内，减少挥发，提高肥料利用率10%以上；降水能从膜边进入膜内，减少土壤水分蒸发，有利于保墒；可提高土壤温度3～5℃，增加有效积温200℃左右，为土壤微生物活动创造良好条件，加速了土壤养分转化，为大豆提供较充足的营养；可增产30%左右，脂肪含量可提高0.8%～1.2%，改善大豆品质。

1．地块选择

选择经常受干旱影响、地势平坦、耕性良好、有一定量的底墒、排水良好的平岗地，最好是在年降雨量400 mm左右的地区采用。春季土壤墒情好、无春旱发生的地区不宜采用该项技术；洼地、易内涝的地块及沙土地、贫瘠地、纯旱地、重黏土地、石头地、风口地等都不适合采用该技术。

2. 深耕整地

采用平翻耕法的地块，进行伏翻或秋翻，翻地深度一般在 20～22 cm，耕层薄的土壤以 18～20 cm 为宜，有机质含量高的土壤可翻至 22～24 cm，以打破犁底层为原则。有条件的地区，在深翻的同时进行深松。深翻后及时耙、耢，捡净根茬，达到播种状态。采用深松耕法的地块，深松深度要达到 30 cm，地块要整平耙细，无大土块和根茬，符合播种、覆膜要求，确保作业质量。

3. 合理施肥

结合耕翻整地，每公顷施有机肥 15～22.5 t 作基肥。

化肥作种肥一次施入，每公顷施有效氮 30～35 kg，有效磷 55～70 kg，有效钾 30～40 kg。化肥分层深施，第一层在种下 5～7 cm，第二层在种下 12～15 cm，施在种侧 5～10 cm。

土壤肥力低，天气干旱，幼苗长势弱的地块，可在大豆分枝期，结合化学除草，每公顷用尿素 5～7.5 kg，兑水 600 kg，叶面喷洒。大豆盛花期如果长势弱，每公顷用尿素 7.5～10 kg，磷酸二氢钾 3 kg，兑水 600 kg 叶面喷雾。

4. 播种覆膜

选用优质、高产、抗病、秆强、株型收敛、单株产量高、适期成熟的中熟抗倒伏品种。种子精选后包衣处理。5 cm 耕层土温稳定通过 7～8℃时开始播种，适宜播期为 4 月 25 日至 5 月 15 日。

使用 2BMS～2A 型覆膜精量播种机或 2MFB～2A 型大豆覆膜播种机，也可采用 4 膜 8 苗带或 5 膜 10 苗带覆膜机播种，施肥、播种、覆地膜、镇压一次完成作业。

采取平播覆膜，膜外侧播种，膜内施肥。苗带为单行精量点播，行距宽窄间隔，行距 75 cm 的间隔覆膜，行距 45 cm 的间隔不覆膜。离膜边外 5 cm 播种，施肥位置在膜边内 5 cm左右。地膜要紧贴地面，膜边盖土严密，每隔 2～3 m 在膜上压一土带，地膜接头处和有孔处必须用土盖压严密。植株的田间分布，如图 5—5 所示。

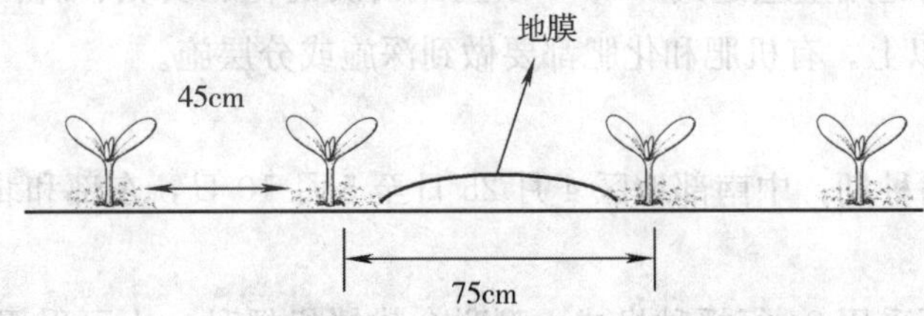

图 5—5　行间覆膜栽培植株的田间分布

5. 加强管理

播种覆膜结束后，经常进行田间检查，发现破损处或被风撕裂处，用土压严。化学除草应坚持以苗前土壤处理为主，苗后茎叶处理为辅的原则。中耕作业次数应相对减少，可以在非膜区铲趟，如果田间杂草少，可以免中耕。根据大豆长势进行根外追肥，在封垄期揭除地膜。通过综合技术控制地下害虫、大豆孢囊线虫、根腐病、灰斑病、食心虫等病虫害。

三、“窄行密植”栽培模式

大豆窄行密植栽培是在引进、消化、嫁接国外平作窄行密植技术的基础上，结合黑龙江省的自然特点、生产条件，探索出来的密植高产栽培技术。其特点是选择矮秆或半矮秆品种，缩小行距，增加种植密度，结合化学除草创高产，一般比“垄三”栽培增产15%以上。

大豆窄行密植栽培包括大垄窄行密植、小垄窄行密植和平作窄行密植三种形式。

1. 选择品种

大豆“窄行密植”技术要求品种不产生倒伏，否则就要减产。因此应选择抗倒伏、增产潜力大的矮秆或半矮秆品种。另外选择比当地熟期稍早的品种对增产有利，可以作为选用品种的参考依据，但熟期不能过早，否则浪费积温，影响产量。种子精选后进行包衣处理。

2. 精细整地

平作窄行密植在生育期间不进行中耕，增温、防旱、抗涝能力减弱，要求有良好的耕层构造，协调各肥力因素，要达到耕层深厚、土壤细碎、地表平整。大垄窄行密植由于垄上增加了行数，给机械播种增加了难度，因此对整地要求比常规垄作更高，要求耕层深厚，垄上土壤细碎、平整、疏松、无根茬。

根据前茬土壤情况采用深翻、耙茬深松或耙茬的整地方法，平播地块秋整地后达到待播状态。

3. 合理施肥

大豆窄行密植栽培要实现高产，必须增加肥料的投入，做到合理施肥。首先是增施有机肥，中等肥力地块的施用量应达到 22.5 t 以上。其次是化肥要氮、磷、钾配合，施用量比常规垄作增加 15%以上。有机肥和化肥都要做到深施或分层施。

4. 适时播种

黑龙江省适宜播种期：中南部地区 4 月 25 日至 5 月 10 日，东部和北部地区 5 月 1 日至 5 月 15 日。

平作窄行密植可采用 24 行播种机或大型联合耕播机播种，也可采用依靠小四轮驱动的 1.4 m 精量点播机播种，行距 20～30 cm。

大垄窄行密植起垄时由原三垄变两垄的垄距为 90～105 cm，采用 4 行精密播种机垄上播种；起垄时原两垄变一垄的垄距为 120～140 cm，采用桦丰 2BKM－IB 型大垄窄行专用播种机垄上播种 6 行。

45～50 cm 的小垄窄行密植，可在原机具上适当调整行距，垄上播 2 行，控制播种深度，播后及时镇压。植株的田间分布，如图 5—6、图 5—7、图 5—8 和图 5—9 所示。

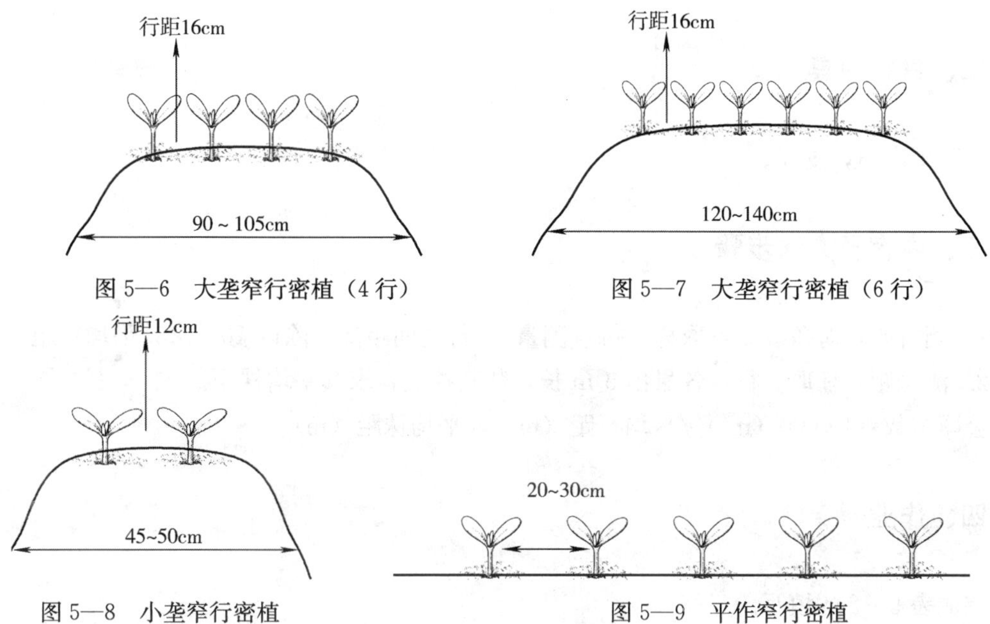

图 5—6　大垄窄行密植（4 行）　　图 5—7　大垄窄行密植（6 行）

图 5—8　小垄窄行密植　　图 5—9　平作窄行密植

5. 加强管理

运用机械措施或化学措施控制田间杂草，加强病虫害防治；根据植株长势长相适时追肥；在大豆初花期至盛花期，如果生长过旺，可施用多效唑、三碘苯甲酸、大豆丰收宝等化控剂，保花、保荚，防止倒伏。

调查你所在地区大豆主栽的优良品种和主要的栽培模式，生产中存在哪些问题，并根据所学知识制定出解决方案。

小资料

高油大豆、高蛋白大豆和双高大豆

根据大豆油分和蛋白质呈负相关的关系和用途不同，把大豆专用品种分为三类，即高油、高蛋白和双高大豆品种。高油大豆的油分含量在 22%以上；高蛋白大豆的蛋白质含量在 45%以上；双高大豆是指油分与蛋白质总量在 63%以上的大豆品种。

【实验实训】

实训 5—1　大豆基本苗调查

一、实训目的

掌握大豆苗情调查方法。

二、材料用具

大豆生产田，皮尺。

三、内容及方法步骤

1. 测行距：对角线 5 点取样，每点测量 11 行之间距离，除以 10，求其平均行距。
2. 测株距：任取 2 行，各量出 5 m 长，数其株数，求其平均株距。
公顷苗数＝10 000（m^2）/平均行距（m）×平均株距（m）

四、作业

完成表 5—2 的填写。

表 5—2　　大豆苗情调查表

项目 样点	行距（m）	株距（m）	公顷苗数
1			
2			
3			
4			
5			
平均			

实训 5—2　大豆结荚习性观察

一、实训目的

会识别不同结荚习性的大豆的植株特征。

二、材料用具

不同结荚习性的大豆植株。

三、内容及方法步骤

取不同结荚习性的大豆植株，观察其开花顺序、结荚习性及株型的主要区别。大豆结荚习性可分为无限结荚习性、有限结荚习性和亚有限结荚习性。它们的主要特征特性有着明显的区别，但也会因环境条件的影响，有一定的改变。

四、作业

将不同结荚习性的大豆植株的主要区别填入表 5—3 中。

表 5—3　　不同大豆植株的结荚习性

类型 项目	无限结荚习性	有限结荚习性	亚有限结荚习性
植株高度（cm）			
茎节间长度（cm）			
豆荚在主茎和分枝上分布（稀、密）			
主茎顶端花序大小			

实训 5—3　大豆成熟期鉴定

一、实训目的

掌握大豆成熟期的划分方法及每个时期的特征，能够根据大豆的成熟期特征确定适宜的收获时期。

二、材料用具

成熟期大豆不同品种田。

三、训练内容

观察不同品种田中大豆的特征。大豆的成熟一般分为三个时期：

1. 黄熟期

植株下部叶片大部分变黄脱落，豆荚由绿变黄，种子逐渐呈现其固有色泽，体积缩小、变硬。

2. 完熟期

叶片全部脱落，荚壳干缩，籽粒含水量在20%～25%，用手摇动会发出响声。

3. 枯熟期

植株茎秆发脆，出现炸荚现象，种子色泽变暗。

四、作业

对所观察的不同品种大豆成熟期做出正确判断，并描述其特征。

实训5—4　大豆测产

一、实训目的

掌握大豆产量的构成因素及产量测定方法。

二、材料用具

大豆田、皮尺、天平、秤、烘箱等。

三、内容及方法步骤

大豆产量构成因素主要包括公顷株数、单株荚数、每荚粒数、百粒重等。

1. 选点取样

同小麦选点取样法。

2. 测公顷株数

在每个样点分别测出行距、株距。行距为测出11行之间的距离，计算出平均行距。株距可顺垄量出101株之间的距离，计算出平均株距。

$$公顷株数=\frac{10\ 000\ m^2}{平均行距（m）\times 平均株距（m）}$$

3. 测单株荚数

每点选取10株代表株，摘下全部豆荚，数全部荚数，得出单株荚数。

4. 测每荚粒数

将上述植株全部脱粒，数总粒数。

单荚粒数＝10株总粒数÷10株总荚数

5. 测百粒重

测 100 粒大豆的烘干或风干重量，或根据当年大豆长势及本品种的常年百粒重估计。各产量构成因素的 5 个样点数据平均后，计算公顷产量。

6. 计算大豆产量

$$公顷产量（kg/hm^2）=\frac{公顷株数\times单株荚数\times每荚粒数\times百粒重（g）}{1\ 000\times100}$$

四、作业

设计数据表格（见表 5—4），计算大豆产量，并结合当年栽培管理情况、气候特点等，对测产结果进行分析，写出实训报告。

表 5—4　　大豆产量数据表

样点	行距（m）	株距（m）	公顷株数	单株荚数	每荚粒数	百粒重（g）
1						
2						
3						
4						
5						
平均						

公顷产量（kg/hm²）＝________________________。

复习思考

1. 大豆各生育时期的生长发育特点如何？
2. 大豆生长发育需要什么样的环境条件？
3. 种植大豆应如何进行土壤耕作？
4. 大豆的需肥特点如何？怎样科学施肥？
5. 选择大豆品种的依据是什么？
6. 大豆“垄三”栽培，“窄行密植”栽培和“行间覆膜”栽培的主要技术环节是什么？
7. 根据你家乡的自然条件，提出发展大豆生产的具体措施。

第六章　高　　粱

学习目标：

◆ 知识目标：了解高粱植物学特征、生育期、生育时期、生长发育及其对环境条件的要求。

◆ 技能目标：掌握高粱整地施肥、种子处理、播种，田间管理技术和收获储藏技术。

高粱又名蜀黎，是世界五大谷类作物之一，也曾是我国北方人民的重要粮食作物之一。现在栽培的高粱，根据使用目的不同，可分为食用高粱、糖用高粱和帚用高粱3种类型。高粱具有较强的抗旱、耐涝和耐盐碱的能力，是一种高产、稳产作物。高粱籽粒含淀粉66%～77%，蛋白质8.4%～12.4%，脂肪2.4%～5.5%，矿质元素1.1%～2.0%，与玉米、小麦和水稻等作物相差不多。但是，由于高粱籽粒中人体所必需的色氨酸和赖氨酸含量较低，单宁含量较高，因此，高粱的营养价值相对较低，食用品质较差。克服高粱这一缺点的有效途径是选育和推广新的优质品种。高粱籽粒除食用外，还是淀粉和酿造工业的重要原料，我国不少名贵白酒，即以高粱为原料酿制而成。高粱的籽粒和茎叶是家畜的良好饲料，茎叶既可以做干草又可做青储和青饲。茎秆表皮硬，机械性强，可供造纸、建筑和园艺架材之用。茎秆的外皮可用于编织。糖用高粱可作为制糖的原料，帚用高粱则可用于制帚。目前，高粱主要作为工业原料栽培。

第一节　高粱栽培学基础

一、高粱的一生

1. 植物学特征

高粱属禾本科、高粱属。

(1) 根。高粱的根为须根系，由初生根、次生根两部分组成。种子发芽时先长出一条种子根，称为初生根，对幼苗初期营养和水分的吸收起重要作用。次生根由地下节根和支持根两部分组成。根系强大，入土深，分布广，具有较强的抗旱能力。在孕穗阶段，根的皮层产生裂生，通气组织与地上茎叶的类似组织相连通，因而即使在水淹条件下，仍能进行气体交换，使高粱具有较强的耐涝性。高粱的根系，如图 6—1 所示。

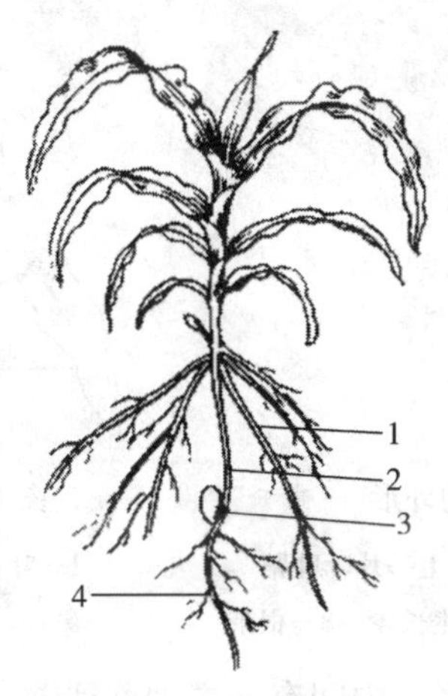

图 6—1　高粱的根系

1—次生根　2—根茎　3—种子　4—初生根

(2) 茎。高粱的茎为直立茎，有明显的节和节间。茎秆高度在 1.5 m 以下的为矮秆品种，1.5～2.5 m 的为中秆品种，2.5 m 以上的为高秆品种。茎的节间基部生有纵沟，内有一个腋芽，通常呈休眠状态，但在肥水充足条件下，茎基部的 1～2 个腋芽可发育成分蘖。当主穗受损伤时，茎上部茎节上的腋芽发育成分枝，分枝虽然有时能抽穗，但由于发育时间晚，不能成熟，故无生产意义。茎秆内部充满柔软的髓，髓中汁液有多有少，有的品种含有较多的糖分，含糖多的品种不仅具有较高的饲用价值，还可供制糖用。

高粱分蘖发生的时间和强弱与品种特性、环境条件及栽培密度有关。通常杂交高粱分蘖力强，普通高粱分蘖力弱。分蘖力强的品种，分蘖发生的早，分蘖穗与主穗熟期相近，一般可以正常成熟；分蘖力弱的品种，分蘖发生较晚，在无霜期短的地区一般不能成穗。如黑龙江省栽培的普通高粱的分蘖通常不能成穗，中耕除草时应除掉。杂交高粱的分蘖大多可以成穗，在不影响主穗的前提下，可以保留一定数目的分蘖穗，以增加产量。高粱部分茎的外形，如图 6—2 所示。

(3) 叶。高粱叶由叶片、叶鞘和叶舌三部分组成。高粱叶片的表皮组织紧密，分布的气孔较玉米少而且小，能有效地减少水分蒸发；气孔两侧保卫细胞的细胞壁弹性较大，在遭到连续两周严重干旱后，仍能恢复正常功能；叶片表皮上有一些大型薄壁运动细胞，当水分缺乏时，运动细胞水分散失，使叶片卷缩，减少蒸发面积，增强了抗旱能力；进入拔节后，叶片上生有一层白色蜡粉，能减少水分蒸发，一般蜡质越厚，抗旱能力越强。高粱叶片的以上特性，增强了高粱的抗旱能力。

高粱幼嫩的茎叶中含氢氰酸，生育初期含量较多，以后逐渐减少，成熟后消失。用新鲜茎叶做青饲料易引起家畜中毒。但经干燥即可避免毒害作用。高粱叶结构，如图 6—3 所示。

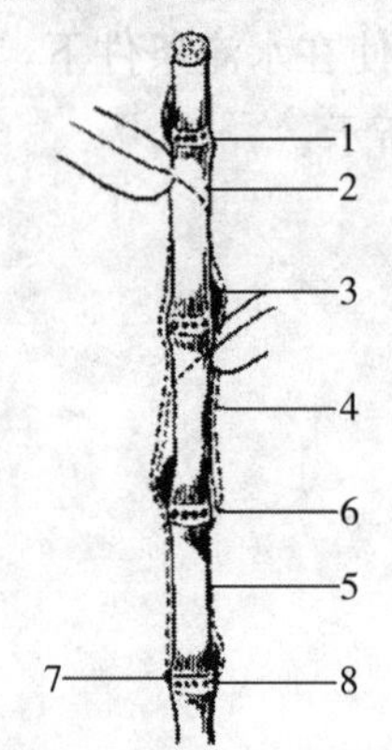

图 6—2　高粱部分茎的外形

1—节　2—节间　3—腋芽　4—上一片叶叶鞘
5—下一片叶叶鞘　6—不定根　7—生长轮　8—根带

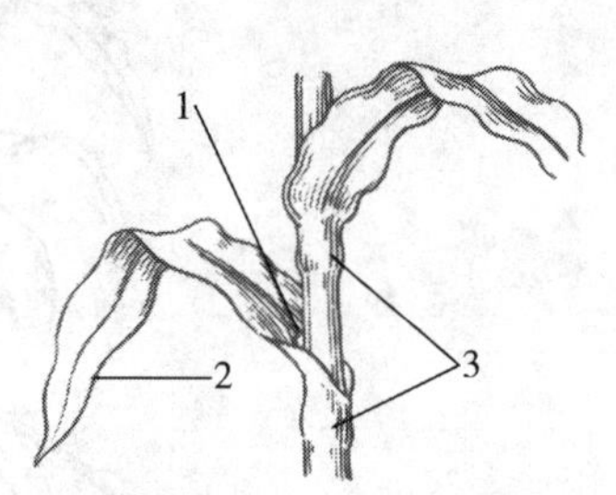

图 6—3　高粱叶结构

1—叶舌　2—叶片　3—叶鞘

（4）穗。高粱的穗为圆锥花序，中间有一主轴称穗轴，穗轴上有 4～11 个节，每个节上环生 5～10 个一级枝梗，一级枝梗上着生二级枝梗，二级枝梗上又着生三级枝梗。由于枝梗的长短不同而形成了不同的穗型，主要有散穗型和紧穗型两大类。三级枝梗一般不再分枝，上面着生一对或数对小穗。高粱穗型，如图 6—4 所示。

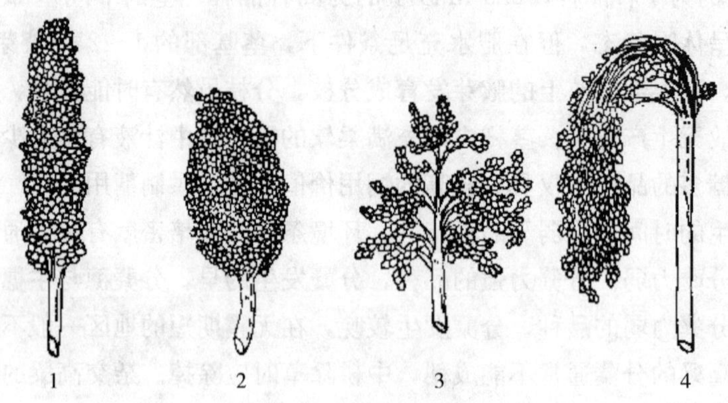

图 6—4　高粱穗型

1—筒形　2—纺锤形　3—伞形　4—帚形

三级枝梗顶端通常着生 3 个小穗，1 个为无柄小穗，2 个为有柄小穗。无柄小穗较大，外有 2 个颖片，颖片间生有 2 朵小花，上位花为完全花，能结实，下位花退化，不能结实，但个别品种也有能结实的。有柄小穗较小，颖片间的两朵小花退化而不能结实。高粱的成对小穗，如图 6—5 所示。

高粱抽穗后，一般早熟品种约 2～3 天，晚熟品种约 4～7 天开始开花。开花顺序由穗的上部开始，逐渐向下部进行。全穗开花所需时间因品种和环境条件而不同。早熟品种全穗花期短，晚熟品种全穗花期长。高粱开花一天内多在夜间或清晨开放。

高粱是常异花授粉作物，天然杂交率一般为 3%～5%。

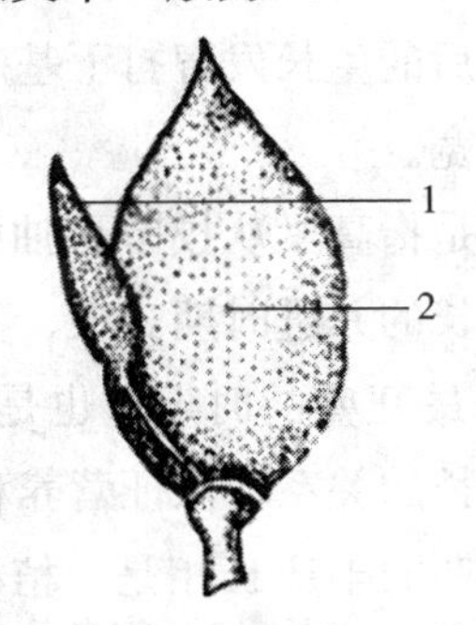

图 6—5　高粱的成对小穗

1—有柄小穗　2—无柄小穗

（5）种子。高粱种子由果皮、种皮、胚和胚乳四部分组成。其中果皮和种皮不易分开，在植物学上称为颖果。成熟的种子呈圆形或椭圆形。种子大小因品种和栽培条件不同而有所变化，一般千粒重 25～30 g，大粒种在 30 g 以上，小粒种在 25 g 以下。粒色有褐、红、黄、白等多种颜色。色深的种皮内含有花青素和单宁较多，有涩味，并有破坏蛋白质、妨碍消化的不良作用，使食用品质降低。但单宁含量较多的种子其抗碱性和耐腐蚀性较强，耐储藏。因此，可根据不同用途的需要，选用不同类型的品种种植。

2. 生育期

高粱从出苗到成熟所经历的天数，称为生育期。生育期的长短，除受遗传特性决定外，还受自然条件及栽培条件等综合因素的影响。如黑龙江省的早熟品种为 110～120 天，中熟品种 121～130 天，中晚熟品种为 131～135 天，晚熟品种为 135 天以上。

高粱是短日照作物，同一品种栽培在不同地区，由于各地日照长短不同，生育期长短也会有所不同。

高粱具有喜温特性，高温可以加速发育，而低温则延迟发育。因此在同样光照条件下，由于温度高低不同，同一品种生育期的长短也发生相应的变化，高温可以使生育期缩短，低温则使生育期延长。

北种南引时，由于日照缩短，温度升高，生育期缩短；南种北引时，由于日照延长，温度降低，生育期延长。

3. 生育时期

高粱在全生育期内，根据外部形态特征的显著变化，可分为三个生育时期。即苗期、拔节孕穗期和抽穗结实期。

（1）苗期。苗期是指高粱从出苗至拔节前这一时期，一般历时 40～50 天。高粱种子在适宜的温度、水分和氧气条件下开始萌发。胚根在胚根鞘的保护下向下伸展；胚芽在胚芽鞘的保护下向上伸长，从中伸出第一片绿叶。当第一片绿叶长出地面 1～1.5 cm 时，即为出苗。

苗期是生根长叶和全部茎节分化形成的营养生长时期，形成大量营养器官，积累有机物质，为过渡到生殖生长准备物质基础。高粱苗期地上部生长缓慢，而根系生长较快，根数和根长增加迅速，根系的生长发育是苗期的生长发育中心。因此，苗期管理应以促进根系生长、控制地上部生长为中心，为以后的生长发育打下基础。高粱苗期的丰产长相是：根系发达，叶片宽厚，叶色浓绿，基部扁宽。

（2）拔节孕穗期。拔节孕穗期是指高粱从拔节至抽穗前的这一时期，一般历时 30 天左右。这一时期是营养生长和生殖生长的并进时期，根、茎、叶等营养器官旺盛生长，幼穗也急剧分化形成，是高粱一生中生长最旺盛的时期，也是决定穗的大小和粒数多少的关键时期。因此，协调营养生长和生殖生长的关系，保证营养和水分的供应，促进幼穗发育，是这一时期的管理关键。高粱拔节孕穗期的丰产长相是：植株健壮，根系发达，茎秆粗节间短，叶片宽厚浓绿，叶挺有力。

（3）抽穗结实期。抽穗结实期是指高粱从抽穗至成熟这一时期，一般历时 40～50 天。进入这一时期以后，茎叶生长渐趋停止，从营养生长和生殖生长并进期转入以开花、受精和灌浆成熟为主的生殖生长时期，生长中心转移到籽粒部分，是决定粒重的关键时期。因此，这一时期的管理关键主要是增加粒重，促进早熟。高粱抽穗结实期的丰产长相是：秆青，叶绿，不倒伏，早熟不早衰，穗大，籽粒饱满。

高粱籽粒的成熟过程分为乳熟、蜡熟、完熟 3 个时期：

1）乳熟期。籽粒体积不断增大，含水量在 50%以上，籽粒中养分迅速积累，鲜重达最大值。胚乳内的乳白色汁液逐渐变浓，籽粒呈绿色或灰绿色。

2）蜡熟期。籽粒内含物逐渐凝固成蜡状，用指甲可切动但无汁液流出，含水量下降至 25%～40%，种皮逐渐呈现出原品种的固有色泽。

3）完熟期。籽粒内含物变得坚硬，含水量下降至 15%～20%。干物质积累达到最大值，籽粒呈现出本品种的固有特征。

二、高粱生长发育需要的环境条件

1. 种子萌发与出苗

（1）温度。高粱种子发芽的最低温度为 6～7℃，杂交高粱为 8～9℃，但发芽缓慢，时间较长。适宜的温度为 20～30℃，最高温度为 44～50℃。一般生产条件下，12～13℃时需 10～15 天。

（2）水分。高粱种子吸水必须达到本身干重的 40%～50%时才能发芽，适宜发芽的土壤含水量，壤土为 15%～17%，黏土为 19%～20%。土壤最低含水量，壤土为 12%～13%，黏土为 14%～15%。如果低于最低含水量，则不能满足种子发芽的需要，必须抗旱播种才能保证全苗。

（3）氧气。高粱种子萌发时由于呼吸作用旺盛，需要充足的氧气。如果土壤水分过多或播种过深，都会造成氧气不足，影响种子发芽。

2. 幼苗期

（1）光照。高粱是短日照作物，一般品种的临界光周期为 12～13 h，出苗十几天是对光照最敏感的时期。长日照时延迟穗分化，短日照时穗分化加速。

（2）温度。高粱是喜温作物，温度对幼苗发育影响很大。出苗至拔节最适宜的温度是 20～25℃。温度低幼苗生长慢而瘦小，温度降到 10℃以下幼苗基本停止生长，0℃以下会使幼苗冻死。温度过高，幼苗生长过快，不利于壮苗，使拔节提前，并影响多穗高粱的分蘖。

（3）水分。高粱苗期需水量仅占全生育期需水量的 10%，通常 30 mm 的降水量即可满足需要。苗期具有很强的抗旱能力，适当控制水分进行蹲苗，可促使根系发达，深扎根，增强抗旱能力。如果水分过多，根系发育较弱，不利于扎根，将影响后期从土壤中吸收养分和水分。

3. 拔节孕穗期

（1）光照。拔节孕穗期需充足的光照。如果这时阴雨连绵，光照不足，就会引起枝梗和小穗小花大量退化，小花不实增多。如果低温、寡照同时发生，则退化更为严重。因此，若种植密度过大，田间郁闭，则不利于幼穗分化。

（2）温度。拔节孕穗期需较高的温度，以 25～30℃为宜。温度过低生长缓慢，抽穗延迟，不利成熟，影响产量；温度高于 30℃时，生长迅速，提前抽穗，穗部发育不充分，也影响产量。幼穗分化前期，稍低的温度，能够延长枝梗和小穗小花分化时期，增加枝梗与小穗小花分化数。因此，适期早播使幼穗处在较低的温度下，有利于形成大穗。

（3）水分。拔节孕穗期需水量最多，占全生育期需水量的 50%左右，特别是抽穗前 10 天左右，正是雌、雄蕊分化期，对水分要求更迫切。干旱不利于穗的发育，易形成秃尖码稀，造成减产，但水分过多容易徒长，茎秆细易倒伏。

4. 抽穗结实期

（1）光照。抽穗结实期要有充足的日照，才能保证养分的制造，提高籽粒产量。如光照不足，往往影响籽粒正常灌浆，导致减产，降低品质。

（2）温度。抽穗结实期是高粱一生中要求温度最高的时期。最适日温为 26～30℃，如低于 16℃，会影响正常授粉。灌浆成熟期间要求适宜日温为 26～30℃，夜间为 16～18℃。较大的昼夜温差，有利于灌浆和干物质积累，温度低于 20℃时，会延迟成熟，使籽粒不饱满而降低产量。早霜冻害往往会造成成熟度差，籽粒不饱满，千粒重降低。

（3）水分。抽穗期土壤持水量低于 70%时，就会出现“卡脖旱”，穗子迟迟抽不出来。开花期需水占总需水量的 20%左右，干旱、高温会使高粱提前开花，花粉和柱头寿命缩短，不利于授粉受精；阴雨连绵或狂风暴雨，花粉破裂不能授粉，导致“瞎穗”。灌浆期间，光合作用和蒸腾作用仍在旺盛进行，由于大量养分向籽粒中输送，需要大量的水分供应。水分不足，灌浆受到影响，粒重就会降低。灌浆的后期需水量减少，仅为总需水量的 5%左右。灌浆结束后，需要晴朗和稍为干燥的天气，有利于籽粒脱水，促进成熟。

第二节 高粱栽培技术

一、播前准备

1. 选地与选茬

(1) 选地。高粱的适应能力强，具有耐瘠薄、耐盐碱、耐旱涝的特点，对土壤要求不严格。无论沙土、黏土、盐碱土或者旱坡地、低洼易涝地都可种植。但从丰产栽培的目标出发，应选择有机质含量丰富，耕层土壤深厚肥沃，结构良好，保肥保水性好的壤土种植。适宜的土壤 pH 值为 6.2～8。

(2) 选茬。高粱不宜重茬和迎茬。高粱植株高大，吸肥力强，消耗地力大，并且高粱茬土壤板结，有“白茬”“硬茬”之称。因此，连作必然造成土壤中的养分单一消耗过多。同时病虫害也会因连作而加重，特别是黑穗病和玉米螟等。所以，种高粱前茬宜选择土质肥沃，杂草少，土壤疏松，有深耕基础的大豆、玉米、小麦、马铃薯等茬。高粱一般需进行 3 年以上轮作。常见的轮作方式是：

大豆→高粱→谷子

春小麦→高粱→大豆

玉米→高粱→谷子→大豆

玉米→高粱→大豆→春小麦

2. 整地与施肥

(1) 深耕整地。高粱的根系发达，分布范围广，吸收能力强，其发育是否良好，直接影响地上部的生长和产量。为促进高粱根系的生长发育，必须进行深耕整地，为其创造一个疏松深厚、蓄水保肥良好的土壤耕层构造。

深耕应在秋季前茬作物收获后及时进行，以利蓄水保墒，延长土壤熟化时间，达到“春墒秋保，春苗秋抓”的目的。耕翻深度以 20～25 cm 为宜，耕层浅的地块应逐年加深。耕翻时要求无漏耕、无立垡，无暗坷垃，做到翻、耙、耢连续作业。如果准备垄作，应及时秋起垄，镇压保墒。秋翻未起垄地块，应于早春土壤化冻 10～15 cm 时，进行顶浆起垄，然后及时镇压，减少土壤水分散失。原垄耲种，如是豆茬，播前先耢一遍，耢倒茬子和耢掉垄台上的干土，然后再耲种；如果是玉米茬，要先刨掉茬子，再耢一遍，然后耲种，做到随刨、随拾、随耢、随耲，以防跑墒。

(2) 合理施肥。高粱是需肥较多的作物，在生育过程中需要吸收大量养分。每生产 100 kg籽粒，需从土壤中吸收氮素 2.6 kg，磷素 1.36 kg，钾素 3.06 kg，三者比例为 1∶0.5∶1.2。除氮、磷、钾外，高粱生长还需要多种营养元素，如硼、锌、锰、硅等，但需要量甚微，一般土壤和农家肥料中的含量足以供应。

高粱不同生育阶段对养分的吸收比例不同。苗期由于生长缓慢，植株小，需要的养分也少；拔节至抽穗开花，由于茎叶生长加快，幼穗分化，吸收营养急剧增加，是需肥的关键时期，此时供给充足的营养物质，能促进穗大粒多；开花至成熟，吸收养分的速度与数量逐渐减少，但这一阶段的营养供应状况直接影响籽粒灌浆，养分充足可增强灌浆速度，使籽粒饱满，粒重增加。高粱不同生育时期对养分的吸收比例见表6—1。

表6—1　高粱不同生育时期对养分的吸收状况

生育时期	N	P_2O_5	K_2O
	占全生育期（%）	占全生育期（%）	占全生育期（%）
出苗—拔节	13.9	12.0	20.0
拔节—开花	63.5	86.5	73.9
开花—成熟	22.6	1.5	6.1
合计	100	100	100

高粱施肥应按照高粱生长发育对养分的需要，结合当地具体条件，做到经济合理施肥，采用配方施肥，提高施肥的科学性，以达到增加产量、降低生产成本的目的。

1）基肥。高粱基肥应以农家肥为主，或与适量的磷肥混合施用。平播或平播后起垄种植时，翻地前均匀撒施，然后通过翻地将肥料埋入耕层内。基肥施用量应根据品种、土壤类型来确定。喜肥、生育期长的品种，施肥量应较耐瘠、生育期短的品种多。在肥力低、沙性强的土壤上，应多施有机肥。综合各地经验，每公顷需施农家肥30～37.5 t。耲种的高粱，不便大量施用有机肥，可采用破垄夹肥的方法施基肥或在耲沟时施口肥，每公顷施质量好的猪杂粪或炕洞土7.5～15 t。施基肥时可混入全部磷、钾肥，一般每公顷混施磷酸氢二铵112.5～150 kg，氯化钾75～150 kg。如再加尿素75 kg，做到氮磷钾配合施用，更能发挥肥效。

2）种肥。种肥以氮、磷配合施用为好，基肥没有施用化肥的地块，每公顷可施用硝酸铵75～112.5 kg或磷酸氢二铵。要做到深施5～8 cm，不要与种子接触。

3）追肥。高粱追肥主要有拔节肥和挑旗肥。拔节孕穗期是高粱需肥最多的时期。这一时期追肥效果显著，对促进幼穗分化、形成大穗、增加粒数有明显作用。一般每公顷追施纯氮60～75 kg。

生产实践中高粱一般只进行一次追肥，根据其生长发育规律，以拔节期追肥效果最好。但对生育期长的品种，或后期易脱肥的地块，可在拔节初期和孕穗期分两次追肥。第一次追肥每公顷施纯氮37.5～45 kg，相当于110 kg硝酸铵或100 kg尿素；第二次追肥每公顷施纯氮30～37.5 kg，相当于90～110 kg硝酸铵或70～85 kg尿素。有条件的还可在施氮同时，加施一些磷、钾肥，可使籽粒饱满，茎秆粗壮，防止倒伏，以达到攻秆、攻穗、攻粒的目的。追肥最好结合灌溉或在雨前进行，然后再进行中耕培土，这样能更好地发挥追肥的功效。

3. 优良品种的选用

在选择品种时，应根据各地的自然条件，因地制宜地选用适于当地栽培的高产优质、抗逆性强、适应性广的优良品种，并做好品种搭配。北方省份常见优良高粱品种见表6—2。

表6—2 北方省份常见优良高粱品种

序号	品种名	特点
1	龙杂10	在适应区出苗至成熟生育日数117天左右，需≥10℃活动积温2 450℃左右。适宜在黑龙江省第一积温带及第二积温带上限种植
2	龙杂12	生育日数105天左右，需活动积温2 250℃左右。耐密植，抗倒伏，抗黑穗病和叶部病害。适宜在黑龙江省第二积温带和第三积温带上限种植
3	五杂1	生育期122～125天，需活动积温2 700℃左右。适宜在黑龙江省第一积温带种植
4	吉杂90	出苗至成熟114天左右，需≥10℃活动积温2 400℃。抗丝黑穗病，抗紫斑病，抗倒伏。适宜在吉林省的松原、白城、长春地区及黑龙江省的第一积温带和内蒙古东部的部分区域种植
5	吉杂210	生育期119天左右，高抗高粱丝黑穗病，抗叶斑病。适宜在吉林省的白城、松原、长春的部分地区及黑龙江省的第一积温带和内蒙古东部地区种植
6	四杂25	出苗至成熟124天左右，需活动积温2 500～2 600℃。高抗蚜虫兼抗黑穗病，抗叶斑病，抗倒伏，籽粒不早衰。适宜在吉林省中西部、黑龙江省第一积温带、内蒙古东部地区种植
7	辽杂13号	生育期126～130天。较抗旱、抗倒伏，中抗丝黑穗病，高抗叶病。适宜在辽宁省铁岭、阜新、朝阳以南地区种植
8	铁杂16	生育期128天左右，属晚熟品种。适宜在辽宁省沈阳以南、锦州、朝阳、葫芦岛地区种植
9	赤杂28	平均生育期118天，中抗丝黑穗病。适宜在内蒙古自治区赤峰市、通辽市、兴安盟≥10℃活动积温2 600℃以上地区种植
10	晋杂22	生育期129.7天，抗病性较强。适宜在山西省高粱中晚熟区种植

4. 种子处理

(1) 精选种子。播前用筛选或风选等方法，对种子进行精选，淘汰秕粒和小粒，选用粒大、饱满、整齐一致的种子做种。

(2) 晒种。经过精选的种子，应于播前进行晒种，以增强种皮的通透性，打破休眠，促进生理成熟，提高种子的发芽势和发芽率。晒种可于播前半月左右进行，选择温暖的晴天，将种子铺成10～15 cm一层，连续晒3～4天。晒种时需经常翻动使其晒得均匀，并且要防止受潮受冻，以免种子丧失发芽能力。

(3) 浸种催芽。浸种催芽可使种子提前吸足水分，缩短出苗时间；又有防止早播粉种，提高保苗率和促早熟的作用。据试验，浸种催芽可提高出苗率15%～40%，早出苗3～4天，提早成熟3～4天，增产10%以上。浸种催芽应在播种前一天进行。将高粱种子放在45℃的温水中浸泡20～30 min，捞出后将种子放在火炕上或温室内铺成15 cm左右一层，上面覆盖湿麻袋以保温，并经常翻动。这样，经一昼夜可全部“拧嘴”，然后在阴凉处摊开，冷凉后即可播种。注意，催芽不能太早，芽不能催得太长；当天没播完的种子应放在冷凉室内摊开；经催芽的种子不能与农药和化肥接触，以防发生药害。

(4) 药剂拌种。防治金针虫、蛴螬等地下害虫可用50%辛硫磷闷种，用0.5 kg辛硫磷加水20 kg，喷到200～250 kg种子上，闷种4 h即可。防治高粱黑穗病、炭疽病，可用0.5%萎锈灵拌种，用药量为种子重的0.7%；或用50%多菌灵可湿性粉剂拌种，用药量为种子重量的0.5%；也可用禾穗胺拌种，用药量为种子重量的0.3%～0.5%。

(5) 种子包衣。用种衣剂包衣，将微肥、农药等包裹在种子上，可起到保苗、壮苗和防治病虫的作用。

二、播种技术

1. 播种时期

适期播种才能确保苗全、苗齐和苗壮。高粱的播种期，主要根据温度和水分来确定。高粱种子发芽的最低温度为6～7℃，生产上通常以5 cm土层温度稳定通过10～12℃作为适期播种的温度指标。播种过早，地温低、湿度大，种子长时间不能发芽而易粉种和发病；播种过晚，由于温度升高，生长发育加快，穗分化时间缩短，易使产量降低。因此，只有适时早播，才有利于保苗和争取穗大粒多，使高粱霜前能及时成熟。

确定高粱播期还应考虑品种、土质、地势等因素的影响。晚熟品种生育期长，要求积温高，应适时早播；早熟品种生育期短，播种过早，幼穗分化期正处于干旱少雨季节，不利于形成大穗，应适当晚播。岗地、沙地升温快，保墒难，应早播；洼地、黏土地含水量高，升温慢，早播易粉种，应适当晚播。红粒品种种皮较厚，含单宁较多，相对较耐低温，可适当早播；黄、白粒品种种皮薄，含单宁较少，对温度反应敏感，应适当晚播。如黑龙江省的适宜播期，南部和东部地区为4月下旬至5月上旬，北部、西部地区为5月上旬至5月中旬；吉林省播期一般为4月25日至5月5日；辽宁省适宜播期一般为4月25日至5月10日。

2. 播种方法

北方地区除少数地区用机械平播外，多数地区进行垄作。现在采用的播种方法有垄上双条播、穴播和平播三种。

(1) 垄上双条播。大豆、玉米茬经处理残茬后，秋翻起垄或顶浆起垄地块，用精量播种机进行垄上双行精量播种。垄距70 cm，双行距12～14 cm，株距20 cm。

(2) 穴播。在整地质量好、土壤肥水充足的条件下，可采用机械穴播或人工等距刨埯方式种植。垄距70 cm，埯距20～25 cm，间苗时留成一埯双株。

(3) 平播。经过秋翻已达到整平耙细程度的地块，用谷物播种机平播，播成行距为45 cm的单条，播后立即镇压。四叶期间苗，并用凿形铲中耕。

3. 合理密植

高粱单位面积产量由单位面积穗数、每穗粒数、粒重三个因素构成。三者之间只有相互制约、协调统一，才能获得高产。密度过低，个体能得到充分发育，穗大粒多，单株产量高，但穗数少，群体产量不高。反之，留苗过密，由于株间互相遮阴，通风不良，个体发育差，虽然穗数增加，但单株穗过小，产量也不会提高。合理密植就是通过调节单位面积种植株数，建立合理的群体结构，扩大叶面积和根系，充分利用光能和地力，使个体发育健壮，群体充分发展，增加物质积累，保证物质合理分配而获得高产。高粱不同密度与产量及产量构成因素的关系见表 6—3。

表 6—3　　高粱不同密度与产量及产量构成因素的关系

密度（株/hm²）	穗粒数（个）	千粒重（g）	穗粒重（g）	产量（kg/hm²）	比率（%）
100 000	3 785	28.0	107.0	7 485	100.0
110 000	3 179	26.2	83.3	9 180	122.6
125 000	2 653	26.0	69.0	9 660	129.0
160 000	2 086	25.4	53.0	8 475	113.2

确定高粱的合理密植幅度，要在全面协调各产量构成因素的基础上，掌握“肥地宜密，瘦地宜稀；矮秆宜密，高秆宜稀；早熟宜密，晚熟宜稀”的原则，因地制宜加以确定。高粱的密植幅度在一般生产条件下，以每公顷 10.5 万～13.5 万株较为适宜，低于 10.5 万株产量下降，高产地块以每公顷约 12.5 万株为最好。

4. 播种量

高粱的播种量应根据种子的发芽率、千粒重、清洁率以及播种方式等确定。此外还要考虑整地质量，地下害虫造成的田间损失等。在正常条件下，出苗数应为留苗数的 5 倍左右。杂交种的顶土能力弱，应适当增加播量；整地质量差或墒情不好时也要适当增加播量。

一般垄上双条播、穴播，播种量为 15～25 kg/hm²；机械平播，播种量为每公顷22.5～30 kg。

5. 播种深度

播种质量要求播量适宜，下种均匀，播行齐直，播深合适。其中播种深度对保苗和幼苗生长有很大影响，因此播种时要严格掌握播深。播种过深，出苗时消耗的养分多，易导致幼苗细弱、生长缓慢；播种过浅，种子容易落干造成缺苗。一般杂交高粱和多穗高粱的根茎短，芽鞘软，幼芽顶土能力弱，播深以 3～4 cm 为宜；普通品种播深以 4～5 cm 为宜。确定播深还应考虑土壤、温度、水分等条件。土壤墒情好可适当浅播，土壤干旱应适当深播。土质黏重应浅播；疏松的沙质土不易保墒，可适当深播。

6. 播后镇压

播种后土壤暄松，易透风跑墒。播后镇压可以减少土壤水分散失，使种子与土壤密接，便于吸水扎根，并能增强毛细管作用，提墒抗旱。高粱播后镇压时间应根据土壤墒情而定。墒情较差时，应在播后立即镇压，最好与播种连续作业；土壤含水量过高时可隔 1～2 天，待土壤水分适宜时再镇压。

三、田间管理

在高粱的生长发育过程中，根据不同生育时期的特点，采取相应的管理措施，为高粱生长发育创造良好条件，对提高产量和品质、获得丰产丰收具有重要意义。

高粱的田间管理主要包括间苗与定苗、中耕除草、防治病虫害等措施，以保证高粱的正常生长发育。

1. 铲前蹚一犁或深松垄沟

铲前蹚一犁具有消灭杂草、提高地温、松土保墒的作用，从而促进幼苗生长，并为下次铲蹚创造了条件，也缓解了铲地人力紧张的问题。铲前蹚一犁一般在间苗前进行。

有条件的地方，可于高粱出全苗后进行垄沟深松。通过深松，可疏松土壤，打破犁底层，增强土壤蓄水防涝能力和土壤通透性，提高地温。因而改善了土壤的水、热条件和根系生长发育环境，有利于根系的伸长和下扎。但苗期干旱的地块不宜深松，以免损失土壤深层水分，加重旱情，导致减产。

2. 间苗与定苗

高粱出苗后，要及时间苗，以减少水分和养分的消耗，促进幼苗生长。间苗一般在出苗后7～8天，苗高2～3 cm，具有2～3片叶时进行。间苗时，把过密或发育不良的弱苗、小苗、病苗去掉，打成单株。当苗高10 cm左右，具有4～5片叶及时进行定苗，按要求株距或一埯留苗数定苗，做到留苗均匀一致。间苗要用小扒锄开苗，手间苗，不要用大锄头开苗，以防株距不均或者伤苗。对于地下害虫严重的地方可早间晚定。

3. 中耕除草

高粱是中耕作物，在生育期间应进行中耕除草。中耕除草可以消灭杂草，防止草欺苗，减少土壤水分和养分的消耗，又可破除板结，调节土壤温度和水分状况，促进幼苗的生长发育。

中耕除草一般要做到三铲三蹚，第一次铲蹚应结合间苗或定苗进行，蹚地时应深蹚而不上土，以免压苗。第一次中耕除草后隔7～10天进行第二次中耕除草，蹚地时可少上土，做到压草不压苗。在拔节时进行最后一次铲蹚，并且要培土至垄顶，这样具有防止倒伏的作用。

不利用分蘖的高粱品种，在水肥条件充足的情况下，会出现1～2个分蘖，因生出较晚，很难成穗，应及早去掉，以免影响主穗的发育。多穗高粱分蘖较早而且整齐，并能正常抽穗结实，对这些分蘖应加强管理。

4. 灌溉与排水

拔节孕穗期是高粱需水最多的时期，要求土壤持水量达60%～70%，如遇天旱，应及时灌溉。高粱开花结实期如遇天旱少雨，会对灌浆结实不利，需进行灌溉，以促进养分在植株体内运转，保证灌浆结实顺利进行。

高粱生育后期，根系活力减弱，在秋雨过多、田间积水时，土壤通气不良，影响灌浆成熟，应排水防涝。

5. 施用植物生长调节剂

（1）喷施矮壮素。矮壮素具有控制高粱徒长、促进发育、提早成熟的作用。在高粱拔节初期喷施 0.1%的矮壮素，用量为每公顷 1.2～1.5 kg，一般可提早成熟 3～8 天，增产 12.7%左右。

（2）喷施乙烯利。乙烯利是一种生长调节剂，具有促进早熟、防御低温冷害及提高产量的作用。在无霜期短、肥水充足的情况下，可于高粱挑旗或灌浆初期用 1 000 ppm 乙烯利全株喷施或对穗局部喷施，效果明显。用量为每公顷 300～450 kg。

（3）增产菌拌种。增产菌具有促进作物生长，提早成熟和提高产量的作用。将每公顷用种浸湿后，加 75 g 增产菌拌匀，使菌剂黏附在种子表面，稍阴干后即可播种。

6. 放秋垄

放秋垄可起到消灭杂草，增强田间的通透性，调节土壤水分，提高地温，使籽粒饱满，促进早熟的作用。在无霜期较短、易遭低温冷害的高粱产区，于灌浆期放秋垄，即用锄头浅锄垄的两侧，同时拔掉杂草，增产效果显著。

7. 打底叶

有的地区在高粱成熟期有打底叶的习惯。摘除下部叶片，有利于田间通风透光，促进早熟，打下的绿叶可作牲畜的饲料。打叶时期不宜过早，打叶数量不宜过多，以免影响产量。一般在蜡熟期（约在抽穗 20 天以后）进行，保留顶叶 5～6 片，其余叶片打去。

四、病虫草害防治

1. 高粱主要病害的防治

北方高粱的主要病害是北方炭疽病。目前在防治上，除选用抗病品种和播前药剂拌种外，根据各地经验，轮作换茬、施用磷肥、处理好田间病叶残茬等措施，在一定程度上也有减轻病害的作用。

2. 高粱主要虫害的防治

高粱的主要害虫除与其他禾谷类作物相同外，在生育期中发生的还有高粱蚜和玉米螟等。防治高粱蚜可喷施 40%乐果乳油 1 000 倍液，每公顷 900～1 200 kg；防治玉米螟可用 90%敌百虫 800～1 000 倍液灌心叶，也可用 BT 乳剂喷雾防治，每公顷用药量为 2.25 kg，兑水 600～750 kg。

3. 化学除草

高粱对许多除草剂表现敏感，应用时要注意选择。

48%麦草畏（百草敌）375～600 mL/hm^2，高粱苗后 3～5 叶期，阔叶杂草 2～4 叶期施药。

22.5%溴苯腈（伴地农）乳油 1.2～1.9 L/hm²，高粱苗后 4～5 叶期，阔叶杂草 2～4 叶期施药。

25%绿麦隆可湿性粉剂 3 000 g/hm²，高粱播后苗前施药。

48%灭草松（排草丹）水剂 2.5～3.0 L/hm²，高粱苗后阔叶杂草 2～4 叶期施药。

38%莠去津悬浮剂：土壤有机质 3%以下，沙质土 2.5 L/hm²，壤质土 3.75 L/hm²，黏质土 6.25 L/hm²；土壤有机质 4%～5%，沙质土 4.0 L/hm²，壤质土 7.0 L/hm²，黏质土 7.5 L/hm²，高粱播后苗前施药。有机质高于 5%的土壤不推荐使用此药剂。

50%扑灭津可湿性粉剂 1 650～3 300 g/hm²，高粱播后苗前施药。沙质土和有机质高于 5%的土壤不推荐使用。

80%敌草隆（地草净）可湿性粉剂 1 000 g/hm²，高粱播后苗前施药。

五、收获储藏

1. 收获时期

高粱的收获时期，对产量和籽粒品质均有影响。食用高粱收获的适期是籽粒中营养物质积累结束，粒重达最大值的时期。收获过早，灌浆不充分，成熟度差，千粒重降低，影响产量，制米时不易脱壳且出米率低；收获过晚，易受早霜、风、鸟等危害，落粒损失大，呼吸消耗也会使粒重下降。

高粱可适当早收，农谚有“高粱伤镰吃好米”的说法，说明适当早收是可行的。食用高粱一般在蜡熟末期收获，此时干物质已基本积累完毕，并且有较高的发芽力，此时收获不会降低种子质量及其商品质量。其特征是植株下部叶已枯萎，上部尚有 6～8 片绿叶，籽粒变硬，呈现本品种的固有色泽，含水量下降到 15%～20%。

2. 收获方法

人工收割，可连秆割倒，晒干后切穗脱粒，这比割倒后立即切穗的产量高。据试验可增加千粒重 0.68～0.9 g。

机械收获，可将穗子切下脱粒，并将茎秆割倒，适于大面积收获。

3. 安全储藏

高粱脱粒前应充分晾干，否则不易脱净，破碎率高，降低品质，影响产量。脱粒后应充分晒干，然后储藏，籽粒含水量不应超过 14%。含水量过高，储藏期间易发热变质，也易受冻害。

调查你所在地区高粱主栽的优良品种和主要的栽培模式，生产中存在哪些问题，并根据所学知识制定出解决方案。

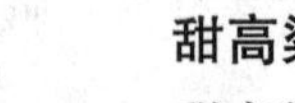

甜高粱

甜高粱又称糖高粱、芦粟、甜秫秸和甜秆等，是普通粒用高粱的一个变种。它与帚高粱、宿根高粱以及苏丹草，都是多年生草本植物，但在冬天有霜冻的地区，不能露地过冬，因此只能作一年生作物栽培。甜高粱同普通高粱一样，也能结出优良的籽粒，但产量通常较粒用高粱略低，茎秆比粒用高粱粗，多汁液且富含糖分，植株也较高。甜高粱依汁液中蔗糖和还原糖所占比例的不同，又可进一步分为糖晶型甜高粱和糖浆型甜高粱。糖晶型甜高粱汁液中主要含蔗糖，适于制结晶糖；糖浆型甜高粱不能用于制结晶糖，因纯度太低，无法起晶。同样，糖晶型甜高粱也不能用以生产糖浆，因糖浆在储藏过程中蔗糖会自行结晶，从而降低糖浆的品质。

【实验实训】

实训 6—1　高粱形态特征观察和类型识别

一、实训目的

认识高粱形态特征，识别高粱的主要类型。

二、材料用具

食用高粱、糖用高粱、帚用高粱的成熟期植株，密穗、直散穗、下弯穗三种类型穗的标本；扩大镜、游标卡尺和米尺等。

三、内容及方法步骤

1. 观察高粱外部形态

（1）根。由初生根、次生根和支持根组成。观察各类根着生部位、形态。

（2）茎。高粱可见茎节 10～13 节，节间长度以下部最短，中部大致相等，上部较长。植株高度，特矮秆 1 m 以下，矮秆 1～1.5 m，中秆 1.5～2.5 m，高秆 2.5 m 以上。茎的表面生有粉状物，横断面较圆。茎基部腋芽可以发育成侧枝，称为分蘖。观察时测量株高、茎粗，查数地上和地下节数。

（3）叶。由叶鞘、叶片和叶舌构成。叶片光滑而有蜡质，叶片上中脉色泽有灰色、黄色、白色，叶的色泽有绿色、紫色两种。当叶片受伤时常有花青素溢出，呈现紫红色。观察叶的构成，叶形、中脉色泽，有无花青素溢出，叶面有否粉状物。

（4）穗和小花。高粱穗为圆锥花序。穗轴上生有数个节，每节上环生有 5～10 个一级枝梗，一级枝梗上又着生十多个二级枝梗，二级枝梗上又着生5～6个三级梗，三级枝梗上着生数个成对小穗。成对小穗中有1个较大，无柄，能开花结实；另一个小穗较小，有柄，不能结实。枝梗顶端着生有3个小穗，1个是无柄小穗，2个是有柄小穗。高粱无柄小穗有2片护颖，内有2朵花，下位花退化，只有1片外颖，不结实；上位花包括内外颖各1片，3个雄蕊，1个雌蕊，1个鳞片。高粱壳有长有短，包被籽粒有松有紧。

(5) 种子。种子由果皮和种皮、胚、胚乳3部分构成。主要包括椭圆、卵圆、圆和长圆等形状，其色泽有白、红、黄、橙红和褐等，千粒重25～30 g。

2. 高粱类型观察

栽培高粱根据花序结构特点分为2个亚种。

(1) 散穗亚种。主穗轴较短，分枝轴较长，穗形疏散。因穗轴和分枝长短及穗形疏散程度可分为2组。一是侧穗组。具有极短穗轴（不超过全长1/5，典型者甚至没有，分枝轴丛生其上，长短几乎相等）和极长而柔软的分枝。成熟时分枝集中一侧，使穗向一侧下垂，同时主轴为分枝所覆盖，从侧向看不到主轴；二是周散穗组。具有长的穗轴（超过穗全长2/3，以致与穗等长）和较短的分枝。分枝向四周均匀扩展，成熟时穗及分枝不下垂或稍有弯曲，主轴不为分枝所覆盖，从外面可明显看到主轴。

(2) 密穗亚种。主穗轴长，与穗长相等，而分枝短，一般分枝不及主轴长，且密集着生在主轴上，从外面难见到主轴。根据弯曲与否可分为2组：一是直穗组。穗颈下方节间部分不弯曲，穗直立向上；二是弯穗组。穗颈下方节间部分弯曲，穗顶端朝下。

除上述分类外，生产实践中根据栽培用途将高粱分成4类。一是食用高粱，以密穗和周散穗为主；二是糖用高粱，俗称甜秆，属周散穗或密穗型；三是帚用高粱，俗称笤帚糜子，属侧散穗。四是饲用高粱，植株矮小，秆细。

四、作业

1. 绘制密穗、直散穗、下弯散穗3种类型穗形模式图。
2. 绘制高粱成对小穗。

复习思考

1. 高粱种子萌发出苗所要求的条件是什么？
2. 高粱浸种催芽有哪些好处？如何浸种催芽？
3. 高粱播种方法有哪些？
4. 如何确定高粱的适宜密度？
5. 高粱田间管理有哪些措施？
6. 如何确定高粱的适宜收获期？

第七章 谷 子

学习目标：

◆ 知识目标：了解谷子各器官的特征特性，谷子的生育期、生育时期以及生长发育对环境条件的要求。

◆ 技能目标：掌握谷子整地施肥、种子处理、播种、田间管理和收获储藏技术。

谷子古称粟，起源于我国黄河流域，是我国主要的杂粮作物之一，也是主要的饲草作物。谷粒脱壳成小米，蛋白质含量为 11.42%，赖氨酸含量为蛋白质的 2.17%，粗脂肪含量为 4.28%，人体必需的氨基酸含量占氨基酸总量的 41.9%，而且含有维生素 A、维生素 B_1、维生素 B_2、维生素 E，也含有相当多的矿物质，如钙、铁、磷等。谷子营养丰富，是北方人民喜爱的食粮。谷子不仅可以食用，也可以酿酒、制饴糖，还是良好的精饲料。因此，种好谷子，对增加粮草产量，发展商品经济，改善人民生活具有重要的意义。

第一节 谷子栽培学基础

一、谷子的一生

1. 植物学特征

谷子属于禾本科狗尾草属，一年生草本植物。

(1) 根。谷子的根属须根系，由初生根、次生根和支持根组成。

种子萌发时，首先长出一条种子根（胚根）即初生根，初生根再生侧根。初生根入土较浅，主要集中在 20～30 cm 土层内，最深可达 40 cm 以上，横向扩展 50 cm 左右，其寿命可维持两个多月。初生根具有吸收水分、养分供幼苗生长的作用。初生根具有较强的抗旱能力，当表层土壤含水量降到 30%～5%时，才停止生长，但遇水后，又会恢复生长。

次生根又称节根、永久根、不定根。幼苗长出 4～5 片叶时从靠近地表的茎节生出的根叫次生根，一般由下而上生出 6～8 层节根，是谷子从土壤中吸收养分和水分的主要器官。

次生根的健壮与否直接关系到谷子产量的高低。

支持根又称气生根，不定根。拔节后不久在近地表的茎节上开始生出气生根，轮生于茎节处 2～3 层。支持根入土较浅，入土后分生侧根，能吸收养分和水分，起支持防倒的作用。谷子的根，如图 7—1 所示。

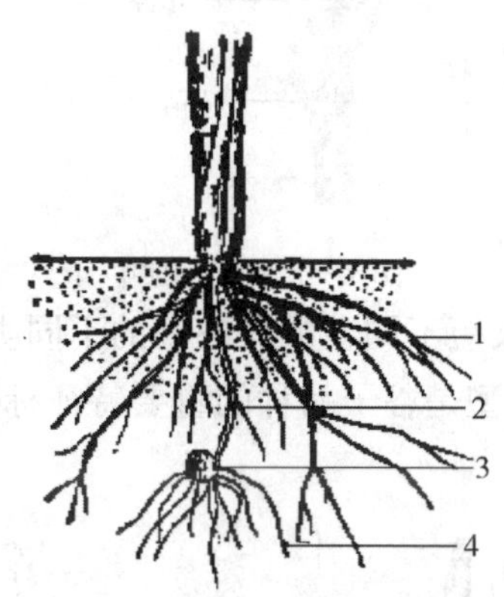

图 7—1　谷子的根

1—次生根　2—根间　3—种子　4—种子根

(2) 茎。谷子茎呈圆柱状，下部微扁、中空，有节，两节之间称为节间。茎秆节数晚熟品种多，早熟品种少，一般有 20 节左右，地上部有 10～15 节，地下部有 5～7 节。地上部的节间较长，地下部的节间很短。茎秆高度一般为 1～2 m，晚熟品种较高，早熟品种较矮。茎的颜色有绿色和紫色两种，主要由花青素所致。

谷苗长出 4～7 片叶时，有分蘖特性的品种在水、肥充足的条件下，主茎基部分蘖节上长出的分枝称为分蘖。在表土层中的 2～4 个密集的茎节最易发生分蘖，如能抽穗结实的为有效分蘖。遇缺苗断垄或者主茎生长点受损伤时，分蘖可弥补缺苗。分蘖多少受品种、栽培条件影响，多数品种为不分蘖或少分蘖类型，早播稀植分蘖的多。

(3) 叶。谷子的叶由叶鞘、叶片、叶舌、叶枕组成，无叶耳。第一片真叶为椭圆形，形如猫耳，称做“猫耳叶”，以后各叶片都是线状披针形。叶色多为绿色，也有黄绿或带些紫色。谷子的叶色、叶枕颜色和叶型是鉴定品种的标志之一。

叶片是叶的主要部分，叶片上有明显的中脉和其他平行的小脉，表皮有很多绒毛。叶鞘在叶的下方，边缘着生浓密的绒毛，是叶片和茎的通道，起着保护茎秆及输导水分和养分的作用。叶舌是叶片和叶鞘结合处内侧的绒毛部分，能防止雨水进入叶鞘，从而保护茎秆。叶枕是叶鞘与叶片相接处外侧稍凸起的部分。谷子的叶，如图 7—2 所示。

(4) 穗。谷子的花序为顶生穗状圆锥花序，俗称谷穗，由穗轴、分枝、小穗、小花和刚毛组成。穗的中间有穗轴，着生第一级分枝，第一级分枝上着生第二级分枝，第二级分枝上着生第三级分枝，在第三级分枝上簇生有很多小穗。每个小穗包括 2 个护颖和 2 朵小花。一朵为退化花，不能结实；一朵为结实小花，由内颖、外颖、3 个雄蕊、1 个雌蕊和 2 个鳞片组成。小穗柄基部还有一至数根刚毛，刚毛长短是品种的特征之一。

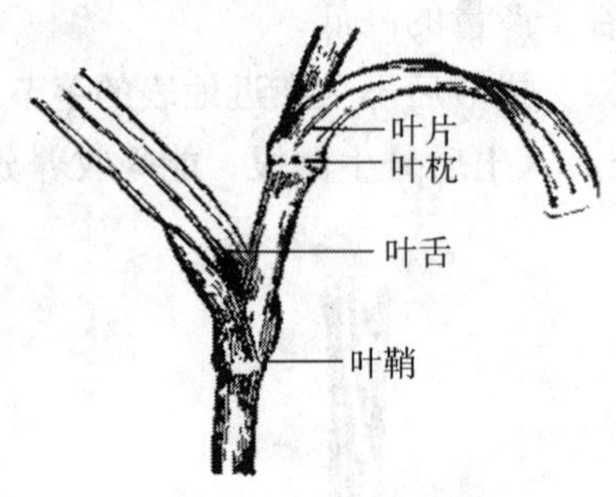

图 7—2　谷子的叶

谷穗的中轴及各级分枝的长短不同，形成谷穗的不同类形，如纺锤形、圆筒形、棍棒形、分枝形、猫爪形等。不同穗型是谷子品种的重要特征标志。谷子的穗型，如图 7—3 所示。

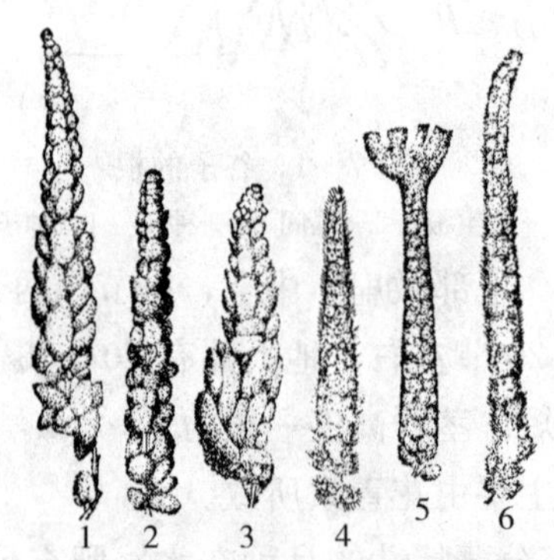

图 7—3　谷子的穗型

1—短纺锤形　2—圆筒形　3—棍棒形　4—长鞭形　5—龙爪形　6—长纺锤形

（5）果实。谷子的果实是由子房和受精胚珠连同内外稃一起发育而成的，为假颖果，包括果皮和种子。果皮即谷壳，颜色、厚薄均因品种不同而异。颜色分为白、黄、橙黄（杏黄）、红、褐、黑等。粒形有圆、扁圆、卵圆等。不同品种籽粒大小不同，一般大粒种的千粒重为 3.5 g 以上，中粒种为 2.5～3.5 g，小粒种的千粒重在 2.5 g 以下。

谷粒去掉内外稃后，俗称小米，包括皮层、胚和胚乳三部分。胚乳内充满角质淀粉，按照胚乳的性质可分为糯性和非糯性两种，胚由胚芽、盾片、胚根组成。

2. 生育期

谷子从出苗至成熟所经历的天数称为生育期。生育期的长短，因品种、播期、气候条件和栽培条件而异。一般生育期为 70～140 天。其中，生育期 70～100 天的为早熟品种；生育期 100～120 天的为中熟品种；生育期 120～140 天的为晚熟品种。春谷如推迟播种，由于气温升高，生育期就会缩短。

3. 生育时期

谷子的一生可划分为苗期、拔节孕穗期、抽穗开花期和灌浆成熟期四个生育时期。

(1) 种子萌发及出苗。具有生命力的谷种经过休眠后，在适宜的温度、水分和空气条件下即可萌动发芽。种子发芽是胚根先突破种皮向下生长形成种子根，随后幼芽在胚芽鞘保护下出土，从中伸出第一片真叶并展开。通常第一片达到 1 cm 时称出苗。第一片真叶紧贴地面，故应注意暴雨淤心及大风沙压苗。

(2) 幼苗期。谷子从出苗到拔节为幼苗期。幼苗期是以建成次生根系为主的营养生长期。根系生长最活跃，地上部分的生长很缓慢，株高平均每日只增长 0.21 cm，三叶期到拔节平均每日增长 1.33 cm。谷子的发芽及幼苗，如图 7—4 所示。

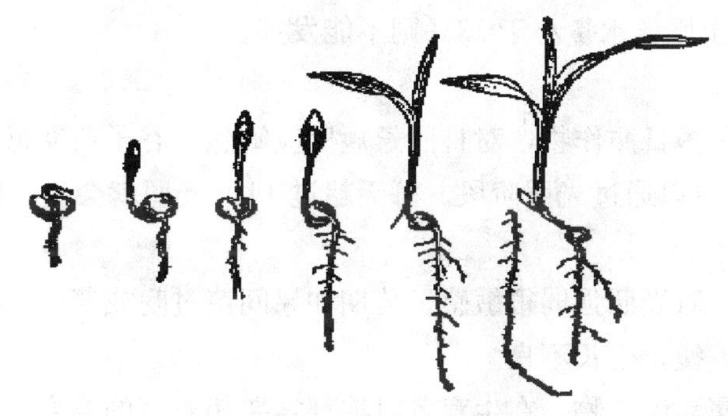

图 7—4　谷子的发芽及幼苗

(3) 拔节孕穗期。拔节孕穗是茎基部第一个伸长节间开始伸长，生长点开始分化，标志着由营养生长转入生殖生长，即进入营养生长和生殖生长并进的阶段。谷子从出苗到拔节，经历时间的长短，因品种及外界条件不同而异。同一品种在同一地区，播种越晚，拔节越提前，苗期相应缩短。谷子拔节孕穗期是生长最快的时期，这一时期株高平均日增长量为 3.44 cm。

谷子的幼穗分化开始较晚，但穗分化开始以后进程较快，发育较快。花序及穗的分化可分为四个时期：生长锥伸长期、花序分枝分化期、小穗和雌雄蕊原基分化期和雌雄蕊形成期。

(4) 抽穗开花期。谷子幼穗发育完成后（约在幼穗开始分化后 30 天左右），穗子从旗叶的叶鞘中伸出，开始抽穗。谷子从抽穗到全穗抽出，需要 3～8 天，抽穗后 3～5 天开花。

一个谷穗的开花顺序是中上部先开，然后是中部、顶部，最后是穗基部。在枝梗上是尖端的花先开，基部的花后开。全穗经 10～15 天开完。谷子在一昼夜中有两个开花高峰，一是在午夜，一是在早晨。

谷子开花时，鳞片吸水膨胀，内外颖张开。一般是雌蕊柱头先伸出颖外，然后花药伸出开裂散粉，但也有花药伸出时即破裂的。在阴雨低温情况下，也有不开颖即进行授粉的，这是谷子对不利于授粉的气候的一种适应性。

谷子是自花授粉作物，天然杂交率一般在 1%左右。

(5) 灌浆成熟期。谷子开花授粉后，子房开始膨大，胚乳和胚同时发育，并积累营养物质，进入籽粒灌浆期。当穗部籽粒硬化，呈现原品种特有的颜色时，籽粒则已成熟。籽粒形成过程分为乳熟期、蜡熟期和完熟期三个时期。春谷从开始灌浆到成熟约需 35 天左右。

二、谷子生长发育需要的环境条件

1. 种子萌发及出苗

谷子发芽的最低温度是 7～8℃，在 12～15℃时，种子能正常发芽，而以 25℃时发芽最快，最高温度是 30℃。种子发芽时需要吸收相当于本身重量 26%的水分，最适宜的土壤含水量为 17%～21%，土壤含水量小于 13%则不能发芽。

2. 幼苗期

(1) 光照。谷子是短日照作物，对日照长短反应敏感。谷子苗期每天 8～10 h 的短光照条件下，经过 10 天就可以通过光照阶段。每天超过 14 h 光照就会显著延迟发育，使抽穗大为推迟，成熟延后。

谷子是喜光作物，对光照强弱很敏感。苗期如果间苗过晚或草多，谷苗就会发生争光徒长现象，造成细高、黄瘦，生长不良。

(2) 温度。谷子属喜温作物，在生育各时期都需要相对高的温度。幼苗期最适宜的温度为 20～22℃，低于 5℃时，叶尖呈受冻现象。

(3) 水分。谷子抗旱性较强，其蒸腾系数小，仅为 310，低于玉米和高粱。苗期的抗旱性最为突出，当土壤含水量降到 10%以下时，仍能维持其生长。

3. 拔节孕穗期

(1) 光照。谷子穗分化期间，需要充足的光照。特别是穗分化后期，在抽穗前 10～15 天，即花粉母细胞形成四分体时，对光照强度非常敏感，此时若光照强度不足，就会影响花粉粒的发育，降低结实率而形成大量秕粒。

(2) 温度。谷子拔节时要求温度较高，当平均气温 22～25℃时生长较快。孕穗到抽穗期要求温度更高，小穗分化期以 25～35℃为宜。

(3) 水分。拔节孕穗期需水急剧增加，耗水量占全生育期耗水量的 43.9%。此时，正是幼穗分化期，营养器官生长很快，需要大量水分，是谷子一生中最不耐旱的时期。如受旱将形成大量秕粒或造成秃尖而严重减产，是谷子的需水“临界期”。谷子拔节孕穗期，一般土壤含水量保持在 17%～20%左右较适宜。

4. 抽穗结实期

(1) 光照。开花灌浆期需要有晴朗的天气，若光照不足就会影响营养物质的合成和运转。开花期阴雨连绵，影响正常授粉，空壳增多。灌浆期雨多，光照不足，则秕粒和半饱粒增多。

(2) 温度。抽穗结实期需要较高的温度，在 25～35℃的高温条件下有利于抽穗和制造养分。18～21℃时，最有利于开花。气温过高，影响花粉的生活力和授粉。温度低于 10℃，则花药不开裂。籽粒灌浆的适宜温度为 20～22℃，最低为 16℃，昼夜温差较大有利于干物质积累。

(3) 水分。抽穗到籽粒灌浆这段时间，仍需要充足的水分。抽穗开花期需要大量水分，如受旱即“卡脖旱”，则抽穗困难，并影响花粉粒的发育。开花期要求土壤水分充足，田间空气湿度在80%～90%，否则会影响开花授粉。灌浆期干旱将使粒重大为降低，秕粒增多。籽粒成熟期对水分的需要降低，怕涝，水分过多常造成贪青晚熟，因此雨多时应注意排涝，保持田间良好的通风透光条件。

第二节 谷子栽培技术

一、播前准备

1. 选地与选茬

(1) 选地。谷子适应性强，对土壤的要求不严格，不论沙土、黏土、岗坡地、旱薄地和轻盐碱地（含盐量不超过0.2%）都能种植。但是由于谷子的籽粒小，幼苗顶土能力弱，因此种在地势高燥、排水良好、有机质含量高、质地疏松、土层深厚的沙土或壤土中最为适宜。

(2) 选茬。谷子不应重茬、迎茬。农谚有“重茬谷，守着哭”“三年谷，不如不”之说。谷子重茬、迎茬一是病害严重，特别是谷子白发病，重茬的发病率是倒茬的3～5倍；二是杂草严重，伴生性谷莠草多，易造成草荒；三是会大量消耗土壤中特定营养素，使土壤养分失调。因此，种植谷子必须进行合理轮作倒茬，以调节土壤养分，及时恢复地力，减少病虫草害。

谷子的前茬，以豆类、薯类、瓜、麦类、玉米和绿肥为宜。其中有的能养地，有的休闲期长，有的收获时结合深翻土地，都对谷子生长有利。小麦茬种谷子，必须做到保墒才利于保苗。

2. 整地与施肥

(1) 深耕整地。春谷多在旱地种植，前作收获后应灭茬，及时深耕接纳雨水，提高水分利用率。春季风多雨少，土壤干旱，谷子种子小、芽鞘短、顶土力弱。因此，一切耕作措施都应突出“保墒”，深耕细整，地平土碎，保证全苗。

1) 伏秋整地。伏秋深耕可以熟化土壤，改善土壤结构，增强保水能力。同时，加深耕层，利于谷子根系下扎，使植株生长健壮，从而提高产量。正如农谚所说，“秋耕深一寸，顶上一车粪”“秋天谷田划破皮，赛过春天犁出泥”。

秋耕要做到早、细、深，一般要求耕深20 cm以上，还应结合增施有机肥。

2) 春季整地。由于谷子籽粒小，为保证全苗，必须严格要求春季耕作整地的质量。春季整地宜早宜浅，耕、耙、耢、压连续作业。要掌握“返浆期整地保墒，煞浆期整地跑墒，煞浆后整地无墒”的土壤水分运动规律，抓紧时间顶浆整地、起垄，为谷子发芽出苗创造条件。

(2) 合理施肥。谷子虽有耐瘠薄的特点，但要获得高产，必须增施肥料。谷子根系发达，吸肥力强，需肥量大，对肥力反应敏感。据测定，每生产籽粒 100 kg，一般需要从土壤中吸收氮素 2.5～3.0 kg、磷素 1.2～1.4 kg、钾素 2.0～3.8 kg，氮、磷、钾比例大致为 1∶0.5∶0.8。

谷子在不同生育阶段吸收氮、磷、钾养分有明显不同。幼苗期需养分较少，仅为全生育期所需养分的 3%左右；拔节至抽穗前 20 天左右是第一个需肥高峰期，氮素吸收量达到吸收总量的 1/3～1/2，磷素也达吸收总量的 1/2 以上；抽穗时，营养体生长速度下降，养分吸收减少；开花后养分吸收量又有所增加，以供给籽粒充实和干物质积累，为第二个需肥高峰期，氮、磷吸收量约占吸收总量的 20%左右；灌浆期营养体停止生长，吸肥力减弱，结实器官需要的营养大多来自营养体内的再利用，成熟时大部分运往籽粒。

增施肥料，科学施肥是实现谷子高产的重要措施。在施肥时应做到农肥、化肥相结合，氮肥、磷肥相结合，基肥、种肥和追肥相结合，以满足谷子生长发育对养分的需要。

1）基肥。基肥的种类有农家肥和化肥，以农家肥为主，在播种前结合整地施入或夹肥效果较好。农家肥施用量一般以 15～30 t/hm^2 为宜。尿素做基肥秋深施，施用量为 100～120 kg/hm^2。

2）种肥。谷子粒小，胚乳贮藏的养分不多，因此，谷子施用种肥能显著提高产量。用磷酸氢二铵做种肥时，用量以 75～112.5 kg/hm^2 为宜，或用过磷酸钙 225～300 kg/hm^2，加尿素 15～30 kg/hm^2 为宜。化肥应和种子隔离，防止烧种。

3）追肥。在农家肥少、种肥用量又少的地块需及时追肥，以满足壮株和幼穗分化的需要。追肥以速效性氮肥为主，适当配合少量磷、钾肥。土壤肥力差，无种肥或种肥量少，在 12～14 叶片时追施尿素 112.5～150 kg/hm^2。追肥量超过 225 kg/hm^2 时，要分两次施用。第一次在拔节后，另一次在孕穗中后期结合中耕施用。此外，在谷子生育后期，叶面喷施磷肥和微量元素肥料，可以促进开花结实，使籽粒饱满。

3. 优良品种的选用

优良品种的选用，必须从生态和生产两方面考虑。选用适应当地生态条件，又符合生产发展需要的品种，才能起到良种的增产的效果。各地应从实际条件出发，因地制宜地选择早熟、高产、抗性强、质佳和粮草双高的品种。北方省份常见优良谷子品种见表 7—1。

表 7—1　　北方省份常见优良谷子品种

序号	品种名	特　点
1	龙谷 30	生育期 125 天左右。一级耐旱抗倒伏，高抗白发病，兼抗黑穗病、叶斑病。适宜在黑龙江省第一、第二积温带种植
2	龙谷 33	生育期为 120 天左右。抗病，抗倒伏，品质好，产量高。适宜在黑龙江省第一、第二积温带上限各市县及吉林省公主岭、九站等地种植
3	嫩选 14	生育期为 115～118 天，需活动积温 2 381～2 540℃。抗病，抗旱，活秆成熟。适宜在黑龙江省第二、第三积温带上限种植
4	嫩选 16	生育期为 120 天左右。抗白发病及黑穗病。适宜在黑龙江省第一、第二积温带上限种植

续表

序号	品种名	特点
5	吉农谷 1	出苗至成熟为 115～120 天，需≥10℃活动积温 2 600℃。适宜在吉林省大部分地区种植
6	公矮 5	出苗至成熟为 124 天左右。抗白发病谷瘟病，抗黑穗病。适宜在吉林省的中、西部地区种植
7	蒙丰谷 11	平均生育期为 115 天左右。适宜在内蒙古自治区呼和浩特市、赤峰市≥10℃活动积温 2 500℃以上地区种植
8	承谷 10	生育期为 115 天。抗谷锈病、黑穗病和白发病，略感谷瘟病和粒黑粉病，抗旱性和适应性强，抗倒性中等。适宜在河北、辽宁、山西等春谷区种植
9	晋谷 43	生育期为 126 天左右，适宜在山西省谷子早熟区种植
10	晋遗 85－2	生育期为 125 天左右，抗倒，耐旱，抗红叶病，高抗谷瘟病。适宜在山西省中南部、陕西延安、甘肃庆阳、北京等春谷区种植

4. 种子处理

（1）种子精选。为了清除秕谷、草籽，选用饱满纯净的种子，在筛选的基础上，还要用一定浓度的盐水选种。筛选是用筛孔 1.2～1.3 mm 的细筛筛一遍，清除种子中的草籽，减少草害，利于间苗。在播种前的 3～5 天，用 13%～15%的盐水选种，去掉浮在水面上的秕谷、草籽和杂质，然后将沉底的种子捞出，用清水洗 2～3 遍，晾干后即可播种。

（2）晒种。播前晒种既可提高种子的生活力，又可通过太阳照射杀死黏附在种子表面的病菌。在播前一周，选晴天，将种子摊在席子上或其他较平坦的晒场上，平铺 2～3 cm 厚，翻晒 2～3 天，可提高种子发芽率和发芽势。播前做发芽实验，发芽率应达到 90%以上。

（3）药剂拌种。防治谷子白发病可用 35%瑞毒霉拌种，用药量为种子量的 0.2%；防治黑穗病可用 50%萎莠灵拌种，用药量为种子量的 0.3%；防治地下害虫可用种子重 0.1%的内吸磷农药拌种。

（4）种子包衣。种衣剂是一种胶体物质，是把含有杀虫剂、杀菌剂及微量元素的糊状物质，通过人工或机械手段搅拌黏附在谷子种子上，形成一个小药库和小肥库，为种子发芽创造防病、防虫、补充营养的小环境，有利于苗全、苗早和苗壮。

二、播种技术

1. 播种期

播种早晚对谷子生长发育影响很大，在某种程度上，直接影响产量的高低和病虫害的轻重。适期播种是保证谷子高产、稳产的重要措施之一。

拌种过早，易遭受晚霜的危害，使早出的谷苗受冻害，甚至死亡。早播的谷子，常在幼穗分化期间处于干旱少雨季节，形成“胎里旱”，发育成小穗，码稀粒少。拌种过早，温度低，种子发芽缓慢，而杂草滋生快，易出现草荒。同时，种子在土壤中停留时间长，受病菌侵染的机会多，养分消耗多，苗瘦弱。

拌种过晚，春风大、气温高、土壤干旱，抓不住苗。晚播的谷子，出苗期易遭受害虫危害，造成减产，且熟期延后。

谷子适宜播期以气温稳定在 7～9℃，即 5 cm 土层温度 7～8℃为宜。如黑龙江省大致是在 4 月 25 日至 5 月 15 日播种，其中，南部地区可在 5 月 1 日前播完，北部地区可在 5 月 1 日至 5 月 10 日播种。吉林省适宜播期一般为 4 月下旬至 5 月初。辽宁省适宜播种期一般为 4 月下旬至 5 月中旬。

2. 播种方式

(1) 平播。机械平播的谷子播深一致，落子均匀，开沟、拌种、施肥、覆土、镇压连续作业，可一次播种保全苗。机械平播又分为 15 cm 单条播、30 cm 双条播和 70 cm 四条播三种。15 cm 单条播适于在土壤肥沃、地板干净、土地墒情好的平岗地，其规格是条间距离 15 cm；30 cm 双条播的小条距为 7.5 cm，双条间距离 22.5 cm；70 cm 四条播的规格是行距 70 cm，条距 12 cm，播幅宽 36 cm，沟宽 34 cm，这种播种方式，既可以平播，又可以垄上播。机械平播应选择地势平坦，肥沃草少，排水良好的地块。

(2) 垄播。垄播具有抗旱排涝，增温便于管理，易灭草的优点。垄播又分为垄上双条播和垄上双条簇播两种。垄上双条播的条距是 11～12 cm；垄上双条簇播的规格是垄距 65～70 cm，条距 11～12 cm，簇距 10～14 cm，每簇 4～5 株，每公顷保苗 75 万～90 万株。

3. 合理密植

谷子合理密植与品种、自然条件和栽培管理水平有着密切关系。一般原则是：早熟品种、单株型品种、土地瘠薄、宽苗眼种植和平播的易密，中晚熟或晚熟品种、分蘖型品种、土地肥沃、窄苗眼种植和垄播的易稀。如黑龙江省各地谷子品种多为不分蘖的单株型品种，故穗数和保苗数基本一致，一般每公顷保苗 90 万～120 万株，南部地区是 75 万～90 万株/hm^2，北部地区是 100 万～120 万株/hm^2。

4. 播种量

根据谷子的发芽率、密度、土壤墒情、整地质量和地下害虫情况，一般播量为 6～8 kg/hm^2。为防止播量过大，出现马鬃苗，播种应点宽、点匀、不集堆、不断空，从而减少弱苗，使间苗省工。

5. 播种深度

谷子种粒小，播种若过深，会出现“蜷苗”现象，降低出苗率，增加病菌侵染机会。播种若过浅，又常因表土干旱而缺苗。一般播深 3 cm 左右，春风大，墒情差，可适当加深，但以不超过 5 cm 为宜。

6. 镇压

镇压有引墒、保墒、蓄墒、早发根、苗整齐、防“吊芽”、防“烧尖”、防“烧芽”和防倒伏的作用。分播前镇压和播后镇压两种。播后镇压在土壤墒情适宜时，要做到随播随压。

三、田间管理

谷子从出苗后到收获前的这一段时间，重点是加强田间管理。要根据自然特点和谷子不同发育阶段对外界条件的要求，采取相应的综合性技术措施，以促进植株早发快长，增强谷子对各种不利条件的抗御能力，从而实现高产稳产。

1. 苗期管理

谷子苗期的管理目标是在保证全苗的基础上，积极促进根系发育，适当控制地上部分发育，即"控上促下"，形成壮苗。壮苗的长势、长相从个体看是根深，茎扁圆、色绿，叶宽而短；从群体看是满垄全苗，生长整齐，苗色浓绿，粗矮茁壮。

(1) 苗期镇压。谷子苗期以根系生长为主，通过镇压可适当地控制地上部生长。苗期镇压有出苗前镇压和出苗后镇压两种。出苗前镇压是在谷苗快出土时进行，出苗后镇压一般是在谷苗 1～3 叶时进行（踩仰脸格子）。劳力多的地区，可组织好人力及时踩严；劳力少的地区，可用木磙子、石磙子或镇压器进行苗期镇压。苗期镇压要根据土壤水分的实际情况来掌握。土壤干旱、跑风地或易起喧的地块，要重踩重压；土壤湿度过大或土质黏重的地块，不踩不压，以免造成人为的缺苗断条，而影响产量。

(2) 间苗。谷子属于小粒作物，在生产上为了保出全苗，一般播种量往往要超过留苗数的好几倍，有的地块甚至超过十倍以上。为消除出苗后草欺苗和苗欺苗的不良现象，要及早间苗、均匀留苗，给谷子苗期生长发育创造一个良好的环境。

间苗要在谷苗 4～5 cm 高时，次生根没有长出之前进行，打开死撮子，消除苗眼里的杂草，按预定株数均匀留苗。间苗方法是先进行疏苗，再清苗、定苗。做到先除草，后间苗；先间死撮子，后间疏散苗；先间苗眼里的苗，后间苗眼两边苗。为了提高间苗质量，要间掉小苗、弱苗、虫害苗和机械损伤苗，选留大小一致的大苗、壮苗。

2. 拔节孕穗期管理

拔节孕穗期是谷子营养生长与生殖生长并进的时期，是决定谷子穗大小及穗粒数的关键时期，也是谷子一生中生长发育最快、需水需肥最多最迫切的时期。田间管理的目标是促壮秆，协调生长，攻穗增花。

(1) 清垄。拔节后生长发育加快，在株高 30 cm 左右时，除去苗眼草、病株和弱小苗。苗脚清爽，有利于谷苗生长整齐。

(2) 中耕培土。垄作谷子的中耕除草是指三铲三蹚地，抽穗后拔一遍大草。定苗前第一次铲蹚，要深拉墒沟不培土，保留坐犁土，注意防止压苗；第二次要深铲深蹚，适当培土，以利形成较多的气生根，增强谷子吸肥和吸水能力；第三次要浅蹚多培土，防止伤根，并蹚成方头垄。

平播谷子不便于中耕作业，可以采用小锄头进行行间松土除草。小垄谷子（行距 45～50 cm）为防止蹚地压苗、挤苗，可采用小铧蹚地。

（3）灌溉。谷子的需水特点是：苗期需水较少，表现耐旱；拔节期幼穗开始分化，需水多，表现怕旱；抽穗至灌浆成熟期需水少，表现怕涝。所以，谷子拔节至抽穗时，土壤水分不应低于田间持水量的65%～70%，应依土壤水分状况，决定是否灌水。

3．抽穗成熟期管理

抽穗成熟期田间管理的目标是防止早衰，促进干物质积累和运输，争取穗大粒饱。

（1）防旱防涝。谷子抽穗后数天，进入开花期，此时还需要大量水分。在高温、干旱条件下对授粉、受精和灌浆都不利，故应适当灌溉，但要轻浇，防地面积涝。

谷子抽穗成熟期，保持土壤湿润而又通气良好，是防止根系早衰的关键。主要措施是高培土，雨后及时浅中耕，对积水地块应立即设法排除。

（2）防倒伏。谷子在生育后期易发生倒伏，特别是在肥沃地块更容易出现这种现象。合理施肥、科学灌水和排涝、选用耐肥水和抗倒伏的高产品种是防止谷子倒伏的关键措施。

四、病虫草害防治

1．谷子主要病害防治

谷子主要病害有谷子白发病和谷子黑穗病。

（1）谷子白发病。幼苗期发病，先是在叶片表面长出浅绿色平行的条纹，以后在浅绿色部分的叶背长满白霉，俗称“灰背”。当植株长到约30 cm时，心叶往往不能伸展，只伸出一两片黄白色顶叶，形成“白尖”，随后又变为褐色，最后散成灰白色的发状物。少数抽出的穗，粗短而扭曲，形如刺猬，俗称“刺猬头”或“看谷老”。

（2）谷子黑穗病。谷子受病菌感染后，生育前期病症不明显，抽穗后病菌侵入子房为害籽粒。病株的穗不结实，形成黑色粉末状孢子，外面包着两层灰白色坚韧的膜。

（3）防治方法。谷子白发病和黑穗病常通过药剂拌种或种子包衣进行防治。

2．谷子主要虫害防治

谷子主要害虫有粟跳甲、螟虫和粘虫。

（1）粟跳甲。又名地蹦子、土跳蚤。在北方各地每年均有发生，尤其是在中、西部干旱地区，为害比较严重。其幼虫蛀食茎心，引起枯心苗，成虫啮食叶肉，造成叶片干枯死亡。一般为害轻的谷地，往往引起缺苗断条；为害较重的谷地，要更新毁种。

（2）螟虫。又称谷子钻心虫。幼虫孵化后，一般在幼苗第三个叶鞘附近啮孔蛀入茎秆，受害株心叶干枯，停止生长。螟虫一年中能够繁殖二三代，以老熟幼虫在谷茬、谷秆中越年。

（3）粘虫。又名夜盗虫，是为害谷子的主要害虫之一。发生严重年份能把谷子叶片全部吃光。粘虫多在抽穗开花期发生，四、五龄幼虫食欲最盛，为害最重，应抓紧防治。

（4）防治方法。粟跳甲、螟虫和粘虫可用甲基1605粉剂或敌百虫粉等杀虫剂防治。

3. 谷子化学除草

谷子田的杂草主要有旱稗、谷莠子、狗尾草、马唐等禾本科杂草和藜、苋、苍耳、苣荬菜等阔叶杂草。

(1) 播后苗前施药。防除禾本科杂草和阔叶杂草，每公顷地用50%扑草净可湿性粉剂750 g，兑水600～750 L，均匀喷雾土表，对谷苗和后茬作物均安全。或每公顷用50%扑灭津可湿性粉剂2.25 kg，兑水600～750 L，均匀喷雾土表，对后茬作物安全，但在拔节前对谷苗略有抑制生长作用，对产量无影响。

(2) 出苗后施药。防除阔叶杂草，每公顷地用72%2，4—滴丁酯乳油600～750 mL，兑水450～600 L，在谷苗4～5叶期，阔叶杂草大部他出齐时，均匀喷雾，对后茬作物安全。防除禾本科杂草，每公顷地用50%稗草烯乳油4.5～6 L，兑水450～600 L，在谷苗2～3叶期，均匀喷雾，对后茬作物安全。

五、收获储藏

1. 收获时期

适时收获是保证谷子丰产的主要一环。收获过早，籽粒尚未完全成熟，易造成秕粒或不饱满。收获过晚，纤维素分解，茎秆干枯，穗码脆弱易断，落粒严重，如遇阴雨天气还容易引起穗粒发芽，影响籽粒品质。

谷子收割的最适宜时期是籽粒完全硬化，粒色变为本品种固有色泽，含水量为18%～20%，颖壳呈现灰白色（挂灰），谷穗已断青，谷穗压圈，茎节开始皱缩。此时，不管茎叶青黄都要及时收割。如黑龙江省谷子收获时期一般是9月20日至10月10日，具体时间应因地区、品种、栽培水平和气候条件而异，南部地区一般是10月1日至10月10日，北部地区一般是9月20日至10月1日。

2. 收获方法

谷子收获方法有人工收割和机械收割两种。无论采用何种方法，都要做到割茬要低，捆好捆，码好晾晒，脱净、扬净。

3. 安全储藏

谷子安全越冬的种子含水量为13%以下。谷子脱粒后，应及时除杂净粮，晾晒散湿，当含水量为13%以下时，即可入库储存。

储藏期间，要注意通风防湿，进行低氧密闭保管，如遇返潮，要及时作晾晒处理。谷子上面还可压盖绿豆、赤豆，防止蛾类害虫。

调查你所在地区谷子主栽的优良品种以及施肥、整地、播种期、播法、田间管理措施、生育期间表现、抗逆性和病虫感染等，并预计当年产量水平。

小米的营养成分

谷子去皮后为小米，其粗蛋白质平均含量为11.42%，高于稻米、小麦粉和玉米。小米中的人体必需氨基酸含量较为合理，除赖氨酸较低外，小米中人体必需氨基酸指数分别比稻米、小麦粉、玉米高41%、65%和51.5%。小米的粗脂肪含量平均为4.28%，高于稻米、小麦粉，与玉米近似。其中，不饱和脂肪酸占脂肪酸总量的85%，有益于防止动脉硬化。小米碳水化合物含量为72.8%，低于稻米、小麦粉和玉米，是糖尿病患者的理想食物。小米的维生素A、维生素B_1含量分别为0.19 mg/100 g和0.63 mg/100 g，均超过稻米、小麦粉和玉米。较高的维生素含量对于提高人体抵抗力有益，并可防止皮肤病的发生。小米中的矿物质含量如铁、锌、铜、镁均大大超过稻米、小麦粉和玉米，钙含量大大超过稻米和玉米，低于小麦粉。此外，还含有较多的硒。具有补血、壮体，防治克山病和大骨节病等作用。小米的食用粗纤维含量是稻米的5倍，可促进人体消化。由于小米具有上述营养品质，所以是孕妇、儿童和病人的良好营养食物。

【实验实训】

实训7—1　谷子的类型观察及黍、稷识别

一、实训目的

掌握以穗形为主的划分谷子类型的方法，识别黍、稷的不同。

二、材料用具

不同穗形的谷子植株及黍、稷成株标本，扩大镜、镊子等。

三、内容及方法步骤

1. 观察谷子的穗形

根据谷子幼苗颜色、叶色深浅和茸毛有无，叶片宽窄，穗形、穗码疏密、刚毛长短及色泽，籽粒颜色及质地、分蘖力强弱等性状，可划分为许多类型。一般按穗形可划分为：

（1）纺锤形。穗细长，小穗排列较松，两头尖。

（2）圆筒形。全穗粗细略等。

（3）圆锥形。穗较长，小穗排列疏松。

（4）棍棒形。小穗紧密，穗尖顶较粗。

(5) 分枝形。分枝型又分两种，一是穗尖端分枝，二是穗基部分枝。主要包括：一是龙爪形。穗长约 30 cm，顶部 1/4 处有两个分枝，各有 3～4 个小分枝。二是鸭嘴形。穗长约 27 cm，顶端 1/5 处有分枝，为两个分枝。三是猫爪形。穗长 17 cm 左右，由基部分枝，有 4 个分枝以上。分枝型各种形态因其穗轴第一、二级分枝的分布、密度和长短以及穗轴是否分叉和分叉的性状不同而异。

2. 黍、稷的识别

谷子、黍、稷均属于禾本科黍族，谷子为狗尾草属，黍、稷为黍属。黍、稷时常同称，俗称糜子，只是黏者为黍，不黏者为稷，可见两者只是糯性和非糯性的区别。黍在形态上和谷子有所区别。黍叶较短，长度仅为节间的一半，谷子叶约长于节间的两倍；黍的叶和节间都有长的茸毛，是很明显的特征；黍的分蘖较多，且都能出穗，谷子一般较少，多数不能出穗；在花序形态上，黍为复总状花序，谷子为穗状花序。

黍、稷的形态特征：茎直立或倾斜，圆柱形，分枝或不分枝，稍有茸毛或茸毛很多；叶鞘上有茸毛，叶片光滑或稍有茸毛；花序为圆锥花序，主轴长短不一，分枝 10～40 个不等。根据花序形状不同，可将花分为张开的、分枝的、收缩的、半紧密的、紧密的 5 个类型。小穗着生在分枝末端，单生，颖片 2 枚，其中 1 片较长，一片短而宽。每小穗内有 2 朵花，通常上位花结实，下位花退化。籽粒稍扁，表面平滑，有白、黄、棕、红等色。胚大，约占种子的 8%，千粒重 5～7 g。

取黍、稷幼苗和成株标本观察其形态特征，取穗部观察其相异之处。

四、作业

1. 绘制谷子不同穗形模式图。
2. 列表说明谷子、黍、稷形态上的异同。

复习思考

1. 谷子一生分哪几个生育时期？各生育时期的特点是什么？
2. 谷子生长发育对环境条件有何要求？
3. 谷子整地、施肥的基本要求是什么？
4. 谷子播种的技术环节有哪些？
5. 谷子田间管理各阶段在生产中的主攻目标是什么？主要技术有哪些？
6. 如何确定谷子的适宜收获期？

第八章　马铃薯

学习目标：

◆ 知识目标：了解马铃薯的根、匍匐茎、块茎及各生育时期的特征以及马铃薯生长发育对外界环境条件的要求。

◆ 技能目标：掌握种薯切块、小整薯的利用以及播种、田间管理和安全储藏等技术。

马铃薯别名为山芋、土豆、洋芋、地蛋以及荷兰薯等，原产南美安第斯山脉的秘鲁、玻利维亚等地，明朝末年传入我国，我国各地均有种植。马铃薯属茄科、茄属的草本植物，生产上应用的品种都属于茄属结块茎的种。

马铃薯具有高产、适应性强、分布广、营养成分全和耐储藏等特点，是重要的宜粮、宜菜、宜饲和适宜做工业原料的粮食作物。块茎中含淀粉12%～22%，还含有丰富的蛋白质、糖类、矿物质盐类和维生素B、维生素C等。因此，在当今人类食物中占有重要地位。马铃薯可以制作淀粉、糊精、葡萄糖、酒精等数十种工业产品，还可以加工成薯片、薯条、淀粉等。它还是多种家畜和家禽的优质饲料。在间作、套作、轮作制中也占有重要地位。

第一节　马铃薯栽培学基础

一、马铃薯植物学特征

马铃薯属茄科，一年生双子叶草本植物。

1. 根

马铃薯根系因繁殖方式不同可分为两大类。用种子繁殖的植株为直根系，有主根和侧根之分；用块茎、芽条进行无性繁殖的植株为须根系，没有明显的主根、侧根之分。须根系由两种根组成，即初生根（芽眼根）和后生根（匍匐根）。初生根是在初生芽的茎部靠种薯处紧缩在一起的3～5节所生的根。后生根是由地下茎节处匍匐茎的周围发生的根。通常每个匍匐茎有3～5条根，长10 cm，分枝力弱、寿命短，但吸磷能力强，随匍匐茎增多而增多。

早熟品种的根系一般不如晚熟品种发达，根系分布也较浅，晚熟品种根系分布广而且较深。所以种植时要根据马铃薯不同品种的属性和根系的分布情况来确定株、行距，才能获得高产。马铃薯根系，如图 8—1 所示。

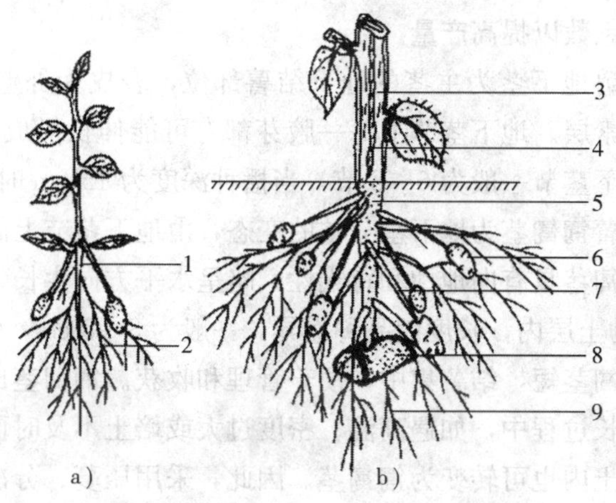

图 8—1　马铃薯根系

a）种子繁殖的根系　b）切块繁殖的根系

1—主根　2—侧根　3—茎　4—茎翼　5—地下茎　6—块茎　7—匍匐茎　8—母薯块　9—须根

2. 茎

马铃薯的茎包括地上茎、地下茎、匍匐茎和块茎。马铃薯幼株地下部分，如图 8—2 所示。

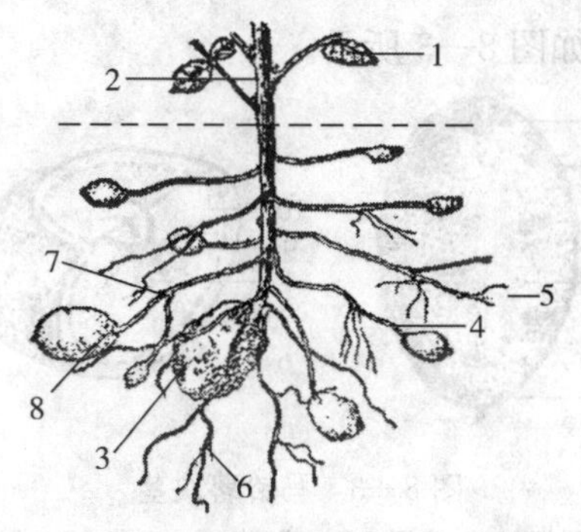

图 8—2　马铃薯幼株地下部分

1—叶片　2—地上茎　3—种薯　4—匍匐茎　5—幼块茎　6—根　7—匍匐茎上侧芽　8—脐部

（1）地上茎。马铃薯的地上茎由块茎芽眼萌发的幼芽抽出地面的枝条形成。多汁，呈绿色，间有紫色，有茸毛和腺毛。节部横切面为圆形，节间部分为三角形或四棱形。在茎的棱上，由于组织的增长形成凸起的翅状物（茎翅），分直翅与波状翅，可作为鉴定品种的特征之一。

茎的高度和繁茂程度因品种不同而有很大差异，受栽培条件影响也较大。早熟品种节数少，茎较矮，一般高 40～70 cm；中晚熟品种节数较多，茎较高，为 80～120 cm。茎具有分枝性，早熟品种分枝力弱，一般从主茎中部发生 1～4 个分枝；晚熟品种分枝多而长，一般从主茎基部发生。马铃薯茎的再生能力很强，在适宜的条件下，每一茎节都可以生长不定根，每茎节的腋芽在适宜的条件下都能长成新植株。所以，生产上采用分枝、剪枝、扦插和压蔓等措施来增加繁殖系数以提高产量。

（2）地下茎。马铃薯地下茎为主茎的地下结薯部位，表皮为外壁已角质化的周皮所代替，气孔大而稀，无色素层。地下茎节上每一腋芽都有可能伸长形成匍匐茎，茎节数越多，形成匍匐茎也越多。地下茎节一般为 6～8 节，当播种深度为 15 cm 时，可达 8～9 节。

（3）匍匐茎。马铃薯匍匐茎为地下茎分枝的变态，由地下茎节上的腋芽发育而成，尖端是形成块茎的部位。匍匐茎具有向地性和背光性，略呈水平方向生长，入土不深，大部分集中在地表下 0～20 cm 的土层内，长度因品种而异，一般为 3～5 cm，短的仅有 1～2 cm，长的可达 30 cm 以上。匍匐茎短，结薯集中，便于管理和收获。匍匐茎比地上茎细，但具有地上茎的所有特性。在生长过程中，如遇高温、密度过大或培土不及时而伸出地面，可转变为地上茎。而地上茎埋入土内也可转变为匍匐茎。因此，采用压蔓、分次培土、培育短壮芽可以增加匍匐茎数量，从而增加结薯数量。匍匐茎的成薯率一般为 50%～70%。

（4）块茎。块茎为短缩而肥大的变态茎。当匍匐茎顶端停止极性生长，它的髓部、韧皮部及皮层的薄壁细胞分生扩大并有大量淀粉积累，从而使匍匐茎顶端膨大而形成块茎。块茎具有地上茎的各种特征。块茎生长初期，其上有鳞片状小叶，缺乏叶绿体，至块茎稍大后，鳞片状小叶凋萎，残留叶痕，呈月牙状，称芽眉。芽眉里向内凹陷成为芽眼。芽眼在块茎上的分布与地上茎的叶片排列顺序相同，顶部密、基部（脐部）稀，块茎上的芽眼数与地上部主茎数相等。马铃薯的块茎，如图 8—3 所示。

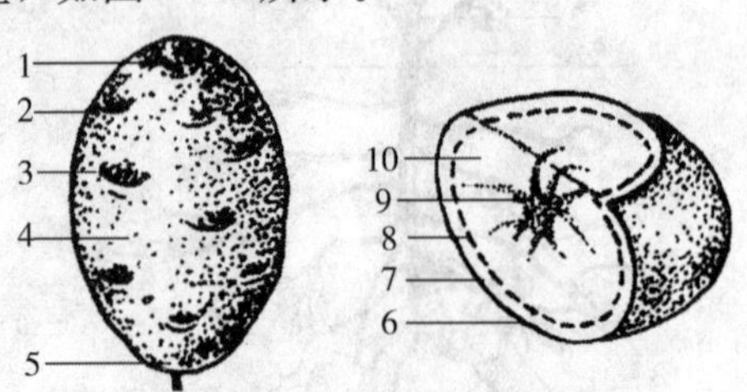

图 8—3 马铃薯块茎

1—顶部 2—芽眉 3—芽眼 4—皮孔 5—脐部

6—周皮 7—皮层 8—维管束环 9—内髓 10—外髓

每个芽眼有 3 个或 3 个以上的芽，各芽都能发育成幼苗而形成植株，在芽眼中央较凸出的芽为主芽，其余的为副芽。发芽时主芽首先萌发，其余芽一般呈休眠状态，只有当主芽产生的幼苗被折断或死亡，以及主芽衰老或经化学药剂处理时，副芽才萌发成壮芽。就整个块茎来说，顶部芽先萌发，并发育成壮芽，这种现象称为顶端优势。顶端优势的形成是因为块茎顶部含有丰富的水分、转化淀粉和蛋白质。薯肉的皮层与髓之间的维管束环是块茎的输导系统，它与匍匐茎的维管束环相连，通向各个芽眼。茎、叶制造的有机物质和根系吸收的水分、养分由维管束环运到块茎各个部位。皮层和髓部薄壁细胞中储藏的养分也通过维管束环向芽眼输送。维管束多集中在块茎顶部，并与髓直接相通，所以养分首先向顶芽和主芽输送。因此，顶芽和主芽具有萌芽早、发芽势壮的优势。生产上利用整薯播种，以及切块时采用的从薯顶到薯尾的纵切法，就是充分发挥顶芽优势的作用。顶芽优势强弱因品种而异，并随储藏期的延长而逐渐消失。

块茎表面有许多气孔，称为皮孔。通过皮孔与外界进行气体交换。块茎形状有球形、长筒形、椭圆形、扁形、卵形以及其他不规则的形状。马铃薯块茎的结构，外面是一层周皮，周皮里面是薯肉。薯肉由外向里包括皮层、维管束环和髓部。在块茎老化和储藏过程中，周皮细胞逐渐被木栓质所充实，所以有防止块茎水分散失、减少养分消耗、避免病菌侵入的作用。

薯肉充满淀粉粒。块茎中还含有龙葵素，据实验，在 100 g 鲜块茎中，龙葵素含量在 20 mg以上时，如果作为食用或饲用，极易引起人畜中毒。光照是促进块茎中龙葵素形成的重要原因。因此，在栽培管理和运输以及储藏中，都要尽可能减少光照的机会，但作为种薯的块茎不怕光照，由于龙葵素的增加，反而能提高种薯抗病虫能力。

3. 叶

马铃薯一生叶片数为 9～17 片，早熟品种叶片偏少。从块茎上最初生出的几片叶称为初生叶。初生叶全缘，颜色较浓，叶背往往呈紫色，叶面的茸毛较密，以后随着植株的生长，逐渐形成奇数羽状复叶，由顶生小叶和 3～7 对侧生小叶，以及侧生小叶之间的小裂叶和复叶柄基部的托叶构成。

马铃薯叶面上有茸毛和腺毛，茸毛有吸附空气中的水分和减轻蒸腾的作用；腺毛则能将茸毛上凝结的水分吸入植物体内，从而更有效地利用空气中的水分，提高抗旱能力。

4. 花

马铃薯花序为聚伞花序。每个花序有 2～5 个分枝，每个分枝上有 4~8 朵花，由 5 瓣联结，形成轮状花冠。花内有 5 个雄蕊，1 个雌蕊。每朵花具有一长短不等的花柄，在花柄上有环状的凸起，是花柄脱落的地方，通称离层环或花柄节。节上和节下花柄长度之比是品种固有的特性。花冠的颜色有白、浅红、紫色或紫红等，也是品种鉴别的标准。马铃薯是自花授粉作物。早熟品种第一花序开放，与地下块茎开始膨大相吻合，是结薯期重要的形态指标。马铃薯的花序及花的构造，如图 8—4 所示。

图 8—4　马铃薯的花序及花的构造

1—柱头　2—花柱　3—花药　4—花丝　5—花瓣　6—花萼　7—花柄　8—花柄节

5. 果实与种子

马铃薯的果实为浆果，呈圆形或椭圆形，果皮为绿色、褐色或紫色。每果含种子100～300粒，多者可达500粒，少者只有30～40粒。种子很小，千粒重为0.4～0.6 g，呈扁平卵圆形，黄色或暗灰色，胚呈弯曲状。刚采收的种子，一般有6个月左右的休眠期，已储藏一年的种子比当年采收的种子发芽率高，通常在干燥低温下储藏7～8年发芽率仍可达70%～90%。马铃薯的果实与种子，如图8—5所示。

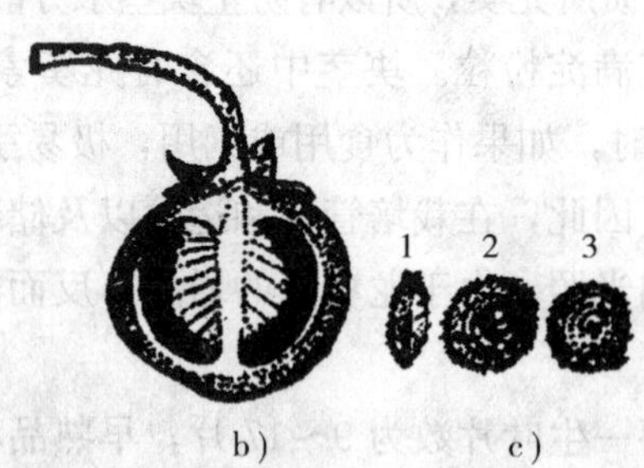

a) b) c)

图8—5　马铃薯的果实与种子

a）浆果外形　b）浆果纵剖面　c）种子

1—纵面　2—侧剖面　3—外形

二、马铃薯生长发育及对外界环境条件的要求

1. 块茎休眠及原因

（1）块茎的休眠。新收的块茎，即使给予发芽的适宜条件，也不能在短期内萌发，必须经一段后熟作用才能正常发芽，这种现象称为休眠。块茎由收获到幼芽萌发的这段时间称为休眠期。休眠是一种生理的自然现象，是对不良条件的适应性。块茎休眠期受多种因素影响。首先和品种有关，一般早熟品种比晚熟品种休眠期长，其次与栽培技术和温度有关，早收或迟播的幼嫩块茎休眠期长，低温条件（13℃及以下）下储藏能延长休眠期。

（2）块茎休眠的原因。马铃薯块茎休眠的原因有两种说法：一是新收获的块茎表皮有一层很密的栓皮细胞组织，阻止空气透入块茎内部，由于缺乏氧气引起生理代谢机能减弱，使芽眼得不到发芽所必需的营养物质和氧气，使之生长处于停顿休眠状态；二是在新收获的块茎内部分泌有一些抑制生长锥细胞进行分裂和生长的抑制物质。经过一段休眠后，这些物质被转化，块茎遇适宜的环境条件便萌发。

2. 发芽与出苗

马铃薯块茎中含有丰富的营养和充足的水分，已通过休眠的块茎，只要在适宜的发芽条件下，便可萌发。块茎萌发时先形成明显的幼芽，顶部着生一些鳞片状小叶，幼芽基部凸起的白点是初生根的原始体。幼芽以弯曲状态露出土面，并展开最初的几片微具分裂幼叶时，即标志出苗而进入出苗期。一般从播种至出苗需 20～30 天。此期的器官形成以根系的形成和芽的生长为中心，同时伴随叶和花原基的分化。

当最低温度为 4℃时芽开始萌动，但不明显伸长。最适的温度为 12～18℃，这时芽的生长较快、苗壮，芽眼根发生早、数量多，并以比芽生长快的速度向周围土层扩展。在高温下芽生长细弱，对根系生长和吸收活动不利。生产上，春播的适宜播期一般为 10 cm 土温稳定在 7～8℃。

发芽出苗期间种薯自身含有的水分足够生长发育所需，但土壤如果不含有容易被根系吸收的水分，则幼芽不易出苗。

3. 幼苗期（出苗—孕蕾）

从出苗到第 6～8 片叶展开的时候，即完成一个叶序环的生长，叫团棵。此期为幼苗期。马铃薯幼苗期是以茎叶生长和根系发育为中心，同时伴随着匍匐茎的形成和伸长以及花芽的分化。因此，这时期生长好坏，是决定光合作用面积大小、根系吸收能力和块茎形成多少的基础。此时所积累的干物质约占马铃薯一生干物质量的 3%～4%，展叶速度快，约两天发生 1 片叶。幼苗期一般经过 15～25 天。

出苗后经 5～6 天便有 4～6 片叶，初期地上茎生长慢而根发育快，块茎形成后，根生长慢。出苗后 7～10 天，匍匐茎开始生长，当主茎出现 7～13 片叶时，主茎生长点开始孕育花蕾，当主茎现蕾时，匍匐茎先端极性生长开始膨大，转入下一个生育过程。所以，这个时期对水肥要求量不大，仅占全生育期的 15%左右，但对水肥却十分敏感，氮肥不足会严重影响茎叶的生长，缺磷、干旱则直接影响根系的发育和匍匐茎的形成。

4. 块茎形成期（孕蕾—开花）

一般品种出苗后 15～25 天，主茎叶片分化完毕，到茎叶干物重和块茎干物质达到平衡（即开花初期）止为块茎形成期，又称发棵期。即从团棵到第 12 或第 16 叶展平，早熟品种以第一花序开花封顶，晚熟品种以第二花序开花止为发棵期。在现蕾同时或稍前匍匐茎顶端开始膨大，逐渐形成块茎。这个时期是决定块茎多少和块茎膨大速度的关键时期。一般地下茎中部偏下节位的块茎形成略早，生长速度快，能形成大块茎；而最上部和最下部节位的块茎生长很慢，形成小块茎。

此期的生长特点是：营养生长和生殖生长同时进行，地上部茎叶和地下部块茎同时形成。营养物质的需求骤然增多，易造成营养物质供求暂时脱节，出现地上部主茎生长暂时缓慢时期，一般为 10 天左右。这个时期营养状况越好，缓慢生长期越短，反之则长。温度对块茎的形成有很大影响，以 16～18℃对块茎的形成和增长最为有利，若超过 23℃则输送到块茎的养分不用于积累，而用于芽的生长。遇高温和干旱将使块茎停止生长。昼夜温差大有利于块茎的增重。如日温为 30℃，夜温 17℃比日夜温度均为 23℃的块茎产量高。

随块茎的形成和茎叶的生长，对水肥的需求量不断增加，所以块茎形成期保证水肥的供应，及时进行追肥和灌水，多次中耕培土是夺取马铃薯丰产的关键。块茎形成期一般持续 20～30 天。

5. 块茎增长期（盛花—茎叶衰亡）

马铃薯块茎增长期基本与开花盛期相一致，是以块茎的体积和重量增长为中心的时期。在适宜的条件下，一穴马铃薯块茎每天可增重 20～50 g，是块茎形成期的 5～9 倍，该期是决定块茎大小的关键时期。该期地上部生长极为迅速，平均每天长 2～3 cm。分枝、叶面积和茎叶鲜重迅速增加，地上部茎叶生长达最高峰。当茎叶和叶面积增长高峰过后，茎叶生长逐渐缓慢并停止，但块茎鲜重仍然继续增加，只是增长速度略有减缓。当地上部茎叶鲜重与地下部块茎鲜重相等时，称为茎叶与块茎鲜重平衡期。该期出现即标志着块茎增长的结束和淀粉积累的开始，茎叶停止生长并开始衰老，茎、叶片中有机物将迅速向块茎中积累。以后茎叶与块茎的消长呈负相关。茎叶高峰出现前，应促进茎叶与块茎增长并进，并控制茎叶徒长。

鲜重平衡期出现的早晚，是衡量一个品种的丰产性能和栽培技术措施的重要标志之一。一般早熟品种出现的时间较早，故应提早采取追肥灌水等技术措施以提高产量。

块茎形成期形成的干物质约占全生育期干物质总量的 95%以上，也是马铃薯一生中需水需肥最多的时期，占全生育期的 50%以上，达到一生中的最高峰。因此，需及时供给水肥，防止块茎停止生长。此期如遇高温干旱，光合作用严重降低，茎叶和块茎的生长受阻，块茎周皮组织木栓化，停止生长，但遇雨，植株恢复生长，地上部的有机物继续向块茎输送。不过，由于木栓化的周皮组织限制了块茎的生长，只有块茎顶端和组织尚幼嫩部分仍然可以继续生长，从而形成了各种畸形块茎，降低了产量和品质。马铃薯各种畸形块茎，如图 8—6 所示。

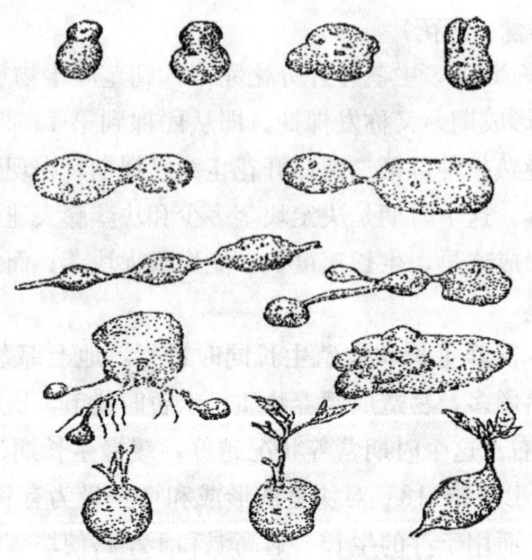

图 8—6　马铃薯各种畸形块茎

温度对块茎大小和种性具有决定性作用。块茎增长适宜的温度是 15～20℃，超过 21℃，块茎小，种性差、退化重。块茎增长期处于高温地区，常以勤灌水来降低地温，以满足块茎增长的适宜条件，保持块茎原有的种性。

6．淀粉积累期（茎叶衰老—枯萎）

茎叶开始衰老变黄，开花结实接近结束时，便进入淀粉积累期。此期茎叶中储存的营养物质仍不断向块茎转移，块茎体积基本不再增大，但重量继续增加，淀粉不断积累，周皮的细胞壁木栓组织不断加厚，体内外气体交换更加困难，当茎叶完全枯萎时，块茎达到充分成熟，并逐渐转入休眠状态。

由于块茎中淀粉的积累一直继续到收获以前，因而应防止茎叶早衰，延长光合作用时间，加强防霜冻，切勿过早割去茎叶，但也要防止后期贪青晚熟。

第二节　马铃薯栽培技术

一、播前准备

1．选地与选茬

（1）选地。马铃薯对土壤要求不严格，但对土壤孔隙度有很高要求。疏松的土壤适于马铃薯生长，有利于块茎的膨大和防止后期块茎的腐烂。所以，应选择地势高燥、土松地肥、土层厚、易于排灌的沙质土壤，pH 值以 5.5～6.0 最适宜。马铃薯的抗盐能力弱，当土壤含盐量达到 0.01%时就表现敏感；在碱性土壤上栽培，易感疮痂病，并降低淀粉含量。因此，其酸碱度适应范围为 pH 值 5～8。

（2）轮作换茬。马铃薯不宜连作，连作不仅降低马铃薯的产量，还会增加病虫传染的机会。也不宜和茄科作物（番茄、烟草、茄子、辣椒等）轮作，因为这些作物在土壤中吸收的营养物质种类与马铃薯大致相同，并有可以相互感染的病害虫害，如晚疫病、黑胫病、青枯病等。甜菜、甘薯、胡萝卜等作物也不应与马铃薯轮作。因其与马铃薯同属喜钾作物，轮作后常导致土壤钾肥不足，同时还有共同的病虫害如疮痂病、线虫病等。实践证明，麦类、谷子、玉米是马铃薯的良好前作，高粱、大豆次之。马铃薯的轮作年限在 3 年以上。

一般种植马铃薯都施用大量有机肥料，生育期间进行多次中耕除草，所以马铃薯茬肥沃、疏松、杂草少，是禾谷类作物的良好前作。

2．整地与施肥

（1）深耕整地。马铃薯是块茎作物，为了使植株生育茁壮，根系强大，结薯大而多，必须创造一个深厚、松软、湿润、通气良好的土壤环境。因此，深耕细整地是马铃薯增产的主要措施之一。深耕可使土壤疏松，透气性好，并能提高土壤的蓄水、保肥和抗旱能力，改善土壤的物理性状，为马铃薯根系的充分发育和薯块膨大创造良好的条件。马铃薯的须根穿透力差，在块茎播种后出苗前，根系在土壤中发育得越好，幼苗出土后植株生长势越强，产量越高。特别是对于前期生长比较缓慢的品种，尤为重要。因此，深耕是保证马铃薯高产的基础。根据研究报道，在同样条件下种植马铃薯，耕深15～18 cm的比不进行耕地的增产10%左右；耕深36 cm的较耕深18 cm的可增产63.1%。

由于前茬不同，整地方法也不一样。一般麦茬种马铃薯应进行伏翻、秋翻或采用深松耕法。谷茬、玉米茬可根据播法决定是否深耕。

（2）合理施肥。马铃薯是高产喜肥作物，对肥料反应很敏感。每生产500 kg块茎，需吸收氮2.5～3 kg、磷0.5～1.5 kg、钾5～6.5 kg。氮、磷、钾的比例约为2∶1∶4.5。

1）马铃薯的需肥规律。马铃薯的各个生育时期，因生长发育阶段的不同，所需营养物质种类和数量也有所不同。从发芽至幼苗期，由于块茎中含有丰富的营养物质，所以吸收养分较少，约占全生育期的25%；块茎形成期至块茎增长期，由于茎叶大量生长和块茎迅速形成，所以吸收养分较多，约占全生育期的50%以上；淀粉积累期吸收养分又减少，约占全生育期的25%。

2）施肥方法

①基肥。基肥是以有机肥为主，例如马粪及农家杂肥，可以提高土壤肥力和改善土壤物理性状。一般每公顷施用量30～45 t。在肥源充足的情况下，做基肥可结合秋翻整地进行全面施入。肥料较少则应集中做种肥，可结合播种，开沟条施。

②种肥。化肥做种肥增产效果显著，特别是氮、磷、钾配合效果最好。每公顷用尿素75～150 kg，过磷酸钙450～600 kg，硫酸钾375～750 kg。

③追肥。一般在旱区，只要施足底肥，生长期间可以不追肥。如果土壤瘠薄，基肥不足，苗期生长差时应及时追肥，追肥要以速效性氮肥为主。早熟品种最好在苗期追施效果显著，中晚熟品种以现蕾前追施效果最好。追肥应结合中耕或灌水进行。追肥施用量，主要根据肥料的种类、成分、土壤肥力、气候条件以及马铃薯不同生育期和计划产量指标来确定。如种肥有尿素100 kg为基础，视情况可追尿素每公顷50 kg为宜。

3. 优良品种的选用

选用优良品种，首先，要以当地无霜期长短、栽培方式、栽培目的为依据。为秋季进行越冬储藏的应选用能充分利用生长季节的中晚熟品种；为了早熟上市，应选用早熟品种或极早熟品种；作淀粉加工原料的应选择高淀粉品种；作炸薯条或薯片的应选择薯形整齐、芽眼少而浅、白肉、还原糖含量低的食品加工专用型品种；其次，应根据当地生产水平选用耐旱、耐瘠薄或喜水肥、抗倒伏的品种；最后，应根据当地主要病害发生选用抗病性强、稳产性好的品种。选择优良品种的脱毒种薯是提高产量的根本措施，可增产50%以上。北方省份常见优良马铃薯品种见表8—1。

表8—1　北方省份常见优良马铃薯品种

序号	品种名	特　点
1	克新16	中晚熟品种，生育日数90天左右。田间中抗晚疫病，较抗病毒病。适宜在黑龙江、吉林、辽宁、内蒙古等省区种植

续表

序号	品种名	特　点
2	克新 19	中晚熟品种，出苗后生育期为 95 天左右。植株抗马铃薯 X 病毒病、马铃薯 Y 病毒病，轻感晚疫病。适宜在内蒙古东部、辽宁、吉林、黑龙江北方一季作区种植
3	东农 303	早熟类型，生育日数 60 天以内。高抗花叶病毒病，轻感卷叶病毒病和青枯病。适宜在东北、华北等省区种植
4	东农 305	中熟类型，生育日数 75 天左右。植株高抗马铃薯 X 病毒病、中抗马铃薯 Y 病毒病，中感晚疫病。适宜在黑龙江中部和南部、吉林东部种植
5	蒙薯 16	平均生育期为 86 天，抗晚疫病。适宜在内蒙古自治区呼伦贝尔市、兴安盟、乌兰察布市等地区种植
6	陇薯 7	中晚熟鲜食品种，生育期为 115 天左右。植株抗马铃薯 X 病毒病、中抗马铃薯 Y 病毒病，轻感晚疫病。适宜在西北一季作区的青海东部、甘肃中东部、宁夏中南部种植
7	青薯 6	中晚熟油炸薯片加工品种，生育期为 115 天左右。植株中抗马铃薯 X 病毒病、中抗马铃薯 Y 病毒病，高抗马铃薯晚疫病。适宜在西北一季作区的青海东南部、宁夏南部、甘肃中部种植
8	同薯 22	中晚熟鲜食品种，生育期为 99 天左右。植株抗马铃薯 X 病毒病、中抗马铃薯 Y 病毒病，中感晚疫病。适宜在山西北部、内蒙古中部、河北北部、陕西北部马铃薯一季作区种植
9	中薯 15	中晚熟鲜食品种，生育期为 93 天左右。植株抗马铃薯 X 病毒病、中抗马铃薯 Y 病毒病，高感晚疫病。适宜在河北北部、陕西北部、山西北部、内蒙古中部种植
10	中薯 17	中晚熟鲜食品种，生育期 100 天左右。植株高抗马铃薯 X 病毒病和 Y 病毒病，轻感晚疫病。适宜在河北承德、山西北部、陕西榆林、内蒙古乌兰察布种植

4. 种薯准备

（1）种薯出窑和选薯。窑藏种薯如果是保管很好而未萌动，可根据对种薯处理所需要的天数提前出窑。如需要催芽处理可提前 40～45 天出窑。若室内种薯储藏不当，过早萌芽，应在不使种薯受冻的情况下，及时出窑，使之散热见光，抑制幼芽继续生长，使芽蔫软绿化，以免碰伤折断。

为保证种薯健康，淘汰病薯，出窑后立即对种薯进行严格挑选。选择幼龄薯、壮龄薯和无病块茎做种薯，淘汰老龄薯和带病的及薯形不规整、尖头、畸形、有裂痕、表皮粗糙老化、芽眼外凹、皮色暗淡的块茎。如出窑时块茎已发芽，则应选择芽粗壮者，淘汰幼芽纤细的块茎。

根据块茎内部差异在外表形态上的表现，可以把块茎大体分为幼龄薯、壮龄薯、老龄薯三种类型。

1）幼龄薯。幼龄薯通常在植株上生育时间短，多数是在冷凉气候条件下形成，所以种性好，生活力强，可以长出丰产型植株。幼龄薯特点是薯形小、规整、薯皮柔嫩光滑，皮色新鲜不易褪色，休眠期较长，耐储藏，幼芽粗壮。

2）壮龄薯。壮龄薯在植株上生育时间较幼龄薯长，薯形较大、圆整、生活力较强，也能长出丰产型植株，适于做种。

3）老龄薯。老龄薯在植株上生育时间最长，伴随茎叶枯黄才开始收获，薯体大小都有，但小型的老龄薯质量更差。在生理上是老龄，生活力较弱，种性较差，因此，长出的植株是衰退型。老龄薯的特点是薯皮粗糙老化，皮色暗淡、薯变形，休眠期短，芽细弱。这类块茎的生活力大多具有衰退的趋势，如用做种薯则在田间往往形成“衰退型”的植株，即茎秆纤细柔弱、早衰、低产，所以老龄薯极不适于用做种薯。

（2）困种催芽（晒种）。种薯经长期窖藏，生理机能因低温抑制而不活跃，仍处于被迫休眠状态，出窖后立即播种，往往出苗缓慢、不整齐，一般常提前出窖进行种薯处理，是促进苗全、苗齐、苗壮的有效措施。

困种的方法：播前1个月左右将种薯平铺在阳光充足的室内，厚度是2～3层，室温保持在15～20℃，隔3～5天上下翻动一次，当幼芽萌动即要伸出时可切块播种。其好处是可使马铃薯提早出苗，整齐一致，保全苗，提高产量，又可淘汰病烂薯和不发芽或发芽缓慢的不健康薯，以减少田间缺苗及病害的传播等。

催芽的方法：种薯在储藏中如已发芽，出窖后要立即抑制芽再伸长，将种薯平铺于有光的室内，使白芽见光变绿芽，促使幼芽坚韧，切块和播种时不易折断。出窖后尚未发芽的块茎，均需催芽。种薯在室内催芽时，可均匀与潮湿的沙土或锯末交替层积，利用温床或火炕及塑料大棚，堆积厚度约50 cm，保持一定的湿度和10～15℃的温度进行催芽。根据栽培目的，催芽时间也不一样，如蔬菜用可提前出窖30～50天进行催芽，及早供应市场。也可在室外催芽，选择向阳背风处平铺3～5层，在阳光下晒种催芽，但早晚要覆盖以防受冻，当块茎的绿芽长出1 cm左右，并出现根点时可以切块播种。催芽的作用主要是促进薯块尽快通过休眠，淘汰感染病害块茎，提早成熟，躲过或减轻晚疫病的危害，增加种薯纯度。

（3）种薯切块和小整薯的利用

1）种薯切块。种薯切块是经济利用种薯的好办法。据试验，单株产量与切块大小呈正相关，但切块过大用种量多，反而不经济。一般切块重量以不低于25～50 g为宜，每个切块有1～2个芽眼，切块时应多带薯肉，不能切薄片、切小块、挖芽眼和弃顶芽。切块方法根据种薯大小而定，按芽眼排列顺序螺旋形向顶部斜切，最后再把顶芽一分为二，以免将来现苗密集。种薯切块方法，如图8—7所示。

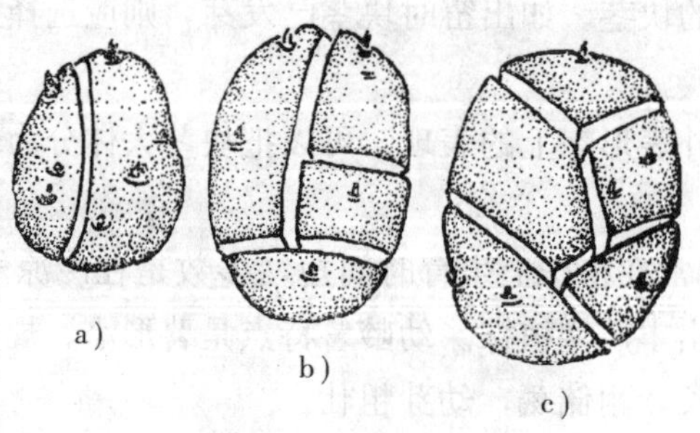

图8—7　种薯切块方法
a）30～50 g种薯　b）60 g种薯　c）120 g以上种薯

切块应在播前1～2天进行，大面积播种用种量大时，可提前4～5天切块，但应放在阴凉通风处摊晾，形成愈伤组织后再堆放，以免烂种。切薯时要严格剔除不合格种薯。

2）小整薯利用。小整薯应选用春播早收或夏播的种薯。据调查，整薯播种一般比切块增产20%～30%以上。整薯播种优点：一是采用幼龄或壮龄薯，生活力旺盛，又保存了种薯中的水分、养分，有利于出苗、苗齐，并能利用顶芽优势；二是整薯播种避免了切刀传病的环节和病害蔓延；三是减少缺苗断行的现象，提高了出苗率；四是减少了切块的工序，节省了劳力；五是有利于马铃薯栽培的机械化。小整薯播种在十春九旱的条件下优点更为显著，有利于马铃薯抗旱保全苗。小整薯一般以30～50 g为宜，既能发挥小种薯的优点又比较经济，适于生产上推广应用。

二、播种技术

1. 适时早播

根据各地的气候条件，确定适期早播应考虑下列原则：

第一，马铃薯的适宜播种期一般应在当地晚霜前20～25天，土壤10 cm深处温度达到6～8℃时，进行播种。

第二，为了防旱保苗，可根据春季土壤水分运动规律，在返浆前耢地，防止水分蒸发，播在返浆期，抢在煞浆期，充分利用土壤水分，以利出苗。

第三，早熟品种应早播，气温稳定在6～7℃时播种；晚熟品种适当晚播；气温稳定在7～8℃时较为适宜。未处理的种薯早播，困种催芽的适当晚播。

第四，确定播期必须使结薯盛期在适于块茎生长的季节，即平均气温不超过21℃，躲过夏季高温，以延长生育期，使块茎充分发育，在晚疫病危害之前提早成熟而提高产量。日照时数不超过14小时，并有适宜降雨量。

依据上述原则，马铃薯适时早播的时期是：早熟品种，在4月中旬左右播种。晚熟品种一方面要考虑在早霜来临前及时成熟，另一方面应避免夏季高温对结薯与块茎膨大的影响，在4月下旬到5月初播种。

2. 播种方法

马铃薯的播种方法以垄作为主，播法多种多样，共同的目的是为了抗旱保苗，增产和抗涝、防烂、保收。根据播种后薯块在土层中的位置，可分为三类。

（1）播上垄。薯块播在地平面以上或与地平面同高称垄上播，此种播法适于涝害较多地区或易涝地块。其特点是：覆土薄、土温高，能提早出齐苗。因覆土浅抗旱能力差，如遇到严重春旱时易造成缺苗，为防止春旱、缺苗，可以把薯块的芽眼朝下摆放，同时加强镇压来抗旱保苗。这种播法在播种时不易多施肥（应通过秋施肥来解决）。为了保证结薯期多培土，避免块茎外露晒绿，垄距不宜过窄并应采用小铧深蹚。

一般常用的播上垄方法是在原垄上开沟播种。即用犁破原垄开成浅沟（开沟深浅可视墒情而定），把薯块摆在浅沟中，同时施种肥（有机肥和化肥），再用犁蹚起原垄沟上的土壤覆到原垄顶上合成原垄，镇压。

（2）播下垄。薯块播在地平面以下，称播下垄。岗地、多春旱的地区或早熟栽培时多用此法。这种播法特点是：保墒好、土层厚，利于结薯，播种能多施有机肥。但易造成覆土过厚，土温降低，出苗慢，苗细弱。所以一般应在出苗前耢一次垄台，减少覆土，提高地温，消灭杂草，促进早出苗、出苗齐。

常用垄下播的方法是点老沟、原垄沟引墒种、耢台原沟播种等。

1）点老沟。点老沟适于前茬是原垄或麦茬后起垄地块，这种方法省工省事，利于抢墒，但不适于易涝地块。

2）原垄沟引墒种。此法是在干旱地区或地块，为保证薯块所需水分，在原垄沟浅蹚引出湿土而后播种。如播期过晚也可采用原垄沟引墒播法。

3）耢台原沟播种。在垄沟较深，墒情不好时可采用此法。特点是沟内有较多的坐土，种床疏松，地温高，但晚播易旱。

（3）平播后起垄。有伏秋翻地基础的麦茬、油菜茬等地块，可采用平播后起垄或随播随起垄的播法。平播后起垄可以播上垄也可以播下垄，主要取决于播在沟内还是两沟之间的地平线上。播种时多采用七铧犁开沟，深浅视墒情而定，按株距摆放薯块，滤肥（有机肥和化肥），而后再用七铧犁在两沟之间起垄覆土，随后用木磙子镇压一次，这样薯块处于地平面下称为播下垄。另外，先用七铧犁按垄距划出很浅的印，薯块按株距摆在两印中间，滤肥再用七铧犁合垄覆土，随即也用木磙子镇压一次，这样薯块处在地面上称为播上垄。此法适于春天墒情好、秋天易涝的地块。

除此以外，马铃薯种植方法还有“芽栽”“抱窝栽培”“苗栽”“种子栽培”和“地膜覆盖栽培”等。芽栽和苗栽是用块茎萌发出来的强壮幼芽进行繁殖；抱窝栽培是根据马铃薯的腋芽在一定条件下都能发生匍匐茎结薯的特点，利用顶芽优势培育矮壮芽、提早出苗、深栽浅盖、分次培土、增施粪肥等措施，创造有利于匍匐茎发生和块茎形成的条件，促使增加结薯层次，使之层层结薯，产量高。种子栽培能节省大量种薯并能减轻黑胫病、环腐病及其他由种薯所传带的病害，因为种子小不易露地直播，需育苗定植。地膜覆盖栽培可提高土壤温湿度，促进生育，又能起到保墒、保肥、土壤疏松的作用，还可抑制杂草滋生，为早熟高产创造了有利条件。

3. 覆土厚度

播种时无论采用哪种播法，覆土厚度不应小于 7～9 cm。在春风大的地区，覆土可适当加厚到 10～12 cm，出苗前要耢地，使出苗整齐健壮。

4. 合理密植

（1）合理密植的原则。第一，根据土壤肥力和施肥水平。肥水条件好的地块，栽培结薯多的品种，应提高单株生产力；肥水条件差的地块，栽培结薯少的品种，应发挥群体生产的潜力，因此，肥地宜稀，瘦地宜密。第二，根据种植方式确定密度。即一穴多株宜稀，一穴单株宜密。所谓一穴单株是指每穴只留一个苗（一个主茎）以促进茎粗薯大、结薯整齐，还可促进早熟，适于密植；一穴多株是每穴苗数较多，一般以3株左右为宜。第三，根据品种生态类型确定密度。早熟品种株型矮小、紧凑的宜密，晚熟品种植株高大、繁茂、分枝多的宜稀；第四，夏播留种田比春播生产田要密；以生产种薯为目的的要密些，不要大薯块。

（2）合理密植的范围。马铃薯目前生产上垄距较为稳定，播种密度主要靠改变株距来实现。在肥力较好的条件下，早熟品种垄距70 cm、株距21～24 cm，每公顷保苗6万～6.75万株；中晚熟品种垄距70 cm，株距24～27 cm，每公顷保苗5.25万～6万株。当前生产上密度偏稀，如适当增加株数，增产的潜力很大。

5. 播种量

马铃薯的播种量以切薯块大小、穴距来确定。如每切块20～25 g计算，以每公顷6万块所需纯播种量为1 200～1 500 kg。

三、田间管理

马铃薯的田间管理主要是及时铲蹚以疏松土壤和消灭杂草，为植株生长和块茎形成、增重创造良好条件。

1. 出苗前的管理

马铃薯自播种至出苗经历1个月左右。春风大，气温逐渐上升，土壤水分蒸发很快，低洼地、易涝地极易板结，而田间杂草也开始萌发出土。因此，在播种覆土较厚的地块，可在薯块幼芽已伸长但未出土时，用方型木耪子将垄顶覆土耪掉一部分，以破除地表板结，改善通风换气情况，提高地温，促进出苗迅速整齐，兼有良好的除草效果。这一措施的关键是掌握适当作业时间和去掉覆土的厚度，以不伤幼苗为原则。对于采用播上垄的地块由于覆土浅，可在幼芽要顶土时，采用蹚垄沟、浅覆土的方法压草芽，具有减少水分蒸发的作用。耪地方法，如图8—8所示。

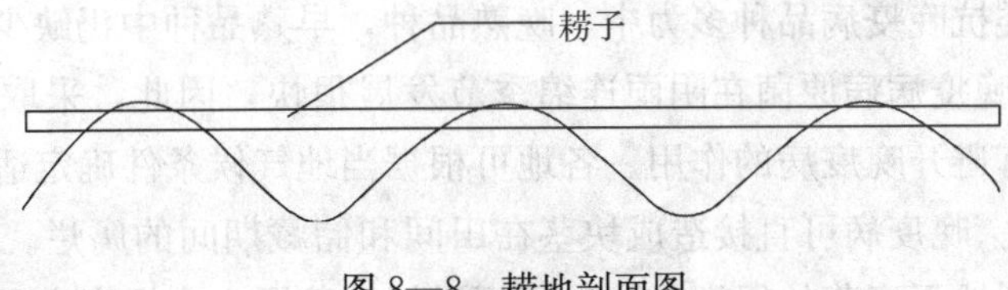

图8—8　耪地剖面图

2. 生育期间管理

（1）查田补苗。当苗出齐后，苗高10 cm时进行查田补苗，补苗方法比较简单，可以在缺苗附近的垄上找出苗较多的穴，将其过多的苗掰下1～2株，随即补栽。也可在播种时间隔10垄，每隔50 m左右多播一些薯块，以备补苗专用。栽苗要深挖坑露湿土，使苗根与湿土紧密结合，把苗大部分埋入土中并踩实。

（2）看苗灌水。马铃薯是需水较多的作物，其不同生育期对水分的需要量不同。幼苗期需水量占全生育期的10%～15%；块茎形成期需水量占20%以上；块茎增长期需水量占50%以上，此期是马铃薯一生中需水量最多的时期；淀粉积累期水分过多往往造成块茎腐烂和种薯不耐储藏，所以要及时灌水和排涝。

具备灌水的条件下，遇干旱年份和地块，应适时灌水，早熟品种在块茎膨大时（6月下旬至7月上旬）至少灌水一次；中晚熟品种应在7月上旬至7月中旬至少灌水一次，才能确保高产。

（3）中耕除草培土。中耕除草的目的是消灭杂草、抗旱防涝、疏松土壤和厚培土，以利根系发育和块茎形成，从而获得高产。实践表明，多次铲蹚对马铃薯的增产作用比较显著。

一般应做到三铲三蹚。第一次在幼苗出齐时进行，做到深铲深蹚，少培土，多留坐土，为以后铲蹚打好基础，7～10天后进行。第二次蹚成张口垄，防止培土压苗。第三次在开花前进行，要浅铲多培土，蹚成四方头垄，做到沟台高，为块茎的形成与增长创造有利条件。

四、病虫草害防治

1. 马铃薯主要病害的防治

（1）马铃薯晚疫病。发病时，水浸状的病斑出现在叶片上，几天内叶片将坏死，干燥时变成褐色，潮湿时变成黑色。在阴湿条件下，叶背面可看到白霉似的孢子梗，通常在叶片病斑的周围形成淡黄色的褪绿边缘，病斑在茎上或叶柄上是黑色或褐色的。茎上病斑很脆弱，茎秆经常从病斑处折断，在某些条件下，有病斑的茎秆可能发生萎蔫。病原菌以菌丝在储藏块茎或废弃块茎内越冬，次年播种后，随幼芽生长侵入茎叶，然后形成分生孢子，通过空气或流水传播侵染。分生孢子吸水后，通常可形成6～12个游动孢子，还可随雨水或灌溉水渗到土壤中，从伤口或皮孔侵入块茎。晚疫病在气温20℃左右，湿度较大的条件下最易流行为害。防治方法如下：

1）选用抗病品种。选抗病品种是最经济、最有效、最简便的方法。如克新号品种、高原号品种等，但此类抗晚疫病品种多为中、晚熟品种，早熟品种中仍缺少抗晚疫病的品种。

2）适时早播。晚疫病病原菌在阴雨连绵季节发展很快，因此，采取适时早播可提早出苗，提早成熟，具有避开晚疫病的作用。各地可根据当地气候条件确定适宜播期。

3）加厚培土层。晚疫病可直接造成块茎在田间和储藏期间的腐烂。加厚培土可以保护块茎免受从植株落到地面病菌的侵染，同时还可增加结薯层次，提高产量。

4）药剂预防。晚疫病只能用药剂预防，无法治疗，要根据当地气象预报，做好病情测报。在马铃薯始花至盛花期间，如果48 h之内最低气温不低于10℃，空气相对湿度平均在75%以上，就应逐日进行田检，如发现中心病株，立即拔掉深埋，并对发病中心半径30～50 m的范围进行喷药封锁，或进行全田喷药保护。药剂可选用百菌清、代森锌、瑞毒霉、瑞毒霉锰锌、克露和大生等。最好几种药剂混喷，或每次喷一种杀菌剂，换着药喷，防止病菌产生抗药性。

5）提早割蔓。在晚疫病流行年，马铃薯植株和地面都存在大量病菌孢子囊，收获时侵染块茎。应在收获前一周左右割秧，运出田外，在地面暴晒 3～5 天，再进行收获。这样，既可减轻病菌对块茎的侵染，又能使块茎表皮木栓化，不易破皮。

（2）马铃薯黑胫病。黑胫病是细菌性病害，在我国各地均有发生。此病可引起块茎腐烂。田间发病率一般为 1%～5%，严重时可达到 10%，多雨年份可达 100%。感病块茎在储藏期会大量腐烂，造成烂窖。带病种薯播种后，可引起死芽，造成缺苗。黑胫病的典型症状是植株茎基部呈现墨黑色的腐烂。该病往往从块茎开始发病。病菌从新生块茎的脐部侵入，脐部渐呈黑褐色，髓部也变黑腐烂。病菌同时通过匍匐茎传到植株茎基部，发展到茎上部。茎表皮变色，维管束变浅褐色，植株矮化，叶片变黄，直至茎基部变黑色腐烂，植株变黄并倒伏死亡。该病病菌可在带病种薯上越冬，也可随病株残体在土壤中越冬。下一年通过植株的幼根、块茎或其他部分侵染发病。冷凉和潮湿是黑胫病发生和危害的最适宜条件。种薯在 18～19℃时收获最易受侵染。播种后地温急剧上升，有利于病菌增殖，使种块腐烂。病菌通过皮孔、伤口入侵，所以虫害严重时黑胫病也严重。田间管理机械及人的活动、运输工具、雨水及灌溉水都能起到传播病害的作用。防治方法如下：

1）播前晒种可使受伤薯块充分木栓化，防止病菌侵入，同时挑出病薯。最好用小整薯播种，防止切刀传染。

2）加强田间管理，不用带病残体的堆肥或厩肥。注意田间排水，灌溉要控制水量，不给病菌创造适宜的生长条件。收获时选择晴天，薯块晾干后再入窖。入窖前工具及窖内用漂白粉消毒。

3）选用抗病品种，如克新 1 号、克新 4 号、郑薯 2 号等。

（3）马铃薯环腐病。生育中、后期，叶片及茎出现萎蔫（通常只是一个植株上的某些茎枯萎）。下部叶片边缘稍向上卷曲、褪绿，叶脉之间有淡黄色区。茎和块茎横切面出现棕色维管束，用手挤压，常排出乳白色无味的菌浓，块茎维管束大部分腐烂并变成红色、黄色、黑色或红棕色。病原菌主要在带病块茎越冬。病菌通过种薯切面，以及在生育期间茎、根、匍匐茎或其他部分的伤口侵染，某些刺吸式口器昆虫也可把病菌由病株传播到健株上。防治方法如下：

1）选用无病种薯种植。在播种干净的薯块之前，要消除田间自生植物，然后是严格的无菌操作，并将工具、设备消毒。使用新的包装袋。用整薯播种。

2）选用抗病品种。

（4）马铃薯软腐病。软腐病在我国各马铃薯产区都有发生，主要在储藏期和收获后运输过程中，擦伤、高温、潮湿都可使软腐病严重发生。播种至出苗也可发病，造成烂种死苗。软腐病是细菌性病害，该病主要侵染块茎，皮孔部分轻微凹陷，呈褐色圆形水浸状。从伤口侵入时，病斑一般不规则。温暖潮湿时病斑湿腐变软，髓部组织腐烂，呈灰色或浅黄色。病健部分明，交接处边缘为褐色或黑色。干燥条件下，病斑可变成干斑。植株地上部分得病时，叶片和叶柄以及茎部都变软腐烂。病菌可在带病种薯和病残体上越冬，在生长期及收获、储藏阶段侵染其他健康植株。被病菌污染的水源及带有病残体的肥料、带菌的昆虫和农具也是该病的传染媒介。该病菌喜高温、高湿的环境。最适的发生温度是25～30℃，30℃以上也可发生，低于10℃病菌停止生长。湿度大时，病菌繁殖很快，窖储时空气相对湿度90％以上，发病快。软腐病病菌属厌氧菌，储藏时通风不良或生长期间土壤水分饱和，都可使该病严重发生。防治方法如下：

1）播前晒种去除病薯，避免土壤过湿时播种，提倡用小整薯播种。

2）对田间病株残体及时清除，深埋或焚烧。

3）在块茎完全成熟时收获或收获前7～19天田间灭秧，以使块茎表皮充分木栓化，不易破损，防止病菌侵入。忌在土壤潮湿时收获，避免块茎在阳光下暴晒受伤。收获运输时机械伤口也会给病菌侵入创造条件，应尽量避免。

4）储藏库或窖要保持冷凉，通风良好。块茎入库前要充分晾晒，待10℃以下时再入库。码放时堆不要过高，并留好通风道，以免造成块茎无氧呼吸。

2. 马铃薯主要虫害的防治

（1）蚜虫。蚜虫俗称腻虫，在北方各地都有分布，危害性最大的是桃蚜。蚜虫群集在植株嫩叶的背面吸汁液，同时排泄出一种黏物，堵塞气孔，造成叶片卷曲，皱缩变形，使顶部幼芽和分枝生长受到影响，严重造成减产。另一方面在蚜虫吸汁的过程中，把病毒传给无病植株，短期内使病毒在田间迅速传播，造成植株发生退化，这种危害造成的损失更为严重。蚜虫是孤雌生殖，以卵寄主在植物上越冬，第二年春季开始快速繁殖。蚜虫具有迁飞的习性，随风能飞出很远的距离，喜欢落在黄色和绿色物体上。多雨大风的季节，可阻止蚜虫的迁飞和繁殖；温度高于30℃或低于6℃时，蚜虫数量减少。

防治措施如下：根据蚜虫的习性，选择高海拔的冷凉缓坡地，或多风、风大的地方，作为种薯繁殖地，使蚜虫不易繁殖及降落，减少病毒传播机会。种薯地周围200 m以内，不能有桃树及油菜、西瓜等蚜虫喜降落以卵寄主越冬的植物，有效扼制第二年春季蚜虫的繁殖。种薯地周围500 m以内，不能栽培退化的种薯，以避免蚜虫短距迁飞传播。根据蚜虫迁飞的习性，避开蚜虫迁入高峰期，早播早收或迟播迟收，以减轻蚜虫传毒。药剂防治：田间管理中，苗出齐后，根据实地情况，选用两种以上药剂，如乐果、灭蚜威、来福灵、敌杀死等，按茎、叶背、叶面的顺序交替喷施，每隔7～10天喷施一次。

（2）马铃薯瓢虫。马铃薯瓢虫又名28星瓢虫，属鞘翅目、瓢虫科。除危害马铃薯外，还危害其他茄科作物及瓜类和豆类作物。其成虫或幼虫咬食叶片背面叶肉，被害部位仅剩叶脉。植株渐渐变黄。化学防治的药品一般分为两大类，一类为内吸传导型，另一类为触杀型。施用方法可用颗粒剂穴施内吸杀虫剂，如70％灭蚜松可湿性粉剂，每公顷用量2 850 g。28星瓢虫在北方一年可发生2～3代。一般在5月中旬开始第一代活动，7月上旬至9月上旬第二代开始活动。温度过低或气候过于干燥、越冬成虫会大量死亡。

防治方法如下：发虫初期，喷洒50％敌敌畏乳油、50％杀螟松乳油、50％二嗪农乳油等药剂的1 000倍药液即可。

(3) 蛴螬。蛴螬俗名地蚕、土蚕等，属鞘翅目、金龟甲科。其成虫名金龟子，俗称屎壳郎、瞎撞子等。主要在地下为害，咬断地下茎，导致地上幼苗枯死。后期蛀食块茎，形成孔洞，既有利于病菌侵入，又降低了块茎的商品性。蛴螬活动的最适地温是13～18℃。超过23℃或低于9℃，蛴螬均明显向地下深层移动。土壤有机质多或施厩肥多的地块有利于蛴螬的发生。前茬为豆类或玉米的地块发生较严重。

防治方法如下：秋深翻地可将幼虫或成虫翻于地表，越冬时冻死或被天敌吃掉；多施腐熟的有机肥，化肥中的含氨化肥，如碳酸氢氨等施入土壤中后，能散发出氨气，对蛴螬有驱除作用；用90%敌百虫按每亩用量100～150 g加少量水后拌细土15～20 kg，均匀撒施在播种沟内，上面盖薄土以防烧种，可以杀死蛴螬。如蛴螬发生且虫量较大时，可用90%敌百虫500倍液，或50%辛硫磷乳油的800倍液灌根，每株灌150 g左右药液，可杀死根际幼虫。也可在成虫盛发期，每30 000 m^2设一黑光灯，下面摆上盆，盆中放水及少量煤油。晚间开灯可将成虫诱入水中淹死。

(4) 地老虎。地老虎俗称地蚕、切根虫等。属鳞翅目、夜蛾科。以幼虫为害马铃薯及其他作物。可咬断幼苗的地下茎，使幼苗枯死。还可咬食块茎，既造成病害侵染，又降低了块茎的商品性。小地老虎是世界范围为害最重的一种害虫。它的发生需要适宜温暖的气候条件，以13～24℃为最适其发育和繁殖的温度。此外，地老虎喜潮湿的土壤环境。

防治方法如下：一方面加强田间管理，另一方面采取捕杀、诱杀和药剂灭虫的方法。加强田间管理要及时清除田间和地头及路边的杂草，并将杂草集中沤肥或烧毁，以消灭杂草上的虫卵。秋翻地并进行冬灌，可以冻死部分越冬的幼虫或蛹，减少虫量。诱杀和捕杀可以利用地老虎成虫的趋光性和对糖醋液的特殊嗜好，在田间设黑光灯和糖醋液盆诱杀成虫。或用90%敌百虫每50 g拌30～40 kg切碎的鲜草，傍晚撒在田里诱杀幼虫。对3龄前的地老虎幼虫，可用80%敌百虫可湿性粉剂1 000倍液喷洒，或用2.5%敌百虫粉剂1.5～2 kg加10 kg细土拌匀撒在植株周围。对虫龄大的幼虫可用50%辛硫磷乳油或50%二嗪农乳油或80%敌敌畏乳油的1 000～1 500倍液灌根。

3. 马铃薯化学除草

马铃薯属茄科作物，对阔叶杂草除草剂较为敏感，在除草剂选择应用上，要以安全为主，防止因除草剂选择不当造成药害减产。

(1) 土壤处理

1) 氟乐灵。播后苗前用药，用量为48%氟乐灵乳油1 500～1 875 mL/hm^2兑水600～750 kg，均匀喷雾于土表。对一年生禾本科杂草如马唐、牛筋草、狗尾草、旱稗、千金子、早熟禾、硬草等防除效果优异，并对马齿苋、藜、反枝苋、婆婆纳等小粒种子的阔叶杂草也有较好的防效。氟乐灵易光解失效，施药后应立即拌土，把药混入土中。施药后下茬不宜种谷子、高粱。

2) 赛克津。播后苗前用药，用量为70%赛克津可湿性粉剂375～975 g/hm^2兑水600～750 kg均匀喷雾于土表，能防除多种阔叶杂草和某些禾本科杂草，如藜、蓼、马齿苋、苦荚菜、繁缕、苍耳、稗草、狗尾草等。使用时应注意施药后遇有较大降雨或大水漫灌时，易产生药害。

3）都尔。播前或播后苗前用药，用量为72%都尔乳油1 500～3 000 mL/hm²（异丙甲草胺）。能防除稗草、狗尾草、牛筋草、荠菜、油莎草、菟丝子等杂草。土壤质地疏松、有机质含量低、低洼地水分好时用低药量，土壤质地黏重、有机质含量高、岗地水分少时用高药量。

（2）苗后处理

1）高效盖草能。在生长旺盛期，用10.8%高效盖草能乳油600～750 mL/hm²兑水600～900 kg均匀喷雾杂草茎叶，可有效防除稗草、千金子、马唐、狗尾草、看麦娘、硬草、棒头草、狗牙根等禾本科杂草。

2）精稳杀得。于一年生禾本科杂草二至五叶期使用，用15%精稳杀得乳油450～900 mL/hm²兑水600～750 kg均匀喷雾于杂草茎叶，能有效防除看麦娘、硬草、千金子、马唐、牛筋草、狗尾草、棒头草等禾本科杂草。

3）禾草克。于一年生禾本科杂草2～5叶期使用，用10%禾草克乳油900～1 200 mL/hm²兑水600～750 kg均匀喷雾于杂草茎叶。以多年生禾本科杂草为主的地块，在生长旺盛期，可用10%禾草克乳油2 250～3 750 mL/hm²兑水600～900 kg均匀喷雾于杂草茎叶，能防除稗草、千金子、马唐、狗尾草、牛筋草、看麦娘等。

4）拿捕净。于禾本科杂草2叶至分蘖期用药，用20%拿捕净乳油900～2 700 mL/hm²，兑水600～750 kg均匀喷雾于杂草茎叶，能有效防除一年生禾本科杂草如旱稗、狗尾草、马唐、牛筋草和看麦娘等。

五、收获和储藏

1. 适时收获

马铃薯成熟期的标志是植株大部分茎叶由绿转黄并逐渐枯黄，匍匐茎干缩，易与块茎脱离；块茎表皮形成了较厚的木栓层，块茎停止增重。

马铃薯与禾谷类作物不同，只要达到商品成熟期（块茎达70 g以上）就可收获。还应根据栽培块茎的用途、当地的气候条件和土壤条件等灵活掌握。在城市郊区，作为蔬菜栽培时，可以根据品种熟期和市场需要分期收获；作为冬储食用的可适当晚收；在秋雨多，易秋涝以及霜冻较早等地区可以提前收获，确保产品质量。

2. 收获方法

为确保收获质量和便于作业，收获应尽量选择晴天进行，收前先割掉茎叶，送出田间，然后用木犁蹚翻或机械收获。块茎翻出后，人工及时捡拾，集中小堆，还要反复翻拣，以收净为原则。收获技术是田间管理的最后环节，关系到提高商品质量问题，所以必须引起重视。马铃薯成熟时，地上秧棵尚未枯萎，地下块茎的皮相当嫩，稍不注意就会破皮。块茎破皮后，极易感染病菌，同时破皮处变褐色，影响商品价值。收获前7～10天，应先将秧棵割掉，使块茎在土中后熟，表皮木栓化，收获时不易破皮。另外，收获时，人工捡拾堆放小堆，田间晾晒。人工捡拾时，随时进行分级，把破损薯、病薯单放。晾晒1～2天后，运回储藏地点，储藏地要干燥、通风、遮阴。有的地方收获后用土埋假储，防止块茎见光变绿。总之，收获时要尽量减少破皮和破损块茎数量，晾晒一下是为了使块茎蒸发一部分水分，减少储藏时的损失。

收获后放在田间或运回，放置在储藏窖附近进行预储20天左右，预储堆一般以2 000 kg左右为宜，并要搞好覆盖以防冻害。

3. 安全储藏

马铃薯储藏的目的主要是保证食用、加工和种用品质。食用商品薯的储藏，应尽量减少水分损失和营养物质的消耗，避免见光使薯皮变绿、食味变劣，使块茎始终保持新鲜状态。加工用薯的储藏，应防止淀粉转化为糖。种用马铃薯可见散射光，保持良好的出芽繁殖能力是储藏的主要目标。采用科学的方法进行管理，才能避免块茎腐烂、发芽和病害蔓延，保持其商品和种用品质，降低储藏期间的自然损耗。

马铃薯收获后淀粉逐渐转为糖，温度越低糖分积累越多。块茎中糖分由于呼吸作用而分解为二氧化碳和水，同时释放大量热能，使块茎温度增高，这个过程在块茎收获后的最初阶段发生最强烈，一般要经过15～30天逐渐进入休眠阶段。因此，在块茎收获后入窖前要预储，待大量水分和热量基本散发后再入窖。

（1）储藏窖的形式。由于气候和自然条件，北方地区多采用地下棚窖或地下式半永久性砖窖。窖址要选择在地势高燥、背风向阳、地下水位低而土质坚实的地方挖窖，窖深2～3 m，宽2.5～3 m，长度随储藏量而定。窖坑下架窖木，上铺枝条或秸秆，再覆土45～50 cm。留70×70 cm^2 的窖口，它既是作业的出入口，也是通风换气、调节温湿度的气眼。

（2）储藏量的确定和计算。窖内储藏块茎的数量必须适当，下窖薯的量过多、过厚时，初期不易受冻，中期上层块茎距离窖顶近易受冻，后期下部块茎容易发芽，同时也会造成窖温和堆温不一致，难以调节窖温。入窖的块茎一般装到窖深的2/3处最为理想，窖的可利用窖容积为65%左右。根据测定，每立方米装块茎的重量为650～750 kg，块茎大，单位容积的重量即轻，反之则重。只要测出窖的总容积即可计算出下窖薯块的重量。例如，窖长15 m、宽4 m、深3 m时，适宜的窖藏量＝（15×3×4）×（750×0.65）＝87 750 kg。

（3）温湿度管理。窖藏期间最主要的是温度和湿度。在良好的储藏条件下，块茎正常的自然损耗率不超过2%，如储藏温度不当往往造成块茎的大量萌芽，降低块茎品质，或造成块茎的腐烂。同时温度还可以影响窖的湿度，引起病菌活动和块茎的休眠等。窖温达－2℃时，块茎即受冻；0～1℃时淀粉转化为糖，食味变甜，种性降低，最适宜温度是1～3℃，相对湿度90%左右。为了控制和调节窖内的温度，保持块茎良好品质，入窖后可分3个阶段进行管理。

1）储藏前期。从入窖到12月初，块茎正处在预备休眠状态，呼吸旺盛，放热多，窖温较高。这一阶段的管理应以降温散热为主，窖口和通气孔经常打开，尽量通风散热。随着外部温度逐渐降低，窖口和通气孔也应改为白天打开，夜间小开或关闭。如窖温过高，也可倒堆散热。

2）储藏中期。12 月中旬到第二年 2 月末正是严寒冬季，外部温度很低，块茎已进入高度休眠状态，呼吸微弱，散热量很少易受冻害。这一阶段管理工作主要是防寒保温，对窖温要经常检查，要密封窖口和气眼，必要时可在薯堆上盖草吸湿防冻，或烟熏提高窖温。

3）储藏末期。3～4 月外部气温转高，块茎已经通过休眠期，窖温升高易造成块茎发芽，这一阶段管理工作的重点是控制窖内低温，勿使逐渐升高的外部温度影响窖温，以免块茎发芽。窖顶也加厚覆盖，紧闭窖门和气孔，白天避免开窖，若窖温过高时，可在夜间打开窖口通风降温，也可倒堆散热。

查一查你所在地区马铃薯主栽的优良品种和主要的栽培模式，生产中存在哪些问题，并根据所学知识制定出解决方案。

马铃薯“脱毒种薯”

“脱毒种薯”是指马铃薯种薯经过一系列物理、化学、生物或其他技术措施清除薯块体内的病毒后，获得的经检测无病毒的种薯。国家制定了马铃薯脱毒种薯的标准，各级种薯应符合相关的规定。

马铃薯脱毒种薯是采取如下一系列技术措施获得的。首先，将准备脱毒品种的薯块在室内催芽、消毒处理；其次，在超净工作台无菌条件下，切取 0.2 mm 左右茎尖分生组织，移植于试管中培养出试管苗，试管苗经过病毒检测和真实性鉴定，筛选出真实且不带病毒的脱毒苗；最后，经过切段快繁和在温室和网棚内繁殖，获得脱毒微型小薯或原原种；再繁殖即可获得原种，原种再繁殖成一级种薯和二级种薯，经过上述途径获得的种薯一般统称为脱毒种薯。

【实验实训】

实训 8—1　马铃薯种薯切块

一、实训目的

掌握马铃薯的切块方法。

二、材料用具

马铃薯块茎，切刀、小案板、消毒液（3%来苏儿溶液或 1%高锰酸钾或1∶200 漂白粉浸液）、粗天平、小秤等。

三、内容及方法步骤

1．种薯分类

将种薯按 30～50 g、60～100 g、120 g 以上分成 3 类，以便把握切块数。

2．切块方法

每个薯块以留 1～2 个芽，不低于 25 g 重为宜。薯块过小，养分、水分不足，不利于出苗和培育壮苗；薯块过大，播种量太大，不够经济。参照图 8—7 所示，将 30～50 g 的种薯切成 2 块或不切块；60～100 g 的种薯切成 3～4 块；120 g 以上的种薯切成 5 块以上。块不可切成薄片，并尽量利用顶芽的生长优势。

3．切刀消毒

为防止病毒（菌）传染，切块时要仔细检查，彻底清除病薯，并做到每人准备两把切刀，用备好的消毒液轮换消毒。切刀消毒方法，如图 8—9 所示。

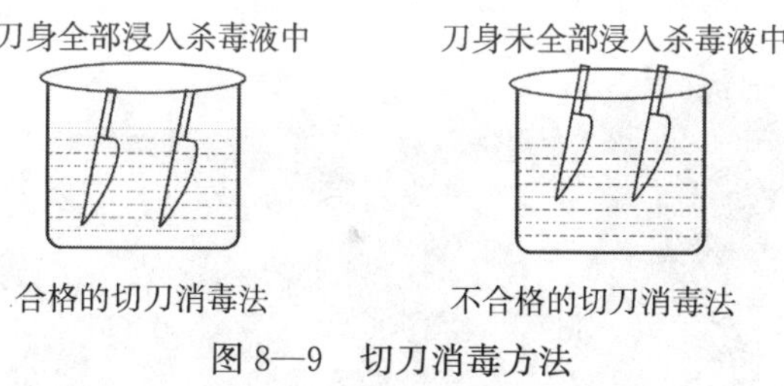

图 8—9　切刀消毒方法

四、作业

简述马铃薯种薯切块技术要点，并分析其理论依据。

复习思考

1. 马铃薯的茎包括哪几类？每类茎各有何特点？
2. 马铃薯一生可划分为哪几个生育时期？每个生育时期各有何特点？
3. 如何对马铃薯进行合理轮作？
4. 幼龄薯、壮龄薯、老龄薯各有哪些特点？
5. 马铃薯播种前应如何进行种薯的准备？
6. 马铃薯地膜覆盖栽培技术要点有哪些？
7. 储藏马铃薯时应注意哪些问题？